W0256126

Die

Zusatzkräfte und Nebenspannungen

eiserner Fachwerkbrücken.

Eine systematische Darstellung der verschiedenen Arten, ihrer Grösse und ihres Einflusses auf die konstruktive Gestaltung der Brücken.

Von

Fr. Engesser,

Baurath und Professor an der Technischen Hochschule zu Karlsruhe.

II.

Die Nebenspannungen.

Springer-Verlag Berlin Heidelberg GmbH 1893

ISBN 978-3-662-32236-9 ISBN 978-3-662-33063-0 (eBook)
DOI 10.1007/978-3-662-33063-0

Vorwort

In dem vorliegenden zweiten Theile des Buches werden in erster Reihe die Nebenspannungen behandelt, und sodann noch kurz die dynamischen und aussergewöhnlichen Einwirkungen, denen Brückenkonstruktionen ausgesetzt sind, erörtert.

Die genaue Berechnung der Nebenspannungen wird dadurch sehr erschwert, dass die durch die Deformation bedingten Aenderungen der ursprünglichen Koordinaten nicht wie bei den Grundkräften ohne weiteres vernachlässigt werden dürfen. In Folge dieser Koordinatenänderungen sind die Nebenspannungen den Belastungen nicht proportional, sondern nehmen i. A. stärker zu als letztere. Insbesondere bei Druckstäben wachsen sie in beschleunigtem Maasse, bis sie für einen bestimmten Belastungszustand den theoretischen Werth „unendlich“ erreichen. Es ist dies der analytische Ausdruck dafür, dass die Grenze des Gleichgewichts zwischen den äusseren und inneren Kräften erreicht ist, und ein Ausknicken des betreffenden Druckstabes eintritt.

Für die Anwendung empfiehlt es sich, die Nebenspannungen als aus zwei Theilen bestehend anzusehen, von denen der erste ($= \nu$) den bei Vernachlässigung der Koordinatenänderungen sich ergebenden Werth angiebt, während der zweite ($= \xi$) die Einflüsse der Deformation darstellt. Die Nebenspannungen ξ kommen hauptsächlich nur bei Druckkräften in Betracht; bei ausreichendem Trägheitsmoment des Stabs sind sie ohne Bedeutung. Es handelt sich daher vorzugsweise darum, die Grösse der für die Druckkräfte erforderlichen Trägheitsmomente zu bestimmen, bezw. die einzelnen Stäbe sowie das gesammte Stabsystem gegen Ausknicken sicher zu stellen. Bei der grossen Wichtigkeit des Gegenstandes sind eingehende Untersuchungen hierüber angestellt worden. Es erscheint dies um so mehr gerechtfertigt, als gerade die Knickfestigkeit bei zahlreichen Brücken die schwächste Seite bildet, und der grösste Theil der eingetretenen Brückeneinstürze auf die unzulängliche Steifigkeit von Druckgliedern zurückzuführen ist.

Die Nebenspannungen ν, die bei geeigneter Konstruktion allein in Frage kommen, können unter den üblichen Voraussetzungen ohne besondere theoretische Schwierigkeiten ermittelt werden. Sie sind entweder reine Zwängungsspannungen, die ausschliesslich durch den Zwang der festen Knotenverbindungen hervorgerufen werden und bei reibungslosen Gelenken wegfallen, oder sie sind zur Erhaltung des Gleichgewichts nothwendige Spannungen, hervorgerufen durch excentrische Befestigung der Stäbe, durch Belastungen ausserhalb der Knoten, durch gekrümmte Stabachsen oder durch das Fehlen nothwendiger Stäbe des Grundsystems.

Eine besondere Art der Nebenspannungen bilden die „Knotenspannungen", welche dadurch entstehen, dass die einzelnen Stäbe in der Ausführung nicht unmittelbar in einander übergehen, sondern durch besondere Konstruktionstheile (Bolzen, Nieten) mit einander verbunden werden.

Sämmtliche Untersuchungen sind in erster Reihe für den normalen Fall, dass die Spannungen innerhalb Elasticitätsgrenze bleiben, durchgeführt; daran schliesst sich die Erörterung der ausserhalb dieser Grenze eintretenden Verhältnisse. Es zeigt sich, dass die Zwängungsspannungen i. A. ausserhalb Elasticitätsgrenze verhältnissmässig abnehmen, während die Nebenspannungen ξ das entgegengesetzte Verhalten aufweisen.

Die einzelnen Aufgaben werden wie im ersten Theile durchweg analytisch behandelt; doch ist in einigen besonders dazu geeigneten Fällen auch das graphische Verfahren angegeben.

Was die durch dynamische und aussergewöhnliche Einwirkungen hervorgerufenen Deformationen und Spannungen anbelangt, so ist eine exakte Bestimmung derselben, abgesehen von den analytischen Schwierigkeiten, mangels sicherer Rechnungsgrundlagen nicht möglich. Der betreffende Abschnitt beschränkt sich daher im Wesentlichen auf eine allgemeine Erörterung der in Betracht kommenden Faktoren und auf Aufstellung empirischer Formeln und Regeln.

Im Schlusskapitel werden die gewonnenen Ergebnisse noch einmal kurz zusammengefasst und insbesondere die bei Neubauten anzuwendenden Konstruktionsgrundsätze und Rechnungsverfahren zusammengestellt.

Karlsruhe, im Oktober 1892.

Fr. Engesser.

Inhaltsverzeichniss.

II. Die Nebenspannungen.

Die Nebenspannungen kann man sich i. A. aus 2 Theilen, ν und ξ, zusammengesetzt denken. Die Theilspannungen ν werden erhalten, wenn man bei Aufstellung der äusseren Kraftmomente von dem Einfluss der Deformationen auf die Hebelsarme absieht; die Theilspannungen ξ geben dann den weiteren Betrag, welcher der durch die Kräfte bedingten Aenderung der Hebelsarme entspricht. Eine solche Aenderung kommt nur bezüglich der längs oder parallel der Stabachse wirkenden Kräfte in Betracht, da hier die ursprünglichen Hebelsarme gleich Null oder doch sehr klein sind, während bei quer wirkenden Kräften die ursprünglichen Werthe der Hebelsarme gegenüber den Aenderungen als unendlich gross anzusehen sind, letztere daher vernachlässigt werden dürfen*).

Die Spannungen ν sind innerhalb der Elasticitätsgrenze den äusseren Kräften genau proportional; sie können daher für jede einzelne Beanspruchungsart des Stabs gesondert berechnet und sodann addirt werden. Ausserhalb der Elasticitätsgrenze ist dieses Verfahren nicht mehr vollkommen genau. Es liefert i. A. zu ungünstige Ergebnisse, doch sind die Abweichungen von der Wirklichkeit meist nur gering.

Die Spannungen ξ sind, wie aus der Theorie der zusammengesetzten Normal- und Biegungsfestigkeit bekannt, Exponential- oder goniometrische Funktionen der äusseren Kräfte und somit letzteren, auch innerhalb Elasticitätsgrenze, nicht mehr proportional; ihre Berechnung muss daher für *sämmtliche* äusseren Einwirkungen *gleichzeitig* geführt werden. Aus dem gleichen Grunde kann

*) Auch bei Ermittlung der Grundkräfte werden die elastischen Aenderungen der Hebelsarme als verschwindend klein vernachlässigt, und die ursprünglichen (planmässigen) Werthe in Rechnung geführt.

auch ihre Grösse nicht als Maassstab für die Sicherheit des Stabes, bezüglich Ueberschreitung der Elasticitäts- oder Bruchgrenze, angesehen werden. Bei Druckkräften ist u. U. schon eine geringe Vergrösserung im Stande, die anfänglich unschädliche Spannung ξ bis zur Bruchgrenze (theoretisch bis ∞) emporzutreiben. Derartige Grenzfälle stimmen theoretisch mit denen des Ausknickens achsial belasteter Stäbe überein und können daher, sobald der Zustand der Stabenden bekannt ist, ohne weiteres nach den Regeln der gewöhnlichen Knickungstheorie behandelt werden. Bei gut angeordneten Stabquerschnitten, wo hohe Sicherheit gegen Ausknicken vorhanden, sind die Spannungen ξ verhältnissmässig klein und dürfen bei der Ermittlung der Gesammtspannungen ohne grossen Fehler vernachlässigt werden. Doch wird man ihnen bei der Querschnittsbestimmung wenigstens insofern Rücksicht tragen, als man den Sicherheitsgrad bezüglich des Ausknickens in denjenigen Fällen etwas höher als gewöhnlich wählt, in welchen grössere Verbiegungen und somit auch grössere ξ zu gewärtigen sind.

Bei Zugstäben fallen die Spannungen ξ geringer aus als bei Druckstäben unter sonst gleichen Verhältnissen; namentlich treten hier keine Grenzfälle mit $\xi = \infty$ auf. In gewissen Fällen sind die ξ den Spannungen ν entgegengesetzt und wirken dann sogar günstig (siehe No. 3 S. 73). Eine Berücksichtigung der Nebenspannungen ξ von Zugstäben kann in den gewöhnlichen Fällen der Anwendung unterbleiben.

Den vorstehenden Ausführungen entsprechend sollen im Folgenden insbesondere die Nebenspannungen ν eingehender untersucht werden. Die Spannungen ξ kommen in der Hauptsache nur soweit in Betracht, als es sich um die Bemessung des Sicherheitsgrades gegen Ausknicken handelt.

Bevor auf die einzelnen Arten der Nebenspannungen ν (siehe No. 1—7) näher eingegangen wird, soll als Einleitung die Theorie des steifknotigen Stabwerkes in ihren Grundzügen vorausgeschickt werden.

Das ebene steifknotige Stabwerk.

Unter einem steifknotigen Stabwerk verstehen wir ein Stabwerk, dessen einzelne Stäbe in den Knotenpunkten steif, d. h. undrehbar, mit einander verbunden sind. Dasselbe sei beliebig belastet, in den Knotenpunkten und ausserhalb derselben, durch Kräfte und durch Momente (Fig. 1). Die Stäbe seien ursprünglich gerade oder auch schwach gekrümmt; ihre Achsen mögen sich i. A. nicht genau in den Knotenpunkten schneiden. Die Temperaturen der einzelnen Stäbe seien i. A. verschieden hoch; ausserdem kann eine einseitige Erwärmung derselben nach I S. 34 vorhanden sein.

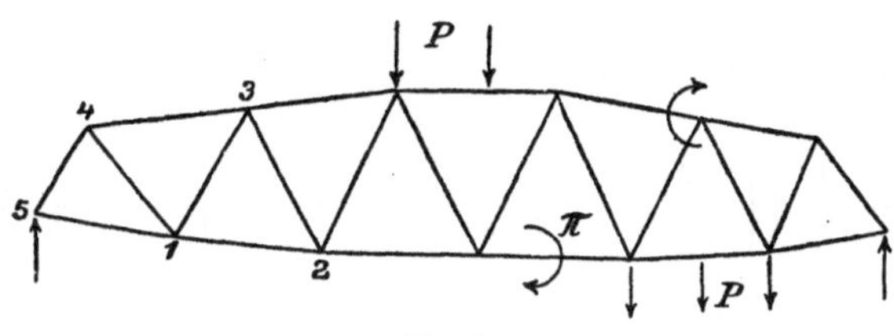

Fig. 1.

Wir nehmen an, die Grundkräfte des Stabwerkes (Hauptkräfte und Zusatzkräfte) seien bereits ermittelt; es können sodann leicht die Aenderungen der Stablängen und der Knotenpunktswinkel des entsprechenden Grundträgers bestimmt und das geänderte Knotenpunktsnetz festgelegt werden, welches genau genug mit dem des steifknotigen Stabwerkes übereinstimmt. Die Stäbe des letzteren können sich nun wegen der unveränderlichen Knotenwinkel nicht durch Drehung, sondern nur durch Verbiegung dem geänderten Netze anbequemen. Es ist im Folgenden unsere Aufgabe, diese Verbiegungen sowie die entsprechenden Spannungen ν zu ermitteln*).

Wir denken uns zu diesem Zweck einen Stab s_{12} zwischen den Knoten 1 und 2 herausgeschnitten und bezeichnen mit M_{12} und M_{21} die Einpannungsmomente in den Punkten 1 und 2. Das Vorzeichen derselben sei positiv, wenn sie auf den Stab umgekehrt wie der Uhrzeiger wirken (Fig. 2a); sie wirken dann auf die Knoten im Sinne des Uhrzeigers (Fig. 2b). In einem beliebigen Punkte, x vom Knotenpunkt 1 entfernt, ist das Moment

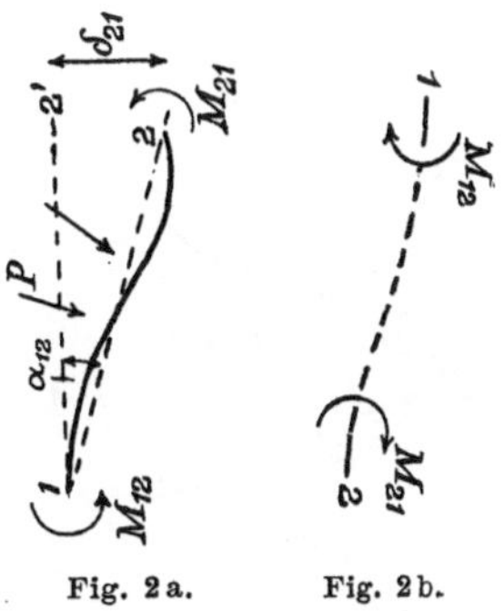

Fig. 2a. Fig. 2b.

$$M = \frac{M_{12}(s - x) - M_{21}\,x}{s} + \mathfrak{M},$$

*) Siehe Zeitschr. des Vereins Deutscher Ingenieure 1888, S. 813.

wo $\mathfrak{M}$ das durch die etwaige Belastung des Stabes hervorgerufene Moment bei freier Auflagerung bezeichnet, positiv, wenn wie das positive M_{12} drehend. Die Durchbiegung im Punkte 2 gegenüber der Endtangente im Punkte 1 ist sodann

$$\delta_{21} = \int \frac{M(s-x)\,dx}{E\,J_{12}},$$

wo J_{12} = Trägheitsmoment,

$$\delta_{21} = \frac{1}{E}\int\left\{\frac{M_{12}(s-x) - M_{21}\,x}{J_{12}\,s} + \frac{\mathfrak{M}}{J_{12}}\right\}(s-x)\,d\,x,$$

und für den gewöhnlichen Fall konstanten Trägheitsmoments

$$\delta_{21} = \frac{s_{12}^2}{6\,E\,J_{12}}(2\,M_{12} - M_{21}) + \frac{1}{E\,J_{12}}\int \mathfrak{M}\,(s_{12} - x)\,d\,x.$$

In ähnlicher Weise erhält man für den Stab s_{13} die Durchbiegung

$$\delta_{13} = \frac{s_{13}^2}{6\,E\,J_{13}}(2\,M_{13} - M_{31}) + \frac{1}{E\,J_{13}}\int \mathfrak{M}\,(s_{13} - x)\,d\,x.$$

Der Winkel, den die Anfangstangente mit der Stabsehne 12 bildet, ergiebt sich zu $\alpha_{12} = \frac{\delta_{21}}{s_{12}}$; desgleichen der Winkel α_{13} zu $\delta_{31} : s_{13}$.

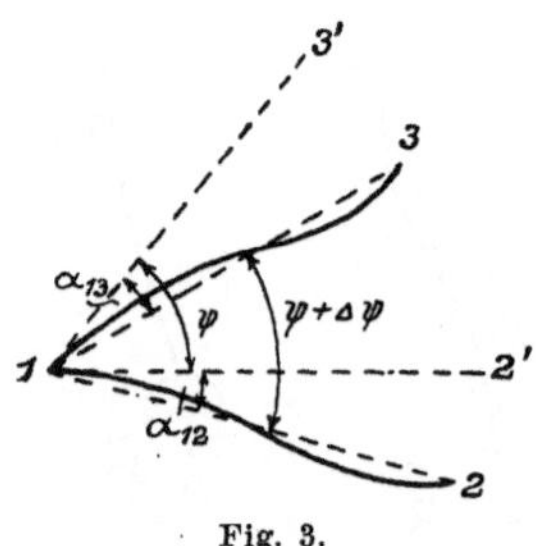

Fig. 3.

Die Aenderung des von den Stäben 12 und 13 eingeschlossenen Winkels ist nach Fig. 3

$$\Delta\,\psi_{213} = \alpha_{12} - \alpha_{13} = \frac{\delta_{21}}{s_{12}} - \frac{\delta_{31}}{s_{13}},$$

wo jeweils der rechts gelegene Stab das positive, der links gelegene Stab das negative Vorzeichen erhält.

Nach Einsetzen der Werthe von δ_{21} und δ_{31} ergiebt sich:

$$\left.\begin{aligned}
\Delta\,\psi_{213} &= \frac{s_{12}(2\,M_{12}-M_{21})}{6\,E\,J_{12}} - \frac{s_{13}(2\,M_{13}-M_{31})}{6\,E\,J_{13}} + \\
&+ \frac{1}{s_{12}\,E\,J_{12}}\int \mathfrak{M}\,(s_{12}-x)\,dx - \frac{1}{s_{13}\,E\,J_{13}}\int \mathfrak{M}\,(s_{13}-x)\,dx \\
\text{oder}\qquad & \\
\Psi_{213} = 6\,E\,\Delta\,\psi_{213} &= \frac{s_{12}(2\,M_{12}-M_{21})}{J_{12}} - \frac{s_{13}(2\,M_{13}-M_{31})}{J_{13}} + \\
&+ \frac{6}{J_{12}\,s_{12}}\int \mathfrak{M}\,(s_{12}-x)\,dx - \frac{6}{J_{13}\,s_{13}}\int \mathfrak{M}\,(s_{13}-x)\,dx
\end{aligned}\right\} \quad . \,(A)$$

Diese Gleichung lässt sich für jeden Knotenpunkt einmal weniger aufstellen, als Stäbe daselbst zusammentreffen; eine weitere Gleichung liefert die Gleichgewichtsbedingung der Momente um den Knotenpunkt,

$$\Sigma\,M_{1x} + \Sigma\,\Pi_1 = 0, \quad . \quad . \quad . \quad . \quad . \quad (B)$$

wo in $\Sigma\,M_{1x}$ alle Einspannungsmomente der Stäbe enthalten sind, und in $\Sigma\,\Pi_1$ die sonst noch im Knotenpunkt 1 wirkenden Momente (positiv, wenn wie der Uhrzeiger drehend). Man hat nun für jeden Knotenpunkt soviel Gleichungen als unbekannte Einspannungsmomente, so dass letztere durch Auflösung der Gleichungen bestimmt werden können. Eine Erleichterung der Rechnung kann durch Einführen anderer Unbekannten erzielt werden; man setze

$$\frac{s_{12}}{J_{12}}(2\,M_{12}-M_{21}) = N_{12}, \quad \frac{s_{13}}{J_{13}}(2\,M_{13}-M_{31}) = N_{13} \text{ u. s. w.}$$

Die Gleichungen (A) gehen dann über in:

$$\Psi_{213} = N_{12} - N_{13} + \frac{6}{J_{12}\,s_{12}}\int_1^2 \mathfrak{M}\,(s_{12}-x)\,dx - \frac{6}{J_{13}\,s_{13}}\int_1^3 \mathfrak{M}\,(s_{13}-x)\,dx,$$

$$\Psi_{214} = N_{12} - N_{14} + \frac{6}{J_{12}\,s_{12}}\int_1^2 \mathfrak{M}\,(s_{12}-x)\,dx - \frac{6}{J_{14}\,s_{14}}\int_1^4 \mathfrak{M}\,(s_{14}-x)\,dx,$$

$$\Psi_{215} = N_{13} - N_{15} + \frac{6}{J_{12}\,s_{12}}\int_1^2 \mathfrak{M}\,(s_{12}-x)\,dx - \frac{6}{J_{15}\,s_{15}}\int^5 \mathfrak{M}\,(s_{15}-x)\,dx.$$

Hieraus lassen sich unmittelbar sämmtliche unbekannte N eines Knotenpunktes 1 auf eine einzige N_{12} zurückführen (Fig. 1):

$$\left.\begin{aligned}
N_{13} &= N_{12} - \Psi_{213} + \frac{6}{J_{12}\,s_{12}}\int_1^2 - \frac{6}{J_{13}\,s_{13}}\int_1^3 \\
N_{14} &= N_{12} - \Psi_{214} + \frac{6}{J_{12}\,s_{12}}\int_1^2 - \frac{6}{J_{14}\,s_{14}}\int_1^4 \\
N_{15} &= N_{12} - \Psi_{215} + \frac{6}{J_{12}\,s_{12}}\int_1^2 - \frac{6}{J_{15}\,s_{15}}\int_1^5
\end{aligned}\right\} \quad . \quad . \quad (C)$$

Zur Bestimmung der noch verbleibenden n Unbekannten (d. h. für jeden Knotenpunkt eine) dienen die Gleichungen (B), nachdem darin die M durch N ersetzt. Man hat, da $s_{12} = s_{21}$ und $J_{12} = J_{21}$ ist,

$$M_{12} = \frac{J_{12}}{3\,s_{12}}(2\,N_{12} + N_{21}), \quad M_{21} = \frac{J_{12}}{3\,s_{12}}(2\,N_{21} + N_{12}) \text{ u. s. w.}$$

Gleichung (B) geht dann über in

$$\Sigma \frac{J_{1x}}{3\,s_{1x}}(2\,N_{1x} + N_{x1}) + \Sigma\,\Pi_1 = 0, \quad . \quad . \quad (D)$$

wobei sich die erste Summe auf sämmtliche Stäbe des betreffenden Knotens bezieht.

Zur Lösung der n Gleichungen (D) geht man am besten von einem zweifachen Knotenpunkt (5 in Fig. 1) aus; es erscheinen dann in der ersten Gleichung 3 Unbekannte, N_5 N_4 N_1, so dass eine derselben, N_1, als Funktion der beiden andern, N_4 und N_5, ausgedrückt werden kann. Für den dreifachen Knotenpunkt 4 kommt eine neue Unbekannte N_3 hinzu, welche sich durch die zugehörige Gleichung (D) gleichfalls als Funktion von N_4 und N_5 ausdrücken lässt. In dieser Weise fortschreitend kann man nach und nach alle N als Funktionen von N_4 und N_5 darstellen. Die letzten zwei Gleichungen (D), welche sich auf den dreifachen und zweifache Knotenpunkt am rechtseitigen Trägerende beziehen, woselbst keine neuen Unbekannten mehr eintreten, gestatten schliesslich, N_4 und N_5

zu bestimmen. Bei vollkommen symmetrischen Verhältnissen vermindert sich die Zahl der Unbekannten auf die Hälfte.

Ein anderes Verfahren besteht darin, dass man zunächst N_4 und N_5, wofür im Folgenden X und Y gesetzt werden möge, gleich Null annimmt. Es können dann mit Hülfe der Gleichungen (D) die übrigen Grössen N $(=\mathfrak{N})$ unmittelbar ausgerechnet werden. Die zwei letzten Gleichungen sind i. A. nicht mehr erfüllt; ihre rechten Seiten sind nicht $=0$, sondern gleich gewissen Zahlenwerthen A und B. Setzt man ferner $X=1$, $Y=0$ und gleichzeitig Ψ und $\mathfrak{M}=0$, so seien die entsprechenden Werthe von N gleich $\mathfrak{n}'$ und die rechten Seiten der zwei letzten Gleichungen gleich a' und b'. Ebenso seien für $X=0$, $Y=1$, Ψ und $\mathfrak{M}=0$, die entsprechenden Werthe $\mathfrak{n}''$ a'' b''.

Es muss nun sein

$$A - X a' - Y a'' = 0 \text{ und } B - X b' - Y b'' = 0,$$

woraus folgt

$$X = \frac{A b'' - B a''}{a' b'' - a'' b'} \text{ und } Y = \frac{-A b' + B a'}{a' b'' - a'' b'}.$$

Für einen beliebigen Knotenpunkt ist $N = \mathfrak{N} + X\mathfrak{n}' + Y\mathfrak{n}''$.

Vorstehendes Verfahren ist besonders dann bequem, wenn es sich um verschiedene Belastungsfälle handelt, da a' a'' b' b'' $\mathfrak{n}'$ $\mathfrak{n}''$ unabhängig von den Belastungen sind und immer nur A B und $\mathfrak{N}$ neu berechnet werden müssen.

In manchen Fällen kann es sich empfehlen, das folgende Näherungsverfahren anzuwenden. Für die erste Annäherung setze man in den auf einen beliebigen Knotenpunkt (1) bezüglichen Gleichungen (A) die Momente der Nachbarknoten, M_{21} M_{31} ... gleich Null; es bleiben dann als Unbekannte nur die Momente des betrachteten Knotens, M_{12} M_{13} ... übrig, die unter Zuzug der zugehörigen Gleichung (B) bestimmt werden können. In gleicher Weise sind die ersten Näherungswerthe der Momente an allen andern Knoten $(=M')$ zu bestimmen. Für die zweite Annäherung $(=M'')$ sind in den Gleichungen (A) eines Knotens (1) für die Momente der Nachbarknoten jeweils die soeben berechneten Werthe M' einzuführen, u. s. w. In der angegebenen Weise fortschreitend kann man die Annäherung an die wirklichen Werthe der Momente beliebig weit treiben.

Was die in den vorstehenden Gleichungen vorkommenden Grössen $\mathfrak{M}$, Π_1 und $\Delta\psi$ anbelangt, so ist folgendes zu bemerken:

a) Die Momente $\mathfrak{M}$ des freiaufliegenden Trägers*) setzen sich i. A. zusammen aus:

1. Den Momenten von Querbelastungen, und zwar Einzellasten P (Fig. 4) und stetigen Lasten p.

$$\mathfrak{M} = \frac{P\,b\,x}{s} \text{ für } x < a, \quad \mathfrak{M} = \frac{P\,a\,(s-x)}{s} \text{ für } x > a,$$

$$\text{bezw. } \mathfrak{M} = \frac{p\,x\,(s-x)}{2}.$$

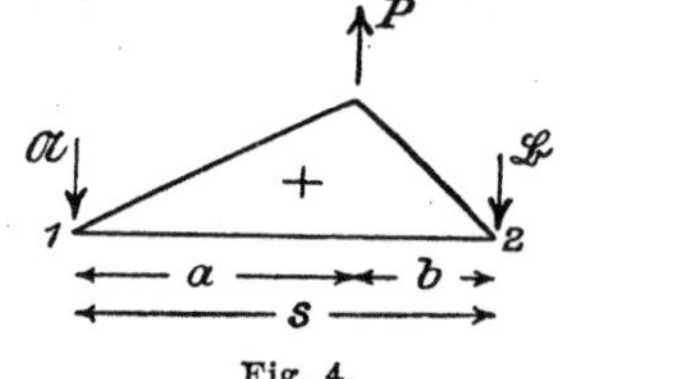

Fig. 4.

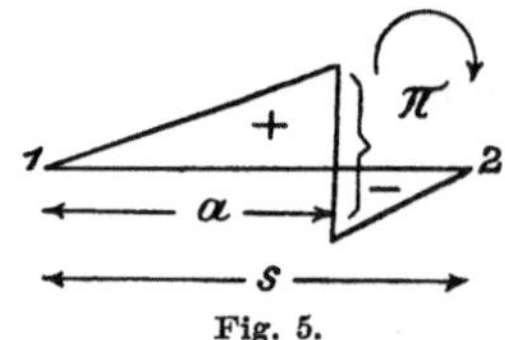

Fig. 5.

2. Den Momenten von Belastungen durch Kräftepaare Π (Fig. 5).

$$\mathfrak{M} = +\Pi\,\frac{x}{s} \text{ für } x < a, \quad \mathfrak{M} = -\Pi\,\frac{s-x}{s} \text{ für } x > a,$$

wo a = Abscisse der Angriffsstelle.

3. Den Momenten der Stabkraft S bei krummer Stabachse (Fig. 6), $\mathfrak{M} = S\,y$, wo y = Ordinate der ursprünglichen Krümmung + Ordinate der Temperaturkrümmung.

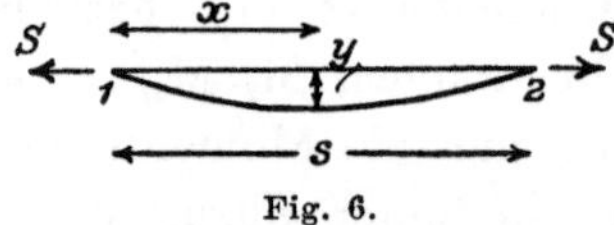

Fig. 6.

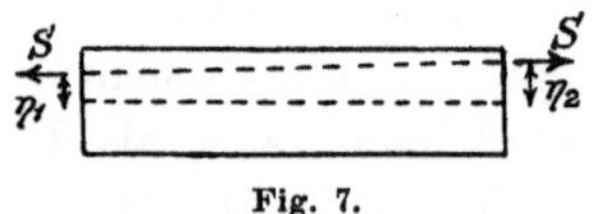

Fig. 7.

4. Den Momenten der Stabkraft S, wenn die Stabachse nicht durch die Knotenpunkte geht,

*) Das Moment $\mathfrak{M}$ ist mit verschiedenem Vorzeichen einzuführen, je nachdem es in der Gleichung für die Winkeländerung am Knotenpunkt 1 oder 2 erscheint. In obigen Formeln sind die Vorzeichen für Knotenpunkt 1 und die in den Figuren dargestellten Belastungen angegeben. Allgemein ist $\mathfrak{M}$ positiv, wenn die am abgeschnittenen Stabstück x — s wirkenden äusseren Kräfte wie der Uhrzeiger um den fraglichen Querschnitt drehen.

$$\mathfrak{M} = S\left(\eta_1 \frac{s - x}{s} + \eta_2 \frac{x}{s}\right).$$

(Fig. 7). In d. R. ist es bequemer, den Einfluss der Excentricität nicht in $\mathfrak{M}$, sondern in Π_1 zu berücksichtigen, wie dies unter b) 1 dargelegt.

b) Die Momente Π_1 am Knotenpunkt setzen sich zusammen:

1. aus dem excentrischen Angriff der in den Stabachsen wirksam gedachten Stabkräfte S (Fig. 8), $\Pi_1 = M_0 = \Sigma S \eta$. (Siehe auch a) 4),

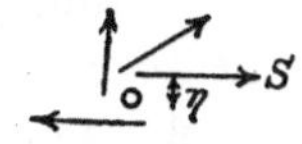

Fig. 8.

2. aus dem etwa am Knotenpunkt unmittelbar angreifenden äusseren Kraftmoment Π. Statt dessen kann man auch Π nach a) 2 einem der im Knotenpunkt zusammentreffenden Stäbe zuweisen und hier gleich Null setzen.

c) Die Winkeländerungen $\Delta\psi$ setzen sich zusammen:

1. aus den Aenderungen, welche den Längenänderungen ε der Stäbe in Folge der Grundspannungen und gleichmässigen Temperaturänderungen entsprechen. Bei der üblichen Dreiecksanordnung der Stäbe sind die Grössen $\Delta\psi$ mit Hülfe der unter I A 3, S. 31 gegebenen Formeln zu bestimmen, nachdem in denselben für ε der Werth $\frac{S}{EF} + \omega t$ eingesetzt worden. Im Bedarfsfalle kann man in den Werth von ε auch etwaige Ablängungsfehler $\frac{\Delta s}{s}$ einbeziehen.

Bei mehrfachen Systemen (Fig. 9) bilde man durch Ziehen von Diagonallinien a b ideelle Dreiecke, ermittle deren Winkeländerungen und setze schliesslich aus letzteren die Aenderungen der Knotenwinkel zusammen. Hierbei wird es erforderlich, die Längenänderungen der ideellen Diagonalen als Funktion der Aenderungen des Gegenwinkels und der beiden andern Seiten auszudrücken, was mit Hülfe der Beziehungsgleichungen zwischen $\Delta\psi$ und ε leicht geschehen kann. Zum Beispiel:

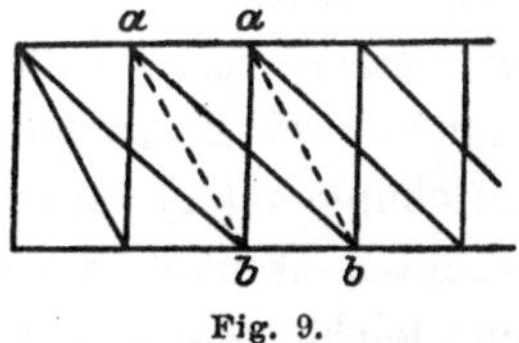

Fig. 9.

$$\varepsilon_3 = [\varepsilon_1 \operatorname{ctg} \psi_2 + \varepsilon_2 \operatorname{ctg} \psi_1 + \Delta\psi_3] : [\operatorname{ctg} \psi_1 + \operatorname{ctg} \psi_2].$$

2. Aus den Aenderungen, welche den Stabkrümmungen bei einseitiger Erwärmung entsprechen (Fig. 10). Es ist

$\Delta\,\psi = \frac{1}{2}(\alpha_2 + \alpha_3)$, wo α_2 und α_3 die Centriwinkel der Stabkrümmungen bezeichnen. Nach I A 3, S. 34 ist

$$\alpha = \frac{s}{r} = \frac{\omega\,\Delta\,t\,.\,s}{\beta}, \quad \text{somit } \Delta\,\psi = \frac{\omega}{2}\left(\frac{\Delta\,t_{12}\,s_{12}}{\beta_{12}} + \frac{\Delta\,t_{13}\,s_{13}}{\beta_{13}}\right),$$

wo β = Stabbreite. $\Delta\,\psi$ ist positiv, wenn wie in Fig. 10 die gebogenen Stäbe dem Winkelraum ihre konkave Seite zuweisen.

3. Aus Montirungsfehlern; der Fehler $\Delta\,\psi$ ist positiv in Rechnung zu stellen, wenn der Knotenwinkel zu klein ausgeführt wurde.

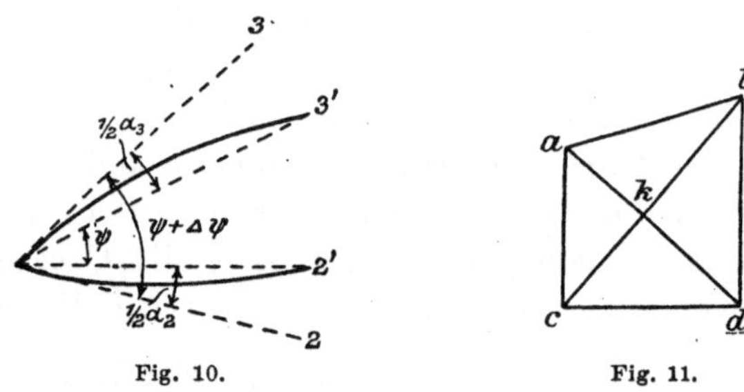

Fig. 10. Fig. 11.

Werden zwei sich kreuzende Stäbe (Fig. 11) an ihrem Kreuzungspunkte k steif mit einander verbunden, so erhält man einen neuen Knotenpunkt mit 4 Unbekannten, welcher wie die übrigen Knotenpunkte zu behandeln ist. Bei drehbarer Verbindung der beiden Stäbe sind nur 2 Unbekannte, d. i. für jeden Stab das Moment bei k, vorhanden. Zur Bestimmung derselben sind zwei Gleichungen (A) aufzustellen, welche die Aenderungen der gestreckten Winkel a k d und b k c betreffen. Letztere können aus den leicht bestimmbaren Aenderungen der Dreieckswinkel bei k zusammengesetzt werden.

Wenn die Stäbe an den Knotenpunkten durch Gelenkbolzen verbunden sind, so können die Nebenmomente das Maass der Reibungsmomente der Stabkräfte, $R = \mu\,S\,.\,r$, nicht überschreiten. Sind die Nebenmomente M des entsprechenden steifknotigen Stabwerks grösser als die Reibungsmomente R, so findet eine theilweise Drehung an den Bolzen statt, und zwar sind die zugehörigen Aenderungen der Knotenwinkel gleich den Differenzen zwischen $\Delta\,\psi$

und den Aenderungen, welche der Wirkung der Reibungsmomente entsprechen. Für $R > M$ ist eine Drehung unmöglich; die Nebenmomente behalten die Werthe von M bei. Wenn das gegenseitige Verhältniss von M und R von vorn herein unbekannt ist, so kann man die richtigen Werthe der Nebenmomente auf folgende Weise bestimmen. Man ermittle zuerst die Nebenmomente M des steifknotigen Stabwerks; in allen den Fällen, wo $M > R$, setze man R statt M und führe sodann, zur Bestimmung der übrigen sich nun gleichfalls ändernden Nebenmomente, die Rechnung nochmals durch, u. s. f. Bezüglich der Reibungsziffer μ sind zutreffende Zahlenwerthe schwer einzuführen. Durch Rost, elastische und unelastische Deformationen, festes Einziehen der Bolzen und Anziehen der Muttern kann der gewöhnliche Werth von $\frac{1}{5} - \frac{1}{7}$ wesentlich erhöht werden. Andrerseits scheinen aber auch unter dem Einfluss der Verkehrslasten vorübergehende Minderungen dieses Werthes bisweilen einzutreten.

Nach Bestimmung der Einspannungsmomente mit Hülfe der Formeln (A) und (B) bezw. (C) und (D) erhält man das Moment in einem beliebigen Punkte x eines Stabes (12) zu

$$M = M_{12} \frac{s - x}{s} - M_{21} \frac{x}{s} + \mathfrak{M}.$$

Die grössten Werthe von M fallen entweder mit M_{12} oder M_{21} zusammen, was stets für $\mathfrak{M} = 0$ der Fall ist, oder aber $M_{max.}$ liegt innerhalb Stab bei einem Querschnitt x, welcher mittels der Gleichung $\frac{d\,M}{d\,x} = 0$ bestimmt werden kann. Ist der grösste Werth von M ermittelt, so erhält man die grössten Nebenspannungen in den Randfasern zu

$$\nu = \pm \frac{M\,e}{J} = \pm \frac{M}{W} = \pm \frac{M}{F\,w}.$$

Abstand e, Widerstandsmoment W, Kernradius w sind i. A. für die beiden Randfasern verschieden gross. Es ist selbstverständlich jeweils derjenige grösste Werth von ν in Rechnung zu ziehen, welcher die Gesammtspannung zum Maximum macht.

Die vorstehenden Formeln sind an die Gültigkeit des Elasticitätsgesetzes gebunden; nach Ueberschreitung der Elasticitätsgrenze erhält man aus denselben in vielen Fällen zu grosse Werthe von ν, worauf weiter unten noch näher eingegangen werden soll. Bei Bolzenverbindungen nimmt die Beweglichkeit ausserhalb der Elasticitätsgrenze in Folge der bleibenden Zusammenpressungen ab und kann u. U. bis auf Null herabsinken. Je näher der Bruchgrenze, desto mehr verschwindet der Unterschied zwischen Bolzen- und Nietverbindungen.

Innerhalb Elasticitätsgrenze sind die Ergebnisse der Formeln gleichfalls nicht vollkommen zuverlässig, da die Voraussetzungen der Theorie nicht völlig mit der Wirklichkeit übereinstimmen, bezw. nicht sämmtliche Einflüsse zutreffend in Rechnung gestellt werden können oder der Einfachheit wegen nicht gestellt sind. Nicht berücksichtigt sind u. A. die theilweise Beweglichkeit der Nietverbindungen, etwaige Querschnittsänderungen (z. B. durch Knotenbleche), die etwaige Verschiedenheit des Elasticitätsmoduls, das Ausbiegen von Flachstäben aus der Trägerebene, die Montirungsspannungen, welche durch falsche Ablängung der Stäbe und durch falsche Knotenwinkel entstehen, der Einfluss der Querkräfte auf die Deformation, namentlich bei Stäben aus Fachwerk. Man wird daher nur ausnahmsweise die umfangreichen, leicht zu Irrungen Anlass gebenden Rechnungen der vorstehenden Theorie in Anwendung bringen und statt dessen Näherungs- oder Schätzungsverfahren einschlagen, wie dies in den folgenden Nummern näher ausgeführt ist.

Anmerkung. Der gewöhnliche kontinuirliche Balken ist ein Grenzfall des steifknotigen Stabwerks, wobei in jedem Knotenpunkt (Stützpunkt) nur 2 Stäbe zusammentreffen. Die Gleichungen (A) und (B) gehen dann nach entsprechender Umformung in die bekannten Clapeyron'schen Gleichungen über.

Sind die Randstäbe (Gurtungen) des Stabwerks gegenüber den innern Stäben (Streben) überwiegend steif, so nähert sich deren Zustand dem eines kontinuirlichen Balkens, welcher auf den Knotenpunkten als Stützen aufruht. Die Einspannungsmomente der Gurten können dann näherungsweise nach der Theorie des kontinuirlichen Trägers auf gesenkten Stützen berechnet werden, worauf von dem Verfasser schon 1879 in der Zeitschrift für Baukunde, S. 599, hingewiesen wurde.

Dieser Fall überwiegender Gurtsteifigkeit findet namentlich bei Trägern von Fischbauch- und Linsenform statt und möge, bei deren häufigeren Verwendung, hier etwas eingehender behandelt werden.

Für drei auf einander folgende Stützen r — 1, r und r + 1 lautet bekanntlich die Clapeyron'sche Gleichung unter Beachtung der Bezeichnungen in Fig. 12 und 13:

$$\left.\begin{aligned} & M_{r-1}\frac{s_r}{J_r} + 2\,M_r\left(\frac{s_r}{J_r} + \frac{s_{r+1}}{J_{r+1}}\right) + M_{r+1}\frac{s_{r+1}}{J_{r+1}} = \\ & = -\frac{6}{s_r\,J_r}\int^{r}\mathfrak{M}\,x\,d\,x - \frac{6}{s_{r+1}\,J_{r+1}}\int^{r+1}\mathfrak{M}(s-x)\,d\,x + 6\,E\,\gamma_r = \\ & = -\frac{6}{s_r}\,\frac{St'_r}{J_r} - \frac{6\,St''_{r+1}}{s_{r+1}\,J_{r+1}} + 6\,E\,\gamma_r. \end{aligned}\right\}.\;(E)$$

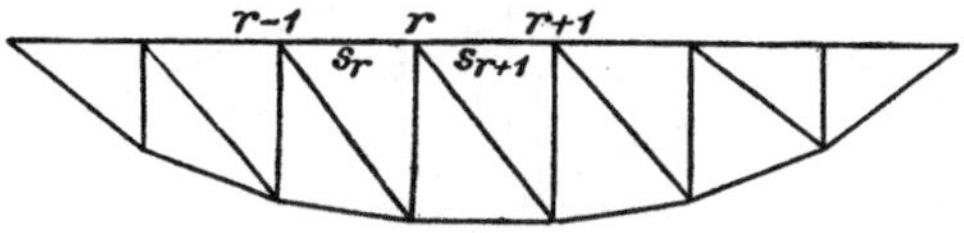

Fig. 12.

Hierin bedeutet St'_r das statische Moment der Momentenfläche des freiaufliegenden Trägers im Feld s_r bezüglich der Stütze r — 1, St''_{r+1} das entsprechende Moment im Feld s_{r+1} bezüglich der Stütze r + 1, γ_r die Winkeländerung der Stützenverbindungslinien bei der Stütze r, $= \varDelta\,\psi$. Die Momente sind positiv, wenn sie eine Krümmung konkav nach aussen hervorbringen.

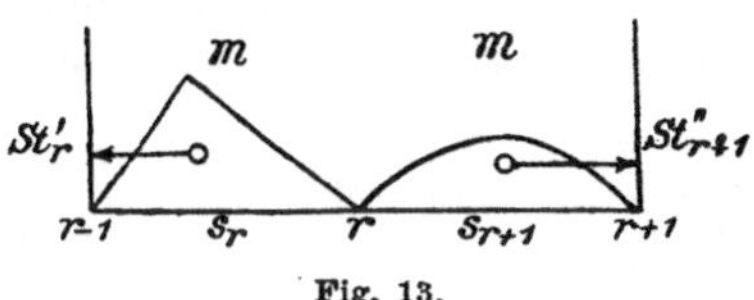

Fig. 13.

Vorstehende Gleichung (E) kann eben so oftmal aufgestellt werden, als unbekannte Stützenmomente vorhanden, so dass letztere ausgerechnet werden können. Zur weiteren Bestimmung der Einspannungsmomente der Streben dienen dann jeweils 2 Gleichungen (A) (S. 5); z. B. für Strebe 13 der Fig. 1 diejenigen 2 Gleichungen, welche sich auf die Aenderung der Winkel ψ_{431} und ψ_{312} beziehen. Da die Momente der zugehörigen Gurtstäbe 34 und 12 bereits bekannt sind, lassen sich hieraus die 2 Strebenmomente M_{13} und M_{31} leicht bestimmen. Die rechnerische Auflösung der n Gleichungen (E) ist etwas umständlich. Rascher gelangt man zur Kenntniss der Stützenmomente auf graphischem Weg mit Hülfe der bekannten graphischen Theorie des kontinuirlichen Balkens. (Siehe z. B. Winkler, Theorie der Brücken. Aeussere Kräfte gerader Träger.)

Wir denken uns zu diesem Zweck die Gurtstäbe, von einem beliebigen Knotenpunkt an beginnend, auf einer Geraden aneinander gereiht und betrachten den Einfluss der Momente $\mathfrak{M}$ und der Winkeländerungen $\gamma\,(=\Delta\,\psi)$ gesondert nach einander. Die Bestimmung des ersteren geschieht in folgender Weise.

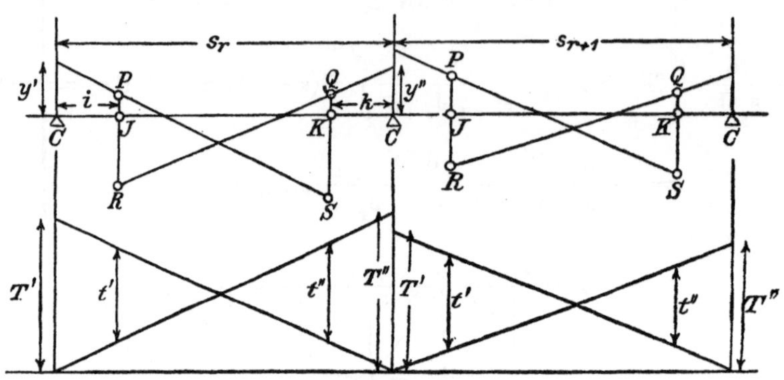

Fig. 14 u. 15.

In Fig. 14 bezeichnen J und K die Haupt-Festpunkte, die durch dieselben gehenden Lothrechten die Festlinien. Die Punkte P, R, Q, S sind die den betreffenden Belastungsmomenten $\mathfrak{M}$ entsprechenden Festpunkte; die Abstände P R und Q S sind gleich den entsprechenden Abständen t' und t'' der Kreuzlinien in Fig. 15. Zieht man in Fig. 14 die Linien P S und Q R, so schneiden dieselben auf den Stützenvertikalen die Ordinaten y' und y'' ab, welche den gesuchten Stützenmomenten M' und M'' proportional sind. Man hat

$$M' = -\frac{6\,E\,Y_r}{m\,s^2_r}\,y' \text{ und } M'' = -\frac{6\,E\,Y_r}{m\,s^2_r}\,y'',$$

wo Y_r = Trägheitsmoment des Stabs s_r,
m = Verzerrungsverhältniss der Ordinaten der Zeichnung (beliebig wählbar).

Für Y und s konstant wähle man $m = \frac{6\,E\,Y}{s^2}$; dann wird einfach $M' = y'$ und $M'' = y''$. Zur Konstruktion der Kreuzlinien (Fig. 15) ist die Kenntniss der Abschnitte T' und T'' auf den Stützenvertikalen erforderlich. Es ist

$$T' = \frac{m\,St'}{E\,Y_r},\quad T'' = \frac{m\,St''}{E\,Y_r}.$$

Die Haupt-Festpunkte J lassen sich leicht nach Fig. 16 bestimmen, falls einer derselben (J_1) bekannt ist. Man ziehe die Drittelsvertikalen D und die verschränkten Pfeilervertikalen V. Letztere theilen die Abstände der benachbarten Drittelsvertikalen im Verhältniss $\frac{Y_1}{s_1} : \frac{Y_2}{s_2}$. Zieht man die Linie $J_1 D_1 V_1$ beliebig, sodann die Linien $D_1 C_1 D_2$ und $V_1 D_2$, so schneidet letztere die Achse im Festpunkt J_2 des Stabs s_2. In gleicher Weise wird von J_2 ausgehend der folgende Festpunkt J_3 bestimmt u. s. w. Die Lage des ersten Festpunkts J_1 ist nun allerdings in der Regel nicht unmittelbar gegeben und muss vorläufig abgeschätzt werden. Unter Umständen muss nach dem Ergebniss der

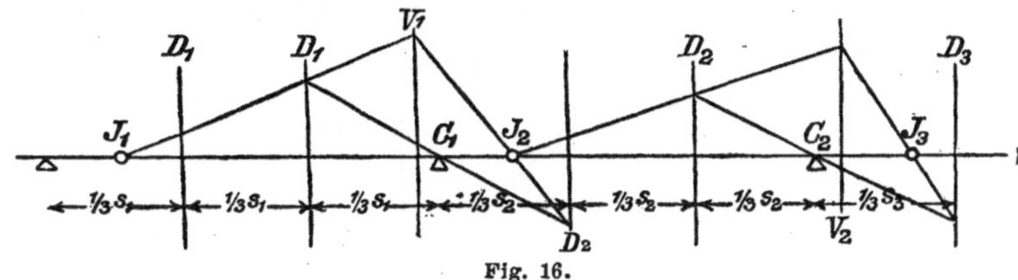

Fig. 16.

über den gesammten Umfang durchgeführten Konstruktion die erste Annahme berichtigt und das Verfahren wiederholt werden. Sind für sämmtliche Stäbe s und Y gleich gross, so sind offenbar die Festpunkt-Abstände $C J = i$ konstant und zwar $i = 0{,}2113$ s, d. h. gleich dem Grenzwerthe, welcher dem gewöhnlichen kontinuirlichen Balken mit unendlich vielen gleichen Feldern entspricht. Fast in allen Fällen der Anwendung sind in Trägermitte mehrere Stäbe mit gleichem s und Y vorhanden; dann darf für das am meisten rechtsgelegene Feld ohne wesentlichen Fehler $i = 0{,}2113$ s gesetzt werden.

Die Festpunkte K werden in analoger Weise, von einem Festpunkt K_1 nach links fortschreitend, festgelegt.

Die Bestimmung der Festpunkte P und R erfolgt nach Fig. 17, wenn einer derselben (P_1) bekannt ist, indem man $P_1 R_1$ gleich t'

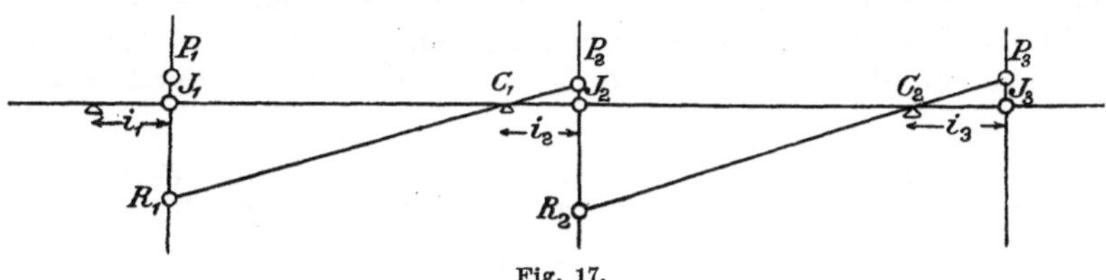

Fig. 17.

(Fig. 15) macht und sodann die Gerade $R_1 C_1$ zieht. Ihr Schnittpunkt mit der Festlinie J_2 liefert den zweiten Festpunkt P_2 u. s. w. Ist P_1 nicht bekannt, so muss versuchsweise vorgegangen werden, wie oben bezüglich der Festpunkte J näher erläutert. Analog ist die Bestimmungsweise der Festpunkte Q und S.

Wenn nur ein Stab s_r belastet ist, so kann das in Fig. 18 dargestellte einfache Verfahren angewendet werden. Man ziehe die Kreuzlinien des belasteten Stabs, wobei $T' = 6\,St' : s^2_r$ und $T'' = 6\,St'' : s^2_r$ gemacht wird, entsprechend $m = 6\,E\,Y_r : s^2_r$; die Schnittpunkte J und K derselben mit den Festlinien werden durch die Gerade A B verbunden, die auf den Stützenvertikalen die Ordinaten $A\,C_{r-1} = y_{r-1}$ und $B\,C_r = y_r$ abschneidet. Von A wird dann nach links hin der

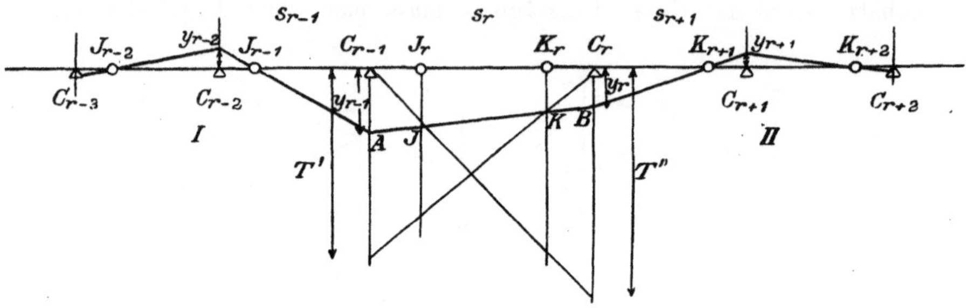

Fig. 18.

Linienzug $A\,J_{r-1}\,J_{r-2}$. . . und von B nach rechts hin der Linienzug $B\,J_{r+1}\,J_{r+2}$ . . . gezogen. Beide Linienzüge (I und II) durchlaufen theoretisch unendlich oftmal den Umfang und schneiden auf jeder Stütze unendlich viele Ordinaten y^I und y^{II} ab. Die Stützenmomente sind streng genommen gleich deren Summe, $M = \Sigma\,(y^I + y^{II})$. Thatsächlich nehmen jedoch die Ordinaten der Linienzüge so rasch ab, dass i. A. jeweils nur ein Glied der Summe zu berücksichtigen ist, und dass auf jeder Seite des belasteten Stabs höchstens noch drei weitere Stäbe in Betracht kommen. Die in Fig. 18 gezeichneten Ordinaten stellen dann unmittelbar die Stützenmomente M dar. Nur in dem Falle eines aus 4 Stäben bestehenden Querrahmens (Fig. 41) wird es nothwendig, zwei Ordinaten, von jedem Linienzug jeweils die erste, zu berücksichtigen. Man hat dementsprechend $M = y^I + y^{II}$.

Der Einfluss der Winkeländerungen γ wird nach Fig. 19 bestimmt, indem man jeweils die Festpunkte R und S eines Feldes durch Gerade

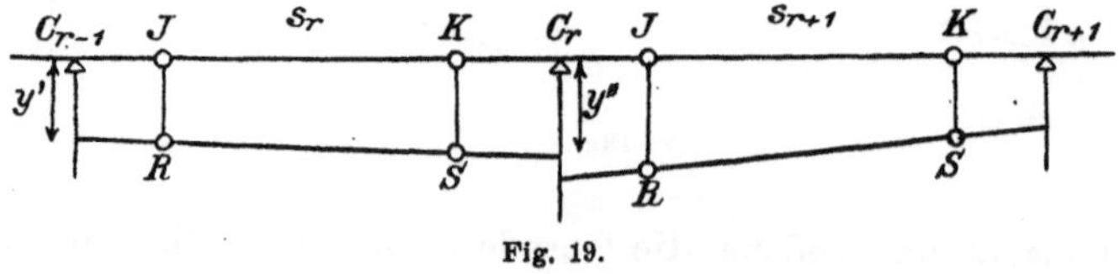

Fig. 19.

verbindet. Die Abschnitte der letzteren y' und y'' (positiv nach oben) auf den Stützenvertikalen sind proportional den gesuchten Stützenmomenten,

$$M' = -\frac{6\,E\,Y_r}{m\,s^2_r}\,y' \text{ und } M'' = -\frac{6\,E\,Y_r}{m\,s^2_r}\,y''.$$

Die Festpunkte R werden nach Fig. 17 ermittelt, indem man die Strecken $P_2 R_2$, $P_3 R_3$ . . . jeweils gleich $m\,i\,\gamma_2$, $m\,i\,\gamma_3$ . . macht. Bezüglich des ersten Festpunkts R_1 muss eine passende Annahme gemacht werden, die erforderlichen Falls nachträglich zu berichtigen ist.

In ganz gleicher Weise kann verfahren werden, wenn die inneren Stäbe (Streben) überwiegend steif gegenüber den Gurtstäben sind. Auch hier hat man es mit einem auf den Knoten aufgelagerten kontinuirlichen Träger zu thun. Die Momente an den Endstützen sind gleich Null, somit $i_1 = k_n = 0$, so dass die Ermittlung der Festpunkte J und K ohne Probiren möglich ist. Hat man dann die Stützenmomente, d. h. die Nebenmomente der Streben bestimmt, so erfolgt die Ermittlung der Nebenmomente der Gurtstäbe mit Hülfe von je 2 Gleichungen (A) (S. 5). Wenn nun auch derartige Träger mit überwiegender Strebensteifigkeit in der Anwendung wohl kaum vorkommen, so kann das letzterwähnte Verfahren doch dazu helfen, bei Trägern von beliebiger Gurt- und Strebensteifigkeit die Nebenmomente näherungsweise zu bestimmen. Jedenfalls liegen die wirklichen Nebenmomente M zwischen den Werthen M_1 bei überwiegender Gurtsteifigkeit und M_2 bei überwiegender Strebensteifigkeit. Sie nähern sich mehr der einen oder der andern Grenze, je steifer die Gurtstäbe oder die Streben sind. Bezeichnet man nun für die 2 Gurtstäbe eines Knotenpunktes die Summe der Y : s mit z_1, für die Wandstäbe mit z_2, so kann das wirkliche Nebenmoment eines Stabs am betreffenden Knotenpunkte näherungsweise gesetzt werden

$$M = \frac{M_1 z_1 + M_2 z_2}{z_1 + z_2}.$$

Anmerkung. Bei grossen Spannweiten werden vielfach die einzelnen Stäbe in Fachwerk ausgeführt (gegliederte Stäbe). Die Bestimmung der Nebenmomente und Nebenspannungen erfolgt im Wesentlichen auf die gleiche Weise wie bei den Vollstäben; nur nehmen die Gleichungen (A) eine etwas geänderte Form an. Man hat wie früher (Fig. 3)

$$\Delta\,\psi_{213} = \frac{\delta_{21}}{s_{12}} - \frac{\delta_{31}}{s_{13}}.$$

Nun ist

$$\delta_{21} = \sum_1^2 \frac{M\,\lambda\,\zeta}{E\,f\,m^2},$$

wo $f =$ Querschnitt und $\lambda =$ Länge eines Stabgliedes (Fig. 20),
$m =$ Normale vom Gegenpunkt G auf das Stabglied,
$\zeta =$ Entfernung des Gegenpunkts vom Stabende (2),
$\xi = s - \zeta$,
$M =$ Moment der äussern Kräfte um G
$= \frac{M_{12}\,\zeta - M_{21}\,\xi}{s_{12}} + \mathfrak{M}$,
$\mathfrak{M} =$ Moment der äussern Kräfte um G bei freien Enden.

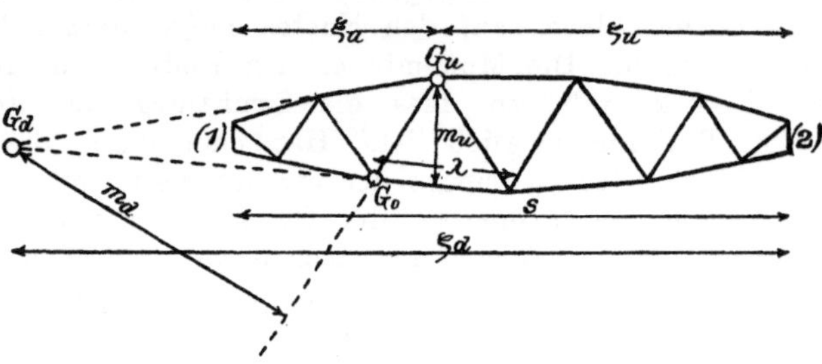

Fig. 20.

Für den Stab 13 ist ähnlich

$$M = \frac{M_{13}\,\zeta - M_{31}\,\xi}{s_{13}} + \mathfrak{M},$$

so dass man schliesslich erhält

$$\varDelta\,\psi_{213} = \frac{M_{12}}{E\,s_{12}^2}\sum_1^2 \frac{\lambda\,\zeta^2}{f\,m^2} - \frac{M_{21}}{E\,s_{12}^2}\sum_1^2 \frac{\lambda\,\xi\,\zeta}{f\,m^2} - \frac{M_{13}}{E\,s_{13}^2}\sum_1^3 \frac{\lambda\,\zeta^2}{f\,m^2} +$$

$$+ \frac{M_{31}}{E\,s_{13}^2}\sum_1^3 \frac{\lambda\,\xi\,\zeta}{f\,m^2} + \sum_1^2 \frac{\mathfrak{M}\,\lambda\,\zeta}{E\,f\,m^2\,s_{12}} - \sum_1^3 \frac{\mathfrak{M}\,\lambda\,\zeta}{E\,f\,m^2\,s_{13}}, \quad . \quad (A_1)$$

welche Gleichung an Stelle der auf S. 5 angegebenen Gleichung (A) tritt.

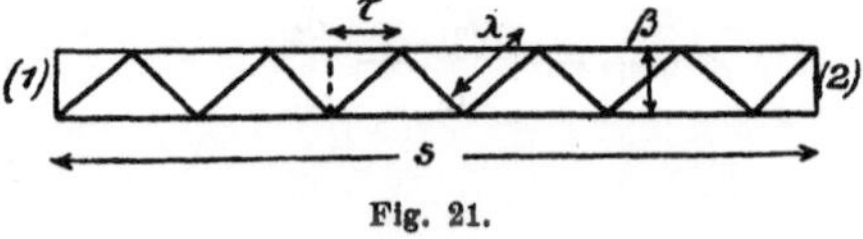

Fig. 21.

Bei Stäben mit parallelen Gurten (Gurtquerschnitt $= f_1$, Strebenquerschnitt $= f_2$, siehe Fig. 21) wird annähernd

$$\frac{\Sigma\lambda\zeta^2}{f\,m^2}=\frac{2\,s^3}{3\,f_1\beta^2}\,(\text{Gurtungen})+\frac{\lambda^3\,s}{f_2\,\beta^2\,\tau}\,(\text{Streben})$$

$$\frac{\Sigma\lambda\xi\zeta}{f\,m^2}=\frac{s^3}{3\,f_1\beta^2}-\frac{\lambda^3\,s}{f_2\,\beta^2\,\tau}.$$

Setzt man ferner $\frac{3\,f_1\,\lambda^3}{f_2\,\tau\,s^2}=\alpha$, $\frac{f_1\,\beta^2}{2}=J=$ Trägheitsmoment der Gurten, so geht obige Gleichung über in

$$\Delta\psi_{213}=\frac{s_{12}}{6\,E\,J_{12}}\Big[(2+\alpha)M_{12}-(1-\alpha)M_{21}\Big]-\frac{s_{13}}{6\,E\,J_{13}}\Big[(2+\alpha)M_{13}-(1-\alpha)M_{31}\Big]$$

$$+\sum_1^2\frac{\mathfrak{M}\,\lambda\,\zeta}{E\,f\,m^2\,s_{12}}-\sum_1^3\frac{\mathfrak{M}\,\lambda\,\zeta}{E\,f\,m^2\,s_{13}}\,.\;.\;.\;.\;.\quad (A_2)$$

Die beiden letzten Summen können, unter Berücksichtigung, dass die die Streben betreffenden Glieder gleich Null werden, näherungsweise auch geschrieben werden

$$\sum_1^2\frac{\mathfrak{M}\,\lambda\,\zeta}{E\,f\,m^2\,s_{12}}-\sum_1^3\frac{\mathfrak{M}\,\lambda\,\zeta}{E\,f\,m^2\,s_{13}}=\frac{1}{E\,J_{12}\,s_{12}}\int_1^2\mathfrak{M}(s-x)\,dx-\frac{1}{E\,J_{13}\,s_{13}}\int_1^3\mathfrak{M}(s-x)\,dx.$$

Nachdem mit Hülfe der neuen Gleichungen (A_1) oder (A_2) und der früheren (B) (S. 5) die Nebenmomente bestimmt worden, ergeben sich die Spannungen der einzelnen Stabglieder zu

$$\nu=\pm\frac{M}{m\,f}.$$

Hierzu kommen dann noch, bei steifen Zwischenknoten, Nebenspannungen zweiter Ordnung, die nach dem gewöhnlichen Verfahren ermittelt werden und meist von geringer Bedeutung sind.

Die Gleichungen (A_2) können auch bei Vollstäben benutzt werden, um den Einfluss der durch die Schubkräfte verursachten Deformationen zu berücksichtigen. Setzt man I-förmige Querschnitte voraus, so erhält α den Werth

$$\alpha=\frac{6\,E\,J}{G\,f_0\,s^2},$$

wo f_0 = Stegquerschnitt, G = Schubelasticitätsmodul = ca. 0,4 E.

In der Regel ist der Einfluss der Wanddeformation (Streben oder Steg) auf die Nebenmomente ohne Bedeutung, so dass man $\alpha=0$

einführen darf. Die Gleichungen (A_1) sind hauptsächlich bei Stäben von veränderlicher Breite in Anwendung zu bringen.

Anmerkung. Als Grundkräfte des wirklichen Trägers werden gewöhnlich diejenigen des entsprechenden Grundträgers (vgl. I Seite 2) eingeführt. Mit Hülfe der hiernach berechneten Nebenmomente kann man dann erforderlichen Falls nachträglich eine genauere Bestimmung der wirklichen Grundkräfte vornehmen.

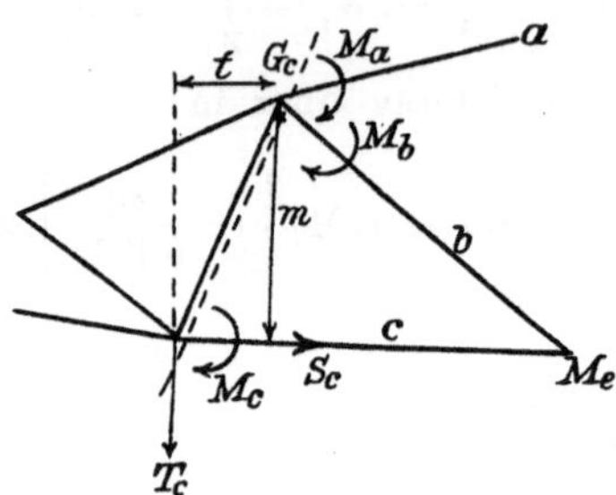

Fig. 22.

Schneidet man die 3 Stäbe a b und c (Fig. 22) durch einen unmittelbar neben Stab d geführten Schnitt, so erfordert das Gleichgewicht um den Gegenpunkt G_c des Stabes c

$$- S_c m - T_c t + M_a + M_b + M_c + \mathfrak{M}_c = 0,$$

wo $\mathfrak{M}_c$ = Moment der äusseren Kräfte um G_c,

T_c = Querkraft des Stabs c am linksseitigen Ende,

$$T_c = \mathfrak{T}_c + \frac{M_c + M_e}{s},$$

$\mathfrak{T}_c$ = Querkraft des Stabs c am linksseitigen Ende bei freier Lagerung,

M_e = Nebenmoment des Stabs c am rechtsseitigen Ende.

Die Grundkraft S des Stabs c ergiebt sich aus vorstehender Gleichung zu

$$S_c = \left[\mathfrak{M}_c + M_a + M_b + M_c\left(1 - \frac{t}{s}\right) - M_e \frac{t}{s} - \mathfrak{T}_c \cdot t\right] : m.$$

Dieser Werth ist in normalen Fällen stets etwas geringer als die Stabkraft des Grundträgers $S_c = \mathfrak{M}_c : m$.

Verzeichniss der über das ebene steifknotige Stabwerk handelnden Schriften.

Engesser, Ueber die Durchbiegung von Fachwerkträgern und die hierbei auftretenden zusätzlichen Spannungen. Zeitschrift für Baukunde 1879.

Manderla, Die Berechnung der Sekundärspannungen, welche im einfachen Fachwerke in Folge starrer Knotenverbindungen auftreten. Allgemeine Bauzeitung 1880.

Winkler, Vorträge über Brückenbau. Theorie der Brücken, Heft II. Wien 1881.

Fr. Ritter, Ueber die Druckfestigkeit stabförmiger Körper, mit besonderer Rücksicht auf die im steifen Fachwerk auftretenden Nebenspannungen. Schweizer Bauzeitung 1884 I.

Landsberg, Beitrag zur Theorie des Fachwerks. Zeitschrift des Hannöverschen Architekten- und Ingenieur-Vereins 1885 und 1886.

Müller-Breslau, Theorie der Biegungsspannungen in Fachwerkträgern. Zeitschrift des Hannöv. Architekten- und Ingenieur-Vereins 1886.

Engesser, Ueber die Nebenspannungen der Fachwerkstäbe bei steifen Knotenverbindungen. Zeitschrift des Vereins Deutscher Ingenieure 1888.

W. Ritter, Anwendungen der graphischen Statik, II. Theil. Zürich 1890.

Mohr, Die Berechnung der Fachwerke mit starren Knotenverbindungen. Civilingenieur 1892.

Die Nebenspannungen ν.

1. Zwängungsspannungen.

In Folge der steifen Knotenverbindungen werden die Fachwerkstäbe gezwungen, sich den Formänderungen des Knotenpunktsnetzes, bezw. denen der Nachbarstäbe, durch Verbiegungen anzubequemen, und erleiden dementsprechend Nebenspannungen, auch wenn sie selbst ohne Belastung sind. Diese Nebenspannungen

(Zwängungsspannungen) werden um so kleiner, je kleiner die verursachenden Formänderungen sind; alle Mittel, welche letztere herabmindern, verringern gleichzeitig die fraglichen Spannungen. Bei Einschaltung reibungsloser Knotengelenke würden die Zwängungen und demgemäss auch die Zwängungsspannungen wegfallen.

a) Hauptträger.

α) Die allgemeinen Gleichungen (A) und (B) zur Bestimmung der Nebenmomente M gehen über in

$$\varDelta\,\psi_{213} = \frac{s_{12}\,(2\,M_{12} - M_{21})}{6\,E\,J_{12}} - \frac{s_{13}\,(2\,M_{13} - M_{31})}{6\,E\,J_{13}} \quad \text{und} \quad \Sigma M_{1x} = 0.$$

Die Winkel $\varDelta\,\psi$ sind jeweils entsprechend dem ungünstigsten Belastungsfall einzusetzen, d. h. im Allgemeinen demjenigen, welcher die grösste Grundkraft S des betrachteten Stabs (einschliesslich Zusatzkräfte) hervorruft. Die langwierige Lösung der Gleichungen (A) und (B) muss daher streng genommen so oftmal ausgeführt

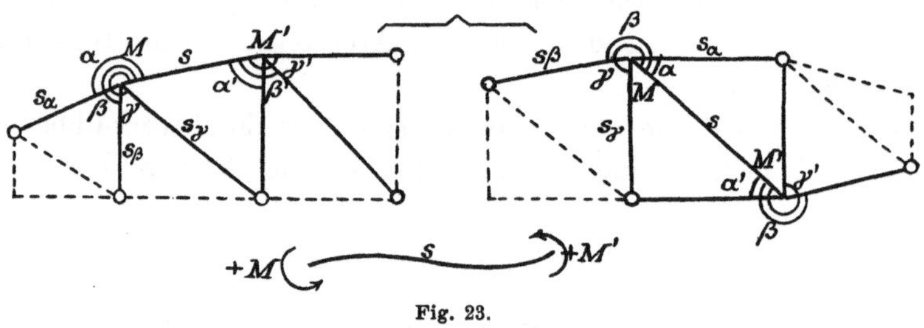

Fig. 23.

werden, als verschiedene Laststellungen für die einzelnen Stäbe in Betracht zu ziehen sind. Für die Zwecke der Anwendung genügt meist eine näherungsweise Kenntniss der Nebenmomente M und der Nebenspannungen $\nu = \frac{M\,e}{J}$. Man kann sich hierzu der in der Anmerkung auf S. 12 u. ff. angegebenen Verfahren oder folgender Näherungsformeln bedienen. Bei der Ableitung der letzteren wurde vorausgesetzt, dass nur die dem betrachteten Stab zugehörigen Knotenverbindungen steif, die übrigen jedoch drehbar seien. Unter Berücksichtigung der in Fig. 23 eingeschriebenen Bezeichnungen gehen dann die Gleichungen zur Bestimmung der Nebenmomente M und M' des Stabs s über in

$$M\left(1+\frac{i_\alpha+i_\beta+i_\gamma}{i}\right)-M'\frac{i_\alpha+i_\beta+i_\gamma}{2\,i}=\frac{\Psi_\alpha i_\alpha+\Psi_\beta i_\beta+\Psi_\gamma i_\gamma}{2}$$

$$M'\left(1+\frac{i'_\alpha+i'_\beta+i'_\gamma}{i}\right)-M\frac{i'_\alpha+i'_\beta+i'_\gamma}{2\,i}=\frac{\Psi'_\alpha i'_\alpha+\Psi'_\beta i'_\beta+\Psi'_\gamma i'_\gamma}{2}$$

oder abgekürzt

$$M(1+2\,b)-M'b=c \text{ und } M'(1+2\,b')-M\,b'=c'\text{*)}.$$

Die Winkel $\alpha\,\beta\,\gamma$, $\alpha'\,\beta'\,\gamma'$, welche die Nachbarstäbe $s_\alpha\ s_\beta\ s_\gamma$ u. s. w. mit dem betrachteten Stabe s bilden, werden, wie in Fig. 23 dargestellt, nach links hin gemessen. Es wurde gesetzt $6\,E\,\varDelta\,\alpha=\Psi_\alpha$, $6\,E\,\varDelta\,\alpha'=\Psi'_\alpha$ u. s. w., $\frac{J}{s}=i$, $\frac{J_\alpha}{s_\alpha}=i_\alpha$, $\frac{J'_\alpha}{s'_\alpha}=i'_\alpha$ u. s. w. Aus beiden Gleichungen folgt

$$M=\frac{(1+2\,b')\,c+b\,c'}{1+2\,(b+b')+3\,b\,b'} \text{ und } M'=\frac{(1+2\,b)\,c'+b'\,c}{1+2\,(b+b')+3\,b\,b'}.$$

Für $b=b'$ und $c=-c'$ wird

$$M=-M'=c:(1+3\,b),$$

$$=3\,E\,(\varDelta\,\alpha\,i_\alpha+\varDelta\,\beta\,i_\beta+\varDelta\,\gamma\,i_\gamma):\left[1+1{,}5\,\frac{(i_\alpha+i_\beta+i_\gamma)}{i}\right].$$

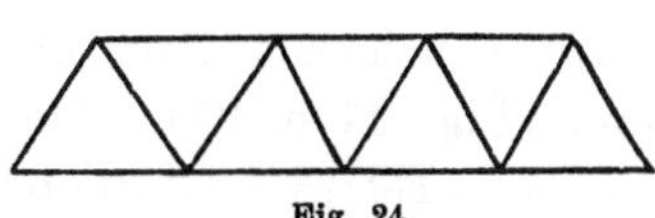
Fig. 24.

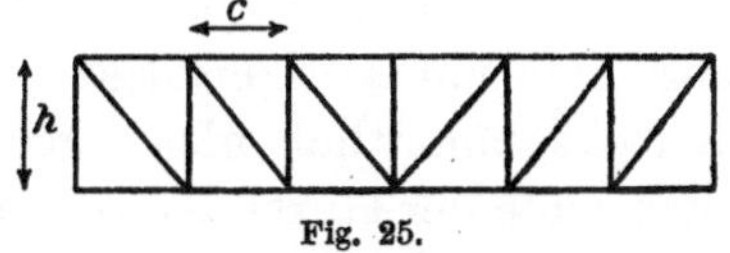

Fig. 25.

Auf Grund der Untersuchungen Winkler's (Theorie der Brücken, Innere Kräfte gerader Träger) ergeben sich für die Zwängungsspannungen ν, welche der elastischen Deformation des Knotenpunktsnetzes in Folge der Grundspannungen σ entsprechen, folgende Werthe, wobei h die Trägerhöhe, e den Abstand der äussersten Faser von der Stabachse bezeichnet.

---

*) Siehe Zeitschr. des Vereins Deutscher Ingenieure 1888, S. 813.

Eintheilige Strebenfachwerke (Fig. 24).

Gurtungen $\nu = 3$ bis $8\,\sigma e : h$; Streben $\nu = 4$ bis $11\,\sigma e : h$.

Eintheilige Ständerfachwerke (Fig. 25).

Gurtungen $\nu = 4$ bis $15\,\sigma e : h$; Streben $\nu = 4$ bis $13\,\sigma e : h$; Ständer $\nu = 11$ bis $19\,\sigma e : h$.

Bei Einziehen von Hilfsständen (Fig. 26) finden sehr starke Spannungserhöhungen in den Gurtstäben statt.

Fig. 26. Fig. 27.

Kreuzstrebensysteme ohne Hilfsständer werden unter Umständen wesentlich stärker beansprucht als solche mit Hilfsständern (Fig. 27). Im letzteren Falle ähneln die Nebenspannungen denen des eintheiligen Strebensystems (Fig. 24). Träger mit gekrümmter Gurtung verhalten sich bezüglich der Nebenspannungen günstiger als Parallelträger ähnlicher Konstruktion. Für die Gurtungen von Linsen- und Fischbauchträgern ist annähernd

$$\nu = 2\,\sigma e : \max.\ h.$$

Die durch ungleichmässige Erwärmung des Trägers hervorgerufenen Nebenspannungen sind unter normalen Verhältnissen weit geringer als die den elastischen Stabverlängerungen entsprechenden. Zur Ermittlung derselben setzen wir einen Parallelträger voraus, dessen eine Gurtung um t Grad wärmer als die übrigen Trägertheile ist. Nach I S. 32 liegen dann die Knotenpunkte einer Gurtung auf einem Kreisbogen vom Radius $r = h : \omega t$, falls die Stabdreiecke sämmtlich gleich gerichtet sind (Fig. 24 u. 27). Die Nebenmomente der Gurtstäbe sind annähernd $M = EJ : r = EJ\omega t : h$, und die entsprechenden Nebenspannungen $\nu = Me : J = Ee\omega t : h$.

Für $\omega t = 20 : 80\,000 = 1 : 4000$ folgt hieraus $\nu = 500\,e : h$, bezw. $\nu = 25$ kg/qcm, wenn $e : h = 1 : 20$.

Die Nebenmomente und Nebenspannungen der Streben haben die Werthe $M_1 = E\,J_1\,\omega\,t \cos\delta : h$ und $\nu_1 = E\,e_1\,\omega\,t \cos\delta : h$. Für die Ständer wird $\delta = 90^0$, $\nu_1 = 0$.

Wenn die Stabdreiecke symmetrisch zur Brückenmitte angeordnet sind (Fig. 27), liegen die Knotenpunkte des deformirten Netzes auf 2 Kreisbögen, die in der Mitte unter einem Winkel

$\gamma = \omega\,t \cdot \operatorname{ctg} \delta = \omega\,t\,.\,c:h$ zusammenstossen (I S. 33). Es kommen dann noch weitere Nebenspannungen zu den eben berechneten hinzu, namentlich in den mittleren Stäben. Für Gurtmitte erhält man als zusätzliches Moment annähernd*)

$$M = \frac{6\,E\,J\,\gamma}{c} : \left(4 - \frac{2}{3{,}73}\right) = 1{,}75\,E\,J\,\gamma : c = 1{,}75\,E\,J\,\omega t : h$$

und als entsprechende Nebenspannung

$$\nu = 1{,}75\,E\,e\,\omega t : h = 875\,e : h.$$

In manchen Fällen ist auch der Einfluss ungleichmässiger (einseitiger) Erwärmung der einzelnen Stäbe in Betracht zu ziehen (siehe I S. 34). Beträgt der Wärmeunterschied der beiden Stabseiten $\varDelta t$, so ist der entsprechende Krümmungsradius $r = \beta : \omega \varDelta t$. Annähernd darf für die Gurtstäbe gesetzt werden $M = E\,J : r$ und $\nu = E\,e : r = E\,e\,\omega \varDelta t : \beta$. Bei symmetrischem Gurtquerschnitt ist $e =$ halber Stabbreite $= 0{,}5\,\beta$, und $\nu = 0{,}5\,E\,\omega \varDelta t$. Für $\varDelta t = 5^0$ folgt hieraus $\nu =$ rund 60 kg/qcm.

Aus der Form der Gleichungen (A) und (B) geht hervor, dass die Nebenmomente M, bei gleichmässiger Aenderung der Trägheitsmomente sämmtlicher Stäbe, proportional den Trägheitsmomenten zu- oder abnehmen. Die Nebenspannungen $\nu = M\,e : J$ hängen somit in diesem Falle nur von der Grösse e, d. h. von der Stabbreite ab, und ändern sich im gleichen Verhältniss wie letztere. Zur Vermeidung grosser Zwängungsspannungen ν ist es daher angezeigt, die Stabbreiten i. A. nicht allzu gross zu nehmen, nicht grösser als durch anderweitige Forderungen (Knicksicherheit, Annietung u. s. w.) bedingt wird.

Die vorstehend betrachteten Nebenspannungen der Hauptträger werden in der Anwendung für gewöhnlich nicht besonders ermittelt bezw. berücksichtigt. Man trägt ihnen nur im Allgemeinen, bei Feststzung der normalen Spannungszahlen, die entsprechend niedrig gehalten werden, Rechnung. Nur in solchen Fällen, wo ausnehmend hohe Nebenspannungen zu befürchten sind, wird man sie rechnungsmässig oder schätzungsweise durch Minderung der Spannungszahlen berücksichtigen.

---

*) Unter Anwendung der Theorie des kontinuirlichen Trägers mit gesenkten Stützen und unendlich vielen Feldern.

Nach Ueberschreitung der Elasticitätsgrenze nehmen die Zwängungsspannungen relativ ab, da hier die Dehnungen rascher wachsen als die Spannungen, die Stäbe sich daher verhältnissmässig leichter den Deformationen des Knotenpunktsnetzes anschmiegen (siehe Zeitschr. des Vereins Deutscher Ingenieure 1888, S. 813). Ein annäherndes Bild von der verhältnissmässigen Abnahme der Spannungen ν kann man sich auf folgende Weise machen. Es sei in Fig. 28 O G B C die Arbeitslinie des Materials (Abscissen gleich Dehnung, Ordinaten gleich Spannung), G die Elasticitätsgrenze, A B die Grundspannung σ, D E die unter der Annahme des Elasticitätsgesetzes berechnete Nebenspannung ν. Es giebt dann der von

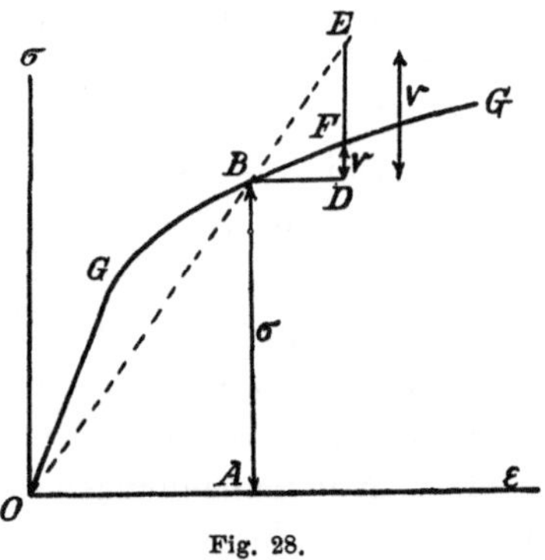

Fig. 28.

der Arbeitskurve abgeschnittene Theil D F die wirkliche Nebenspannung ν'. Der Unterschied zwischen ν und ν' ist bei sehr zähem Material am grössten; bei sehr sprödem Material, wo die Elasticitätsgrenze nahe der Bruchgrenze liegt, wird $\nu = \nu'$, da hier Punkt F noch innerhalb der geraden Strecke O G zu liegen kommt. Nach Vorstehendem sind die Zwängungsspannungen ν bei zähem Material von verhältnissmässig geringerem Einfluss auf die Bruchsicherheit der Stäbe als die Grundspannungen σ; es erscheint daher auch aus diesem Grunde das übliche Verfahren berechtigt, nach welchem die betreffenden Spannungen nur schätzungsweise berücksichtigt werden.

Eine Minderung der Zwängungsspannungen durch Gelenkbolzen wird wegen der Bolzenreibung nur unvollkommen erreicht. Zur Ueberwindung der letzteren bedarf es, wie schon früher erwähnt, eines Drehmoments $R = \mu S r$. So lange das Nebenmoment M kleiner als R ist, bleibt das Gelenk unwirksam; für $M > R$ tritt eine kleine Drehbewegung ein, der Werth des Nebenmoments wird auf R herabgemindert. Trotz dieser unvollkommenen Wirksamkeit haben die Bolzen wenigstens den Vortheil, dass sie bei guter Ausführung innerhalb Elasticitätsgrenze aussergewöhnlich hohe Nebenspannungen verhüten; letztere können das Maass $\nu = \frac{R\,e}{J}$ nicht überschreiten. Am besten entsprechen diesem Zwecke Anordnungen wie die bekannten von Gerber*), weil hier die Bolzendurchmesser so klein als möglich ausfallen, während die starken amerikanischen Bolzen dazu weit weniger geeignet erscheinen. Beschränkt man die Anwendung der Bolzen auf die Verbindung zwischen den Wandstäben und den Gurtungen, während die Gurtstäbe steif mit einander verbunden werden, so lässt sich auf letztere das in der Anmerkung S. 12 für überwiegend steife Gurtstäbe angegebene Verfahren näherungsweise anwenden. Unter normalen Verhältnissen erhält man für die Gurtstäbe von Parallelträgern $\nu = 3$ bis $4\,\sigma\,e:h$.

Eine Herabminderung der Zwängungsspannungen kann ferner durch die Art der Montage bewirkt werden, worauf im Folgenden kurz eingegangen werden möge, wenngleich sich das betreffende Verfahren in der Anwendung nur schwer und nicht mit sicherem Erfolg durchführen lässt. Wenn man derart montirt, dass zwar die Knotenwinkel nach Plan ausgeführt, die Stablängen jedoch um das Maass der späteren Verlängerungen zu kurz (bezw. zu lang) bemessen werden, so entstehen im unbelasteten Zustand Verbiegungen und Nebenspannungen der Stäbe, welche denen der Belastung gleich und entgegengesetzt sind. Nach Aufbringen der Belastung strecken sich die Stäbe gerade, und die Nebenspannungen fallen dementsprechend weg. Selbstverständlich ist es nur für einen einzigen Belastungsfall (z. B. volle Belastung) theoretisch möglich, die Nebenspannungen vollkommen zu verhüten; bezüglich der übrigen Belastungsfälle trifft dies nur theilweise zu. Vielfach spannt man bei der Montage die Streben so lange, bis sich der Träger von den Zwischenlagern abhebt. Dann wird wenigstens bezüglich des Eigengewichts obige Forderung erfüllt.

Anmerkung. Die eingehenden, im Auftrag des Oesterr. Ing.- und Arch.-Vereins angestellten Bruchversuche mit Fachwerkträgern (siehe Vereinszeitschr. 1891, S. 63) bestätigen den oben theoretisch

---

*) Siehe z. B. Zeitschrift für Baukunde 1883, S. 541.

gefundenen Satz, dass die Zwängungsspannungen bei zähem Material nur einen untergeordneten Einfluss auf die Bruchsicherheit ausüben. Die Versuchsträger von 10 m Stützweite und 1,2 m Höhe (Fig. 27) waren zum Vergleich aus verschiedenen Eisensorten (Martineisen, Thomaseisen, Schweisseisen) und mit verschieden sorgfältiger Anarbeitung hergestellt worden. Unter Vernachlässigung der Nebenspannungen erhält man aus den Versuchsergebnissen folgende Werthe der Bruchspannungen (d. h. Grundspannungen im Augenblicke des Bruchs) in Procenten der Zugfestigkeiten:

bei Martineisen 83—97 %
- Schweisseisen 73—90 %
- Thomaseisen 75 %.

Die Verschiedenheit dieser Zahlenwerthe rührt von der Verschiedenheit der Homogenität, der Zähigkeit und der Anarbeitung her; namentlich letztere liess Unterschiede bis zu 21 % hervortreten. Bei sorgfältiger Anarbeitung und sehr zähem Materiale (Martineisen von 23,6 % Bruchdehnung) stieg die Bruchspannung bis zu 97 % der Zugfestigkeit; die Nebenspannung kann somit in diesem Falle höchstens 3 % der Gesammtspannung betragen haben. Leider ist die Zahl der Versuche zu gering, um daraus für unsern Zweck Zahlenwerthe von allgemeiner Gültigkeit abzuleiten.

β) Besondere Nebenspannungen entstehen, wenn ein Längsverband ausserhalb der Hauptträgergurtungen angeordnet wird, dessen Gurtungen (Zwischengurtungen) mit den Ständern der Hauptträger fest verbunden sind (I Fig. 7 und 9). Die Deformationen der Zwischengurtungen werden i. A. nicht mit den Entfernungsänderungen der entsprechenden Ständerpunkte übereinstimmen, und es werden in Folge dessen Verbiegungen der einzelnen Stäbe eintreten. Es stelle in Fig. 29 A C B die elastische Linie eines verbogenen Ständers dar, $\delta = $ C D den Pfeil derselben an der Befestigungsstelle der Zwischengurtung. Für den gewöhnlichen Fall überwiegenden Gurtquerschnitts darf der Einspannungswinkel bei A und B gleich Null angenommen werden. Ferner soll der meist sehr geringe Einfluss der Steifigkeit der Zwischengurtungen ausser Betracht bleiben; für symmetrische Verhältnisse ist dies mathematisch genau. Es ist dann das Moment des Ständers bei C,

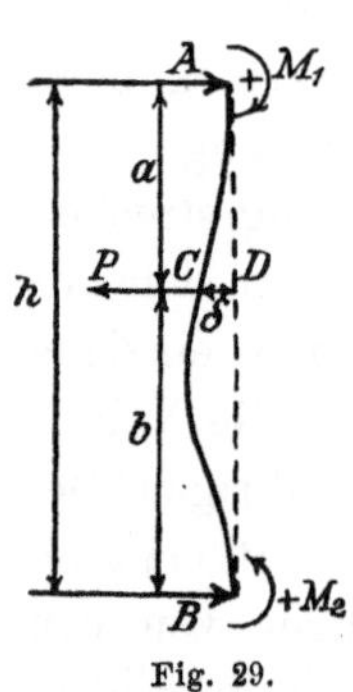

Fig. 29.

$$M = \frac{6\,E\,J\,\delta}{h}\left(\frac{1}{a} + \frac{1}{b}\right) = \frac{6\,E\,J\,\delta}{a\,b}$$

und die Einspannungsmomente

$$M_1 = -\frac{3\,E\,J\,\delta\,h}{a^2\,b}, \quad M_2 = -\frac{3\,E\,J\,\delta\,h}{b^2\,a}.$$

Für $b > a$ besitzt M_1 den grössten Absolutwerth; die entsprechende Nebenspannung des Ständers ergiebt sich zu

$$\nu_1 = \frac{3\,E\,e\,\delta\,h}{a^2\,b}.$$

Für die anschliessenden Gurtstücke wird

$$\nu_1 = \frac{M_1\,e_1}{2\,J_1} = \frac{1{,}5\,E\,J\,\delta\,h\,e_1}{a^2\,b\,J_1} \text{ und } \nu_2 = \frac{1{,}5\,E\,J\,\delta\,h\,e_2}{a\,b^2\,J_2};$$

an den Endknoten werden ν_1 und ν_2 annähernd doppelt so gross. Der Pfeil δ ist zu setzen $\delta = \delta'' - \delta'$, wo δ'' den Pfeil ohne Rücksicht auf den Einfluss der Ständerreaktionen, δ' die Aenderung in Folge der Ständerreaktionen bezeichnet. δ'' ist aus der Zeichnung des durch Grundspannungen und Wärmeänderungen deformirten Stabnetzes zu entnehmen. Für symmetrisch angeordnete und belastete Parallelträger lässt sich setzen

$$\delta'' = \sum_0^x c\left(\varepsilon - \frac{\varepsilon_1\,b + \varepsilon_2\,a}{h}\right).$$

Hierbei bezieht sich die Summirung auf alle Felder von Brückenmitte ($x = 0$) bis zum betrachteten Ständer. Die Dehnungen ε ε_1 und ε_2 der Zwischengurtstäbe und Hauptgurtstäbe sind

$$\varepsilon = \frac{\sigma}{E} + \omega\,t, \quad \varepsilon_1 = \frac{\sigma_1}{E} + \omega\,t_1, \quad \varepsilon_2 = \frac{\sigma_2}{E} + \omega\,t_2;$$

für $a = b$ und $\varepsilon_1 = -\varepsilon_2$ wird $\delta'' = \sum_0^x c\,\varepsilon$.

Die Pfeiländerung δ' ergiebt sich zu

$$\delta' = \sum_0^x \frac{c}{E}\left[\sigma' + \frac{\sigma'_1\,b + \sigma'_2\,a}{h}\right].$$

Die Spannungen σ' σ'_1 σ'_2 der Zwischengurtstäbe (F) und Hauptgurtstäbe (F_1 und F_2) in Folge der Ständerreaktionen P, A und B (Fig. 29) werden erhalten zu

$$\sigma' = \frac{1}{F} \sum_x^{1/2\, l} P, \quad \sigma'_1 = \frac{1}{F_1} \sum_x^{1/2\, l} A, \quad \sigma'_2 = \frac{1}{F_2} \sum_x^{1/2\, l} B,$$

$$\text{wo } P = \frac{3\, E\, J\, h^3}{a^3\, b^3} (\delta'' - \delta'), \quad A = \frac{3\, E\, J}{a^3\, b} (2\, a + h)(\delta'' - \delta'),$$

$$B = \frac{3\, E\, J}{b^3\, a} (2\, b + h)(\delta'' - \delta').$$

In der Regel können σ'_1 und σ'_2 neben σ' vernachlässigt werden; man erhält dann

$$\delta' = \sum_o^x \frac{c}{E} \sigma' = \sum_o^x \frac{c}{F} \sum_x^{1/2\, l} \frac{3\, J\, h^3}{a^3\, b^3} (\delta'' - \delta')$$

und, für h a b c J F konstant,

$$\delta' = \frac{3\, c\, J\, h^3}{F\, a^3\, b^3} \sum_o^x \sum_x^{1/2\, l} (\delta'' - \delta').$$

Vorstehende Gleichung kann ebenso oftmal aufgestellt werden, als unbekannte δ' vorhanden, so dass letztere und somit auch die wirklichen Pfeilhöhen $\delta = \delta'' - \delta'$ bestimmt werden können. Statt dieses umständlichen Verfahrens genügt für die Zwecke der Anwendung meist folgendes Näherungsverfahren. Man setze näherungsweise δ' und δ'' proportional der Entfernung x von Brückenmitte,

$$\delta' = \alpha\, \delta'' = \frac{\alpha\, 2\, x\, \vartheta}{l},$$

wobei der grösste Werth von δ'' bei $x = \frac{l}{2}$ mit ϑ bezeichnet wird. Denkt man sich die Trägheitsmomente J der Ständer gleichmässig über die Brückenlänge vertheilt, so trifft auf die Längeneinheit der Betrag J : c. Die Reaktion eines Ständerdifferentials ist

$$d\, P = \frac{3\, E\, h^3}{a^3\, b^3} \frac{J}{c} d\, x (\delta'' - \delta') = \frac{6\, E\, h^3\, J\, (1 - \alpha)\, \vartheta\, x\, .\, d\, x}{a^3\, b^3\, c\, l} =$$

$$= C\, .\, (1 - \alpha)\, \vartheta\, x\, d\, x.$$

Ferner ist

$$\sigma' = \frac{1}{F}\int_x^{\frac{l}{2}} dP = \frac{C(1-\alpha)\vartheta(l^2 - 4x^2)}{8F},$$

$$\delta' = \int_0^x \frac{\sigma' dx}{E} = \frac{C(1-\alpha)\vartheta(3l^2x - 4x^3)}{24EF}$$

für F konstant. Nach Einsetzen des Werthes von C ergiebt sich

$$\delta' = \frac{h^3 J(1-\alpha)\vartheta(3l^2x - 4x^3)}{4a^3b^3clF}.$$

Für $x = \frac{l}{2}$ wird $\delta' = \alpha\,\vartheta$, bezw. $= \frac{h^3 J(1-\alpha)\vartheta l^2}{4a^3b^3cF}$, woraus man für α erhält

$$\alpha = \frac{h^3 l^2 J}{4a^3b^3cF} : \left(1 + \frac{h^3 l^2 J}{4a^3b^3cF}\right).$$

Schliesslich ist

$$\delta = (1-\alpha)\delta'' = \delta'' : \left(1 + \frac{h^3 l^2 J}{4a^3b^3cF}\right).$$

Am grössten wird δ für $x = \frac{l}{2}$, $\delta = \vartheta : \left(1 + \frac{h^3 l^2 J}{4a^3b^3cF}\right)$.

Beispielsweise sei $a = b = \frac{h}{2}$, $c = h$, $l = 10h$; dann wird

$$\delta = \vartheta : \left(1 + \frac{1600\,J}{h^2 F}\right),$$

und für $h^2 F = 4800\,J$, $\delta = 0{,}75\,\vartheta$. Die entsprechende Nebenspannung des Ständers ist

$$\nu = \frac{3Ee\,0{,}75\,\vartheta h}{a^2 b} = \frac{18Ee\vartheta}{h^2} = \frac{9el}{h^2}\sigma = \frac{90e}{h}\sigma,$$

wenn ϑ bei unveränderter Temperatur gleich $\frac{\sigma l}{E\,2}$ gesetzt wird.

Für $\frac{e}{h} = \frac{1}{30}$ erhält man $\nu = 3\,\sigma$, das ist gleich der dreifachen mittleren Grundspannung der Zwischengurtung. Die Nebenspannungen der Hauptgurtungen sind den grösseren Widerstandsmomenten entsprechend geringer. Aus Vorstehendem ist der äusserst ungüstige Einfluss der Zwischengurtungen, namentlich auf die äusseren Ständer ersichtlich. Wenn nun auch die grössten lothrechten und wagrechten Belastungen und somit auch die grössten Grund- und Nebenspannungen der Ständer selten zusammentreffen werden, so erscheint es doch angezeigt, durch konstruktive Anordnungen derartige Ueberanstrengungen zu vermeiden.

Von Vortheil ist zu diesem Zweck die Anwendung von Kreuzstrebensystemen mit Hülfsständern (Fig. 27), weil letztere nur geringe Grundspannungen auszuhalten haben und keine grosse Breite besitzen. Vollständig vermieden werden die fraglichen Nebenspannungen, wenn man von einer festen Verbindung der Zwischengurtungen mit den Hauptträgern absieht und Längsverband nebst Fahrbahn verschieblich auf den Querträgern auflagert.

Zu bemerken ist, dass die hier behandelten Nebenspannungen ν nach Ueberschreitung der Elasticitätsgrenze, ähnlich wie die unter (α), langsamer als die Pfeilhöhen δ, bezw. als die Grundspannungen σ der Zwischengurtungen zunehmen und daher von geringerem Einfluss auf die Bruchsicherheit sind als die Grundspannungen.

b) Längsverbände.

α) Die Stäbe der Längsverbände erhalten in Folge der Deformation ihres Knotenpunktsnetzes Zwängungsspannungen ν, die bei ebenem Verbande in gleicher Weise wie die der Hauptträger zu berechnen sind. Gekrümmte Längsverbände (Vielflache) können wenigstens annähernd in dieser Weise behandelt werden. (Siehe auch Hacker, Zeitschr. des Hannov. Ing.- und Arch.-Vereins 1886, S. 223, Nebenspannungen bei Kuppeln.)

Wenn wie gewöhnlich der Längsverband in einer Gurtungsebene liegt, so sind die Gurtungen gegenüber den Streben des Verbandes von überwiegender Steifigkeit. Die Nebenspannungen der Gurtungen können dann, soweit sie von elastischen Deformationen herrühren, annähernd gesetzt werden

$$\nu = \frac{e}{b}\,\sigma\left(2 + \frac{12\,b\,\sigma'}{l\,\sigma}\right) = \frac{2\,e\,\sigma}{b} + \frac{12\,e\,\sigma'}{l},$$

wo σ und σ' die Grundspannungen der betreffenden Gurtstäbe und der anschliessenden Streben in Folge der wagrechten Belastungen, b den Abstand der Hauptträger und l die Spannweite bezeichnen. Sind ausserdem noch die zwei Gurtungen durch die Belastungen der Hauptträger ungleich beansprucht (σ_1 und σ_2), so kommen noch die weiteren Nebenspannungen $\nu = (\sigma_1 - \sigma_2)\,e : b$ hinzu.

Der Einfluss ungleicher Erwärmung ist nach den auf S. 24 aufgestellten Formeln, nachdem h durch b ersetzt worden, zu bestimmen.

Bei den amerikanischen Streifengurtungen sind die Zwängungsspannungen ganz unbedeutend, da sich die schmalen Einzelstäbe ohne merklichen Zwang in das geänderte Knotenpunktsnetz einbiegen lassen.

β) Bei den statisch bestimmten Systemen mit nur einem Längsverband (I Fig. 1) hängen die Deformationen der freien Gurtungen im wagrechten Sinne nicht nur von den wagrechten Deformationen des Längsverbandes, sondern auch von den lothrechten der Hauptträger ab. Der Einfluss der Deformationen der Querverbände kann meist ausser Acht bleiben. Die wagrechten Verschiebungen der einzelnen Knotenpunkte der freien Gurtungen sind dann nach Fig. 30 $\delta = \delta_u + (\delta_1 - \delta_2)\,h : b$. Die entsprechenden Nebenspannungen sind nach der Theorie des kontinuirlichen Trägers auf gesenkten Stützen (siehe S. 12 u. ff.) zu bestimmen. Im Mittel ist

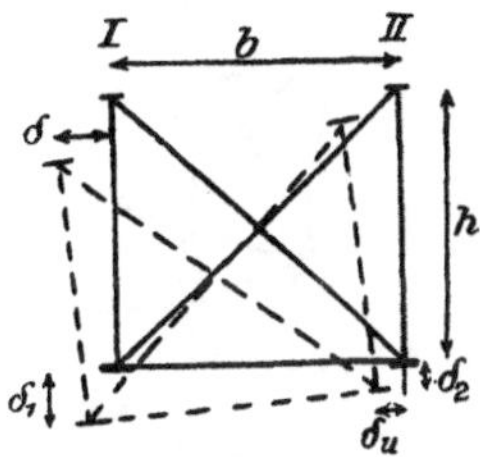

Fig. 30.

$$\nu = \frac{8\,E\,e\,\delta}{l^2},$$

wenn mit δ die grösste Verschiebung in Brückenmitte bezeichnet wird.

γ) Weitere Nebenspannungen treten in den Längsverbänden von Eisenbahnbrücken auf, wenn die Bremskräfte durch die Biegungsfestigkeit der Querträger auf die Knotenpunkte derselben übertragen werden müssen (siehe auch I S. 9). Diese Nebenspannungen sollen hier unter den Zwängungsspannungen behandelt werden, da sie nur bei steifer Verbindung mit den Querträgern hervorgerufen werden und bei Einschaltung reibungsloser Gelenke wegfallen.

Es handle sich um eine eingleisige Eisenbahnbrücke, deren Querträger durch durchlaufende Längsträger verbunden seien (Fig. 31). Sieht man von der geringen Zusammendrückung der Längsträger durch die Bremskräfte ab, so biegen sich sämmtliche Querträger im wagrechten Sinne gleich stark durch und übertragen näherungsweise gleich grosse Bremskräfte

$$T = \frac{1}{n} \Sigma T.$$

Es bezeichne M_0 das wirkliche Einspannungsmoment eines mittleren Querträgers, J_0 dessen konstant angenommenes Trägheitsmoment im wagrechten Sinne, $\overline{M}_0$ das Einspannungsmoment, das bei unveränderlicher Einspannung eintreten würde, $= T\,a\,(b - a) : b$.

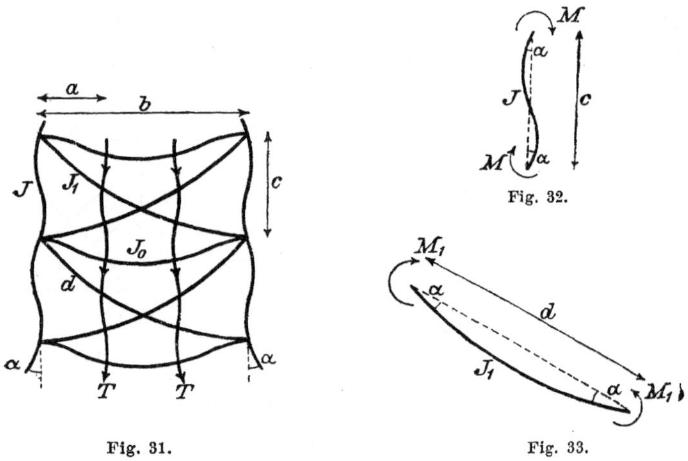

Fig. 31. Fig. 32. Fig. 33.

Vernachlässigt man den geringen Einfluss der Längsträgersteifigkeit, so ergiebt sich für den Einspannungswinkel α des Querträgers der bekannte Werth

$$\alpha = \frac{\overline{M}_0 - M_0}{2\,E\,J_0}\,b.$$

Die Betrachtung der anschliessenden Gurtstäbe ergiebt

$$\alpha = \frac{M\,c}{6\,E\,J}$$

(Fig. 32), wenn man näherungsweise annimmt, dass auch die benachbarten Querträger unter dem gleichen Winkel α eingespannt seien. Für die Streben erhält man (Fig. 33)

$$\alpha = \frac{M_1 d}{2 E J_1}.$$

Nach Elimination von α ergiebt sich

$$M_1 = M \frac{J_1 c}{3 J d} \text{ und } M_0 = \overline{M}_0 - \frac{M c J_0}{3 J b}.$$

Nun muss sein $2 M + 2 M_1 = M_0$, somit

$$2 M \left(1 + \frac{J_1 c}{3 J d}\right) = M_0 = \overline{M}_0 - \frac{M c J_0}{3 J b},$$

woraus für das Nebenmoment des Gurtstabs folgt

$$M = \overline{M}_0 : \left(2 + \frac{c J_0}{3 b J} + \frac{2 c J_1}{3 d J}\right);$$

die entsprechende Zwängungsspannung ist

$$\nu = \frac{M e}{J} = \overline{M}_0 e : \left(2 J + \frac{c J_0}{3 b} + \frac{2 c J_1}{3 d}\right).$$

In den meisten Fällen können die zwei letzten Glieder des Nenners gegen das erste vernachlässigt werden; man hat dann

$$M = \frac{\overline{M}_0}{2} \text{ und } \nu = \frac{\overline{M}_0 e}{2 J}.$$

Beispielsweise wird für eine Brücke von 36 m Spannweite $T = \frac{10\,000}{10} = 1000$ klg, $a = 150$ cm, $b = 450$ cm, somit

$$\overline{M}_0 = \frac{1000 . 150 . 300}{450} = 100\,000 \text{ klg/cm},$$

$$M = \frac{\overline{M}_0}{2} = 50\,000 \text{ klg/cm}, \quad \frac{J}{e} = 800 \text{ cm}^3,$$

$$\nu = \frac{50\,000}{800} = 63 \text{ klg/qcm}.$$

Für die Streben ist

$$M_1 = \overline{M}_0 \left(2 + \frac{d\,J_0}{b\,J_1} + \frac{6\,d\,J}{c\,J_1}\right),\ \nu_1 = \overline{M}_0 e_1 : \left(2\,J_1 + \frac{d\,J_0}{b} + \frac{6\,d\,J}{c}\right);$$

annähernd lässt sich setzen

$$\nu_1 = \frac{\overline{M}_0\,e_1\,c}{6\,J\,d} = \nu \,.\, \frac{e_1}{3\,e}\,\frac{c}{d}.$$

Für $\frac{e_1}{e} = \frac{1}{3}$, $\frac{c}{d} = 0{,}7$ ergiebt sich $\nu_1 = 5$ klg.

Für die Querträger ist

$$M_0 = \overline{M}_0 \left(\frac{6\,b\,J}{c\,J_0} + \frac{2\,b\,J_1}{d\,J_0}\right) : \left(1 + \frac{6\,b\,J}{c\,J_0} + \frac{2\,b\,J_1}{d\,J_0}\right),$$

$$\nu_0 = \overline{M}_0\,e_0 \left(\frac{6\,b\,J}{c\,J_0} + \frac{2\,b\,J_1}{d\,J_0}\right) : \left(J_0 + \frac{6\,b\,J}{c} + \frac{2\,b\,J_1}{d}\right);$$

annähernd ergiebt sich $\nu_0 = \frac{\overline{M}_0\,e_0}{J_0}$. Für $\frac{J_0}{e_0} = 300$ folgt $\nu_0 = \frac{100\,000}{300} = 330$ klg/qcm.

Wären die Querträger drehbar an ihren Enden befestigt, so fielen die Nebenmomente M, M_1 und M_0 weg. Im Querträger herrschen dann die Momente des freiaufliegenden Balkens mit den Grösstwerthen $\mathfrak{M} = T\,a$ und den Biegungsspannungen

$$\nu' = \frac{T\,a\,e_0}{J_0}.$$

Letztere sind grösser als die Spannungen ν_0. Für das vorliegende Beispiel erhält man $\nu' = 1{,}5\,\nu_0 = 500$ klg/qcm.

Anmerkung. Die Längsträger nehmen in der Regel nur in geringem Maasse an den Verbiegungen der Querträger theil und erleiden in Folge dessen nur geringe Nebenspannungen, da gewöhnlich nur ihr Steg, nicht aber auch die Gurtungen mit den Querträgern verbunden sind. Für den Ausnahmefall einer vollkommen steifen Verbindung beider Träger erhält man die Nebenmomente und Nebenspannungen der Längsträger annähernd (etwas zu hoch) auf folgende Weise.

Setzt man wie früher voraus, dass die Längsträgersteifigkeit gegenüber der der Querträger nur gering ist, so sind die Einspannungsmomente der Querträger gleich dem oben berechneten Werthe M_0. Auf der mittleren Querträgerstrecke ist das Moment $= Ta - M_0$, und demnach der Winkel β an der Angriffsstelle der Längsträger

$$\beta = \int \frac{(Ta - M_0)\,dx}{E\,J_0} = \frac{Ta - M_0}{E\,J_0}\left(\frac{b}{2} - a\right).$$

Unter dem gleichen Winkel β sind auch die S-förmig gebogenen Längsträger eingespannt, und somit deren Einspannungsmoment

$$M_2 = \frac{6\,E\,J_2\,\beta}{c} = 3\,(Ta - M_0)\,\frac{J_2\,(b - 2\,a)}{J_0\,c}.$$

Die entsprechende Nebenspannung ist

$$\nu_2 = M_2\,\frac{e_2}{J_2} = 3\,(Ta - M_0)\,\frac{e_2\,(b - 2\,a)}{J_0\,c}.$$

Mit den Werthen des früheren Beispiels und mit $J_0 : e_2 = 500$ erhält man

$$\nu_2 = \frac{3\,(1000\,.\,150 - 100\,000)\,(450 - 2\,.\,150)}{500\,.\,450} = 100 \text{ klg/qcm.}$$

Die Längskräfte S der Längsträger sind sehr gering. Am m^{ten} Querträger wird S am grössten, wenn die Bremslast bis zu demselben reicht, $S = (m - 1)(n - m + 1)\,T : n$, wo $n =$ Anzahl der Querträger. In Trägermitte erreicht S seinen Höchstwerth mit rund $0{,}25\,n\,T$.

Bei Berechnung der Nebenspannungen ν_1 der Streben war angenommen worden, dass letztere an ihrem Kreuzungspunkt nicht mit einander verbunden seien. Andernfalls steigt ν_1 etwa bis zum dreifachen Betrage, in unserm Beispiel somit bis $\nu_1 = 3 \cdot 5 = 15$ klg/qcm. (Siehe auch Huth, Deutsche Bauzeitung 1887, S. 434.)

Die vorstehend berechneten Spannungen werden fast vollständig vermieden, wenn man die Bremskräfte auf anderem Wege fortleitet; entweder dadurch, dass man die Längsträger unmittelbar am Mauerwerk auflagert (was weniger empfehlenswerth), oder dass man sie durch besondere Stäbe a b (Fig. 34) mit den Knoten des Längsverbands verbindet (Ravennabrücke der Badischen Staatsbahn, Hann. Zeitschr. 1889, S. 601), oder sie an den Kreuzungsstellen K (Fig. 35) mit den Kreuzstreben des Längsverbandes in Verbindung setzt, unter Beifügung von Querriegeln K K und eventuell von Hülfsstreben K c (Offenburger Kinzigbrücke der Badischen Staatsbahn). Im letzteren Falle erhalten die Kreuzstreben ausser den Grundspannungen

$$\sigma_1 = \frac{T}{F_1 \cos \vartheta}$$

noch Zwängungsspannungen ν_1, welche etwa zwischen

$$\nu_1 = \frac{6\, e_1}{s_1} \sigma_1 \text{ und } \nu_1 = \frac{9\, e_1}{s_1} \sigma_1$$

schwanken. Für $T = 1000$ klg, $F_1 = 15$ qcm, $\cos \vartheta = 0,7$, $e_1 : s_1 = 15$ wird $\sigma_1 = 100$ klg und $\nu_1 = 40$ bis 60 klg/qcm.

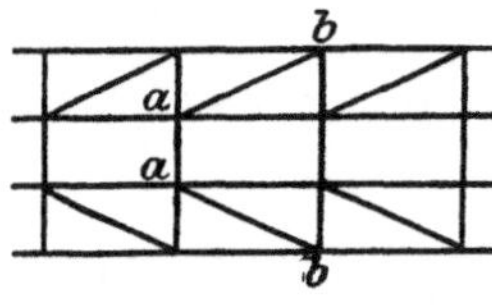

Fig. 34.

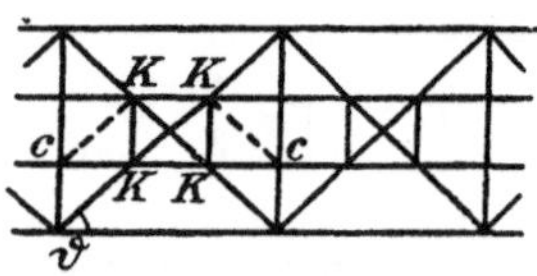

Fig. 35.

δ) Wenn die Längsträger wie gewöhnlich fest an den Querträgern und letztere fest an den Knoten des Längsverbands aufgelagert sind, so erleiden die Querträger in Folge der ungleichen Dehnungen der Hauptträgergurten und der Längsträger Verbiegungen, wie schon unter I B, Seite 76, Fig. 51 hervorgehoben wurde. Ist die Verbindung der Querträger mit den Stäben des Längsverbands eine steife, so werden auch letztere verbogen und haben entsprechende Zwängungsspannungen auszuhalten. Die Berechnung derselben möge zunächst an einer eingleisigen Eisenbahnbrücke durchgeführt werden. (Fig. 36.) Wir setzen überwiegende Gurtsteifigkeit und symmetrische Verhältnisse voraus, und sehen von den unbedeutenden Biegungsmomenten der Längsträger und der Streben ab. Es ist dann das Einspannungsmoment eines Querträgers (J_0) bei A

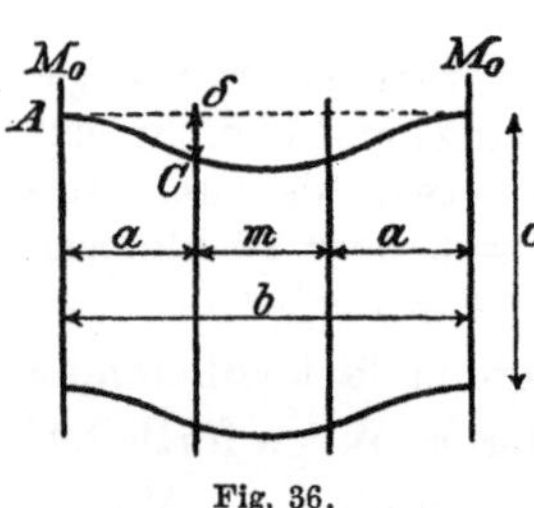

Fig. 36.

$$M_0 = - \frac{6\, E\, J_0\, \delta\, (a + m)}{a^2\, (a + 2\, m)}$$

und das Moment bei C

$$M' = \frac{6\,E\,J_0\,\delta}{a\,(a+2\,m)},$$

wo δ = Längenunterschied zwischen Hauptträgergurtung und Längsträger bei dem betrachteten, um x von Brückenmitte entfernten Querträger. Die Nebenspannung des Querträgers beträgt bei A

$$\nu_0 = \frac{6\,E\,\delta\,e_0\,(a+m)}{a^2\,(a+2\,m)};$$

bei C

$$\nu' = \frac{6\,E\,\delta\,e_0}{a\,(a+2\,m)};$$

die der Gurtstäbe

$$\nu = \frac{M_0\,e}{2\,J} = \frac{3\,E\,J_0\,\delta\,(a+m)}{a^2\,(a+2\,m)}\,\frac{e}{J},$$

bezw. gleich dem doppelten Werthe an den Endknoten. Für $a = m$ wird

$$\nu_0 = \frac{4\,E\,\delta\,e_0}{a^2}, \quad \nu' = \frac{2\,E\,\delta\,e_0}{a^2}, \quad \nu = \frac{2\,E\,J_0\,\delta\,e}{a^2\,J}.$$

Die wagrechte Reaktion des Querträgers bei A und die gleich grosse bei C ergeben sich zu

$$A = \frac{M' - M_0}{a} = \frac{6\,E\,J_0\,\delta\,(2\,a+m)}{a^3\,(a+2\,m)} = \frac{6\,E\,J_0\,\delta\,b}{a^3\,(a+2\,m)}.$$

Aehnlich wie unter a β S. 29 ist nun $\delta = \delta'' - \delta'$;

$$\delta'' = \sum_0^x c\,\varepsilon = \sum_0^x c\left(\frac{\sigma}{E} + \omega\,t\right),$$

wo σ = Gurtspannung, t = Temperaturerhöhung der Gurtungen.

$$\delta' = \sum_0^x \frac{c}{E}\left(\sigma' + \sigma'_2\right), \quad \sigma' + \sigma'_2 = \left(\frac{1}{F} + \frac{1}{F_2}\right)\sum_x^{1/2\,l} A,$$

somit nach Einsetzen der betreffenden Werthe

$$\delta' = \frac{6\,c\,J_0\,b}{a^3\,(a+2\,m)}\sum_0^x \left(\frac{1}{F} + \frac{1}{F_2}\right)\sum_x^{1/2\,l} (\delta'' - \delta').$$

Hierin bezeichnen F_2 den Querschnitt eines Längsträgers, F den eines Hauptgurtstabs, σ'_2 und σ' die zugehörigen, durch die Querträgerreaktionen bedingten Spannungen. Vorstehende Gleichung, für jeden der n Querträger aufgestellt, ermöglicht die Bestimmung der n unbekannten δ' bezw. δ. Näherungswerthe erhält man auf dem auf S. 30 angegebenen Wege. Es lässt sich setzen

$$d A = \frac{A}{c} d x =$$

$$= \frac{6 E J_0 b \, d x (\delta'' - \delta')}{a^3 (a + 2 m) c} = \frac{6 E J_0 b (1 - \alpha) d x : 2 x \vartheta}{a^3 (a + 2 m) c l} = C (1 - \alpha) \vartheta x \, d x,$$

wo ϑ den grössten Werth von δ'' für $x = \frac{l}{2}$ bezeichnet.

$$\sigma' + \sigma'_2 = \left(\frac{1}{F} + \frac{1}{F_2}\right) \int_x^{\frac{l}{2}} d A = \frac{1}{\Phi} \int_x^{\frac{l}{2}} d A$$

$$\delta' = \int_0^x \frac{\sigma' + \sigma'_2}{E} d x = \frac{C (1 - \alpha) \vartheta (3 l^2 x - 4 x^3)}{24 E \Phi},$$

für Φ konstant. Für $x = \frac{l}{2}$, wo $\delta' = \alpha \vartheta$ wird, ist

$$\alpha \vartheta = \frac{C (1 - \alpha) \vartheta l^3}{24 E \Phi};$$

hieraus folgt

$$\alpha = \frac{C l^3}{24 E \Phi} : \left(1 + \frac{C l^3}{24 E \Phi}\right)$$

$$\text{und} \quad \delta = (1 - \alpha) \delta'' = \delta'' : \left(1 + \frac{C l^3}{24 E \Phi}\right).$$

Setzt man den Werth von

$$C = \frac{12 E J_0 b}{a^3 (a + 2 m) c l}$$

ein, so erhält man

$$\delta = \delta'' : \left(1 + \frac{J_0\, b\, l^2}{2\, a^3\, (a + 2\, m)\, c\, \Phi}\right)$$

und für $a = m$,

$$\delta = \delta'' : \left(1 + \frac{J_0\, l^2}{2\, a^3\, c\, \Phi}\right).$$

Bei drehbarer Lagerung der Querträger an den Hauptträgern würde man erhalten

$$M_0 = 0, \quad M' = \frac{6\, E\, J_0\, \delta}{a(2a + 3m)}, \quad A = \frac{6\, E\, J_0\, \delta}{a^2(2a + 3m)},$$

$$\nu' = \frac{6\, E\, e_0\, \delta}{a(2a + 3m)}, \quad \delta = \delta'' : \left(1 + \frac{J_0\, l^2}{2\, a^2\, (2\, a + 3m)\, c\, \Phi}\right).$$

Für $a = m$ wird

$$M' = \frac{1{,}2\, E\, J_0\, \delta}{a^2}, \quad A = \frac{1{,}2\, E\, J_0\, \delta}{a^3},$$

$$\nu' = \frac{1{,}2\, E\, e_0\, \delta}{a^2}, \quad \delta = \delta'' : \left(1 + \frac{J_0\, l^2}{10\, a^3\, c\, \Phi}\right).$$

Eine vollkommen steife Verbindung zwischen Querträger und Gurtungen, wie sie die obigen Formeln voraussetzen, ist nur dann vorhanden, wenn der volle Querschnitt des Querträgers in die Gurtung übergeführt wird. Hierzu bedarf es bei den üblichen Gurtformen besonderer wagrechter Knotenbleche. Meist sind nur der Steg oder auch die Gurtwinkel des Querträgers durch lothrechte Winkel (W, Fig. 37) mit der Gurtung verbunden, wobei die Uebertragung des Einspannungsmoments M_0 nur unter Beanspruchung der Nieten N auf Zug erfolgen kann. Hier ist von einer vollkommenen Einspannung des Querträgers nicht die Rede; sein Zustand nähert sich mehr oder weniger dem eines freiaufliegenden Trägers. Bei Beurtheilung der Tragfähigkeit des Querträgers kommt hauptsächlich Punkt C, woselbst die Momente der lothrechten Lasten ihren grössten Werth erreichen, in Betracht. Die Nebenspannung ν' schwankt nach dem Vorstehenden für diesen Punkt, je nach dem Grad der Einspannung, zwischen

$$\nu' = \frac{1{,}2\,E\,e_0\,\delta}{a^2} \text{ und } \nu' = \frac{2\,E\,e_0\,\delta}{a^2} \text{ für } a = m.$$

Die Nebenspannung ν der Gurtung liegt unter derselben Voraussetzung zwischen

$$\nu = 0 \text{ und } \nu = \frac{2\,E\,e\,\delta\,J_0}{a^2\,J}.$$

Wenn die Deformationen des Querträgers die Elasticitätsgrenze überschreiten, so liefern die vorstehenden Formeln für die Nebenspannungen zu grosse Werthe. Das Gleiche tritt bei **unelastischen** Dehnungen der Längsträger ein. Es ist dies namentlich der Fall, wenn die Fahrbahn in der Ebene der Zuggurtungen liegt und die Längsträger zwischen die Querträger eingenietet sind. Die von den

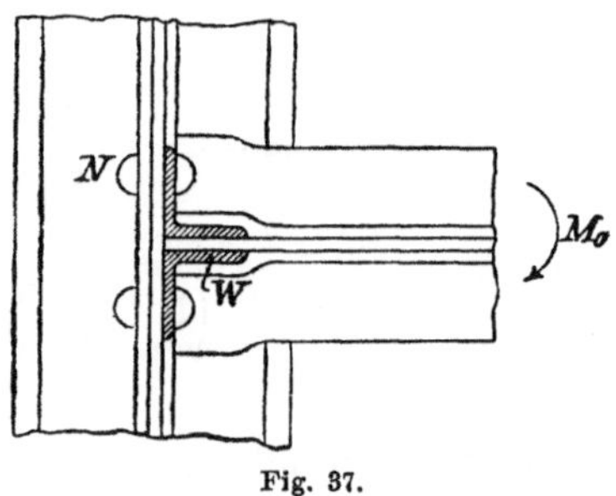

Fig. 37.

Längsträgern aufzunehmenden Zugkräfte (= Summe der Reaktionen A der Querträger) müssen durch Vermittlung der Nietköpfe und Nietschäfte übertragen werden, was leicht bleibende Dehnungen und Lockerungen der Nieten hervorruft.

Handelt es sich um eine Fahrbahnanordnung mit **zahlreichen** Längsträgern, wie dies bei Strassenbrücken die Regel bildet, so ist die genaue Ermittlung der Nebenspannungen äusserst umständlich. Näherungsweise kann man hier für das Querträgerende und den Angriffspunkt des ersten Längsträgers die Formeln, welche früher für Punkt A und C entwickelt wurden, benutzen. Nach der Mitte des Querträgers hin nehmen die Nebenmomente und Nebenspannungen ziemlich rasch ab.

Als Beispiel möge eine eingleisige Eisenbahnbrücke von 63 m Spannweite der Rechnung unterzogen werden. Für $J_0 = 2000\ cm^4$,

Φ im Mittel $= 100$ qcm, $b = 450$ cm, $a = 150$ cm, $m = 150$ cm, $e_0 = 10$ cm, $c = 450$ cm folgt

$$\delta = \delta'' : \left(1 + \frac{2000 \,.\, 6300^2}{2 \,.\, 150^3 \,.\, 450 \,.\, 100}\right) = 0{,}8\, \delta''$$

bei fester Einspannung. Sieht man von Wärmeänderungen ab, und bezeichnet σ die mittlere Grundspannung der Gurtung, so wird

$$\delta'' = \frac{x\,\sigma}{E} \text{ und } E\,\delta = 0{,}8\, x\,\sigma.$$

Als Nebenspannungen des Querträgers bei A und C erhält man

$$\nu_0 = \frac{4 \,.\, 0{,}8\, x\sigma \,.\, 10}{150^2} = \frac{x\sigma}{700} \text{ und } \nu' = \frac{1}{2}\nu_0 = \frac{x\sigma}{1400};$$

$$\text{für } x = 3150 \text{ wird } \nu_0 = 4{,}5\,\sigma \text{ und } \nu' = 2{,}25\,\sigma.$$

Die Nebenspannung der Gurtung ist, wenn $J : e = 1200\ \text{cm}^3$,

$$\nu = \frac{2 \,.\, 0{,}8\, x\sigma \,.\, 2000}{150^2 \,.\, 1200} = \frac{x\,\sigma}{8400},$$

und für $x = 2700$ $\nu = 0{,}32\,\sigma$. Am Endknoten wird

$$\nu = \frac{x\,\sigma}{4200} = \frac{3150}{4200}\,\sigma = 0{,}75\,\sigma;$$

Für drehbare Befestigung der Querträger würde man erhalten $\delta = 0{,}95\,\delta''$, ν_0 und $\nu = 0$, $\nu' = \frac{x\,\sigma}{2000}$, für $x = 3150$ $\nu' = 1{,}57\,\sigma$. Wenn σ den Werth 700 klg/qcm besitzt, so ergeben sich als Grenzwerthe: für ν' 1575 und 1100 klg; für ν_0 3150 und 0; für ν 525 bezw. 224 und 0. Die vorstehend berechneten Werthe der Nebenspannungen sind aussergewöhnlich hoch, namentlich bezüglich der Querträger, wo sie z. Th. bleibende Verbiegungen oder Lockerungen der Anschlussnieten hervorrufen. Mit wachsender Spannweite nehmen diese Missstände noch zu. Es erscheint daher bei grösseren Weiten angezeigt, geeignete Gegenmaassregeln zu ergreifen.

Sofern es die örtlichen Verhältnisse gestatten, wird es für den vorliegenden Zweck am vortheilhaftesten sein, die Fahrbahn ausserhalb der Hauptträgergurtungen anzuordnen, entweder zwischen denselben oder oberhalb bezw. unterhalb der Hauptträger. Im ersteren Falle ist zu beachten, dass bei Ausführung von Zwischengurtungen anderweitige Nebenspannungen entstehen (siehe a β S. 28).

Sollte jedoch eine derartige Anordnung der Brückenfahrbahn aus sonstigen Gründen nicht angängig erscheinen, so lassen sich zur Vermeidung bezw. Verringerung der fraglichen Spannungen folgende Mittel in Betracht ziehen*):

1. Die Breite der Querträger wird möglichst beschränkt, unter Berücksichtigung der für die Knicksicherheit der Druckgurtung erforderlichen Minimalbreite.

2. Die Verbindung zwischen Querträger und Hauptträgergurtung erfolgt, unter Weglassung wagrechter Knotenbleche, ausschliesslich durch lothrechte Eckbleche, so dass daselbst theilweise Drehungen stattfinden können.

3. Die Querträger werden verschieblich auf die Hauptträgergurtungen aufgelegt, so dass sich letztere verlängern können, ohne die Querträger wesentlich in Mitleidenschaft zu ziehen (Glasträgerbrücke der Badischen Staatsbahn, Donaubrücke bei Steinbach; siehe Zeitschr. des Vereins Deutscher Ingenieure 1890, S. 193 und 731). In Folge der Reibung treten allerdings noch kleinere Verbiegungen der Querträger auf, welche indessen durch zwei durchlaufende, die Querträgerenden verbindende Stäbe fast vollständig verhindert werden können.

4. Die Längsträger werden verschieblich an den Querträgern gelagert (Kinzigbrücke bei Offenburg; siehe Zeitschr. für Baukunde 1884, S. 17). Sie können hierbei als Einzelträger oder als kontinuirliche Träger ausgeführt sein. Im ersteren Falle sind die Verschiebungen zwischen Quer- und Längsträgern geringer. Der Einfluss der Reibung ist nur unbedeutend, namentlich bei Einzelträgern, da hier die geringen gegenseitigen Verschiebungen, jede für sich, in solchen Zeitpunkten vor sich gehen können, wo die Längsträger vorübergehend unbelastet sind. Bei Strassenbrücken mit zahlreichen Längsträgern kann man sich darauf beschränken, die den Hauptträgern benachbarten Längsträger verschieblich aufzulagern.

5. Die als Einzelträger ausgeführten Längsträger werden unverschieblich (aber drehbar) aufgelagert, und zwar liegen die

*) Siehe Zeitschrift für Baukunde 1884, S. 15.

Lagerpunkte in denjenigen Längsträgergurtungen, welche mit den Hauptträgergurtungen gleichnamig sind und somit Dehnungen gleichen Sinnes erleiden. Sind die Dehnungen genau gleich gross, so bleiben die Querträger gerade und es treten keinerlei Nebenspannungen auf. Andernfalls werden die Querträger verbogen, aber nur so weit, als dem Unterschiede der Dehnungen entspricht.

6. Die Längsträger werden vollständig unterbrochen, entweder nach Fig. 38 oder nach Fig. 39, wo die Querträger als Zwillingsträger angeordnet sind.

Fig. 38. Fig. 39.

7. Die Längsträger werden gezwungen, an den Dehnungen der Hauptträgergurtungen Theil zu nehmen. Man kann zu diesem Zwecke

a) Die Längsträger mit den Streben des Längsverbandes (Fig. 35) oder mit besonders angebrachten Streben (a b der Fig. 34) verbinden.

b) Die Endquerträger in wagrechtem Sinne ausnehmend steif konstruiren, bezw. zu diesem Zwecke sie mit ihren Nachbarträgern durch Bleche oder Gitterstäbe zu einem einzigen Träger verbinden.

c) Die aus einer zusammenhängenden Eisendecke (Buckelplatten) bestehende Fahrbahntafel mit den Hauptträgergurtungen vernieten.

8. Die Längsträger werden erst nach erfolgter Ausrüstung der Hauptträger endgültig befestigt, so dass wenigstens die Nebenspannungen des Eigengewichts vermieden werden.

Unter Umständen können mehrere der vorerwähnten Mittel gleichzeitig zur Anwendung gelangen. So wurden von dem Verfasser bei der Offenburger Kinzigbrücke die Längsträger des Mittelfeldes mit verschieblichem Lager versehen und die übrigen Längsträger fest mit den Windstreben verbunden. Das Einziehen der Längsträger erfolgte erst nach der Ausrüstung der Hauptträger.

Es ist selbstverständlich darauf zu achten, dass das zur Anwendung gelangende Mittel im besondern Falle nicht mit anderweitigen Forderungen im Widerspruch stehe. In dieser Beziehung sei beispielsweise auf die S. 59 behandelten Nebenspannungen offener Brücken verwiesen, zu deren Herabminderung durchgehende steife Längsträger angezeigt sind. Das Mittel, die Kontinuität der Längsträger zu unterbrechen, darf daher dort nicht angewendet werden.

Anmerkung. Der Effekt der unter Ziffer 7 angeführten Anordnungen lässt sich mit Hülfe der auf S. 40 entwickelten Gleichung

$$\delta = \delta'' : \left(1 + \frac{C\, l^3}{24\, E\, \Phi}\right)$$

annähernd beurtheilen. Die Konstante C hat den Werth $C = A : \frac{c\, l\, \delta}{2}$, wo A den dem Pfeil δ entsprechenden Auflagerdruck bedeutet. Für die Anordnung Fig. 35 ist $A = 2\, A_1 + A_2$*). Der Theil A_2 rührt von der Reaktion des Querträgers her und ist nach früherem

$$A_2 = \frac{6\, E\, \delta\, b\, J_0}{a^3\,(a + 2\, m)};$$

der Theil A_1 wird aus der Betrachtung der Deformation der Streben und Querpfosten erhalten zu

$$A_1 = E\, \delta : \left(\frac{s_1^3}{v^2\, f_1} + \frac{m\, a^2}{2\, v^2\, f}\right),$$

wo s_1 = Länge des Strebenstücks A K, f_1 = dessen Querschnitt, m = Länge des Querpfostens KK, f = dessen Querschnitt, v = Länge der Strecke KC. Man erhält schliesslich

$$C = \frac{2\, E}{c\, l}\left[2 : \left(\frac{s_1^3}{v^2\, f_1} + \frac{m\, a^2}{2\, v^2\, f}\right) + \frac{6\, b\, J_0}{a^3\,(a + 2\, m)}\right].$$

Wendet man diese Formel auf das frühere Beispiel an und setzt $v = m = a = 150$ cm, $s_1 = \sqrt{2} \cdot a$, $f_1 = f = 30$ qcm, so wird

$$C = \frac{37\, E}{c\, l\, a} \quad \text{und} \quad \delta = \delta'' : \left(1 + \frac{37\, l^3}{24\, c\, l\, a\, \Phi}\right) = 0{,}1\, \delta''.$$

Da früher δ gleich 0,8 δ'' gefunden wurde, so werden durch die Vernietung der Streben mit den Längsträgern der Dehnungsunterschied

*) Es ist hierbei vorausgesetzt, dass die Kreuzstreben Druckkräfte übertragen können; andernfalls wäre zu setzen $A = A_1 + A_2$.

und somit auch die Nebenspannungen auf den achten Theil herabgemindert.

Gleichzeitig treten jedoch Spannungserhöhungen in den Streben des Längsverbands und in den Längsträgern auf. Die Streben haben Kräfte $S_1 = A_1 s_1 : v_1$ bezw. Grundspannungen $\sigma_1 = S_1 : f_1$ auszuhalten. Im obigen Beispiel wird

$$A_1 = E\,\delta : \frac{3{,}3\,a}{f_1} = \frac{0{,}03\,E\,\delta''\,f_1}{a} = \frac{0{,}03\,x\,f_1\,\sigma}{a},$$

wo σ = mittlere Grundspannung der Gurtung. Für die Brückenenden ist $x = 0{,}5\,l = 21\,a$, somit $A_1 = 0{,}63\,f_1\,\sigma$ und $S_1 = A_1\sqrt{2} = 0{,}88\,f_1\,\sigma$. Die entsprechende Strebenspannung ist $\sigma_1 = 0{,}88\,f_1\,\sigma : f_1 = 0{,}88\,\sigma$.

Ausser den Grundspannungen σ_1 treten in den Streben auch noch Biegungsspannungen auf, die etwa zwischen $\nu_1 = 6\,\sigma_1\,e_1 : s_1$ und $\nu_1 = 9\,\sigma_1\,e_1 : s_1$ schwanken.

Die grösste von den Längsträgern aufzunehmende Kraft tritt in Brückenmitte auf,

$$L = \int_0^{\frac{l}{2}} d\,A.$$

In unserm Beispiel ist

$$d\,A = \frac{18{,}5\,E\,\delta\,dx}{c\,a} = \frac{1{,}85\,x\,\sigma\,dx}{c\,a}, \quad L = \frac{0{,}23\,l^2\,\sigma}{c\,a} = 135\,\sigma.$$

Bei einem Querschnitt des Längsträgers $F_2 = 130$ qcm ist somit die entsprechende Zusatzspannung $\sigma_2 = 135\,\sigma : F_2 = 1{,}04\,\sigma$. Die Gurtungen der Hauptträger werden in Brückenmitte um die gleiche Kraft L entlastet, was einer Spannungsminderung von $135\,\sigma : F = 135\,\sigma : 400 = 0{,}35\,\sigma$ entspricht.

Es ist aus den gefundenen Zahlenwerthen ersichtlich, dass die Streben und Längsträger z. Th. sehr beträchtliche Spannungserhöhungen erfahren, und dass daher grosse Vorsicht in der Anwendung des fraglichen Mittels geboten ist. Man wird dementsprechend die Fahrbahn erst nach Ausrüstung der Hauptträger montiren, damit als σ nur die Spannungen der Verkehrslast zur Wirkung gelangen.

An den Verbindungsstellen K der Fig. 35 ist die Zahl der Nieten selbstverständlich nach der Grösse der zu übertragenden Kräfte zu bemessen; andernfalls werden die betreffenden Nieten überanstrengt und rasch gelockert.

Eine Ueberanstrengung der Streben des Längsverbands wird vermieden, wenn man nach Fig. 34 besondere Streben a b einzieht; auch treten bei dieser Anordnung wesentlich kleinere Nebenspannungen der

Streben auf. Die Berechnung erfolgt in der gleichen Weise wie vorstehend, nur ist jetzt $A = A_1 + A_2$ statt $A = 2 A_1 + A_2$ einzuführen.

Was die Anordnung (b) mit versteiftem Endquerträger anbelangt, so liefern die früheren Formeln für den Endquerträger, unter Berücksichtigung, dass hier von keiner Einspannung die Rede sein kann:

$$M_0 = 0, \quad M' = \frac{6\,E\,J_0\,\delta}{a(2a+3m)}, \quad A = \frac{6\,E\,J\,\delta}{a^2(2a+3m)}.$$

Zieht man auch noch die Deformation der Wand durch die Schubkräfte in Betracht, so erhält man

$$A = \delta : \left[\frac{a^2(2a+3m)}{6\,E\,J_0} + \frac{a}{G\,f_0}\right],$$

wenn f_0 den Querschnitt der wagrechten Blechwand und G den Schubelasticitätsmodul ($= 0{,}4\,E$) bezeichnet. Setzt man den Klammerausdruck $= 1 : C$, so wird $A = C\delta$, $M' = A\,a = C\,a\,\delta$. Zur Bestimmung der Durchbiegung δ sei ϑ gleich der gegenseitigen Verschiebung der Hauptträgergurten und der Längsträger, falls keine steifen Querträger vorhanden wären $\left(\vartheta = \frac{l\,\sigma}{2\,E}\right)$; es ist dann

$$\delta = \vartheta - \frac{A}{E}\,\Sigma c\left(\frac{1}{F} + \frac{1}{F_1}\right) = \vartheta - \frac{C\,\delta}{E}\,\Sigma c\left(\frac{1}{F} + \frac{1}{F_1}\right),$$

woraus

$$\delta = \vartheta : \left[1 + \frac{C}{E}\,\Sigma c\left(\frac{1}{F} + \frac{1}{F_1}\right)\right]$$

folgt. Für $\frac{1}{F} + \frac{1}{F_1}$ im Mittel $= \frac{1}{\Phi}$ erhält man

$$\delta = \vartheta : \left(1 + \frac{C\,l}{2\,E\,\Phi}\right),$$

$$A = C\delta = \vartheta : \left(\frac{1}{C} + \frac{1}{2\,E\,\Phi}\right),$$

und wenn der Endquerträger sehr steif, d. h. C sehr gross ist, annähernd

$$A = \vartheta\,\frac{2\,E\,\Phi}{l}. \quad = \Phi\,\sigma$$

Dem entspricht eine Entlastung der Hauptträgergurten von $\bar{\sigma} = A : F$ und eine Mehrbeanspruchung der Längsträger von $\sigma_1 = A : F_1$. Unter Umständen wird die Entlastung $\bar{\sigma}$ eines Gurtstabs grösser als die ursprüngliche Spannung σ (bei abnehmendem Querschnitt findet dies an den Trägerenden statt); die Gesammtspannung $\sigma - \bar{\sigma}$ ist dann von entgegengesetztem Vorzeichen wie früher.

Die Verbiegungen und Nebenspannungen der Zwischenquerträger sind bei sehr steifen Endquerträgern ($C = \infty$) ohne Bedeutung. Die Endquerträger haben Momente auszuhalten $M' = A a = \Phi \sigma a$. Die entsprechende Spannung ist

$$\sigma' = \frac{\Phi \sigma a e}{J_0} \quad \text{oder} \quad = \frac{\Phi \sigma a}{2 e F_0},$$

wenn man nur das Widerstandsmoment der 2 Gurtungen (Querschnitt $= F_0$, Abstand $= 2 e$) berücksichtigt.

c) Querverbände.

α) In gleicher Weise wie bei den Hauptträgern und den Längsverbänden treten auch in den Stäben der Querverbände in Folge der Deformation ihrer Knotenpunktsnetze Zwängungsspannungen auf. Besonders hoch können sie in solchen Fällen werden, wo die Streben fehlen und nur ein Rahmen vorhanden ist (Fig. 40). Sieht man in diesem Fall von dem geringen Einfluss ungleicher Dehnungen der Rahmenstäbe ab und berücksichtigt nur die ungleichen Durchbiegungen der Hauptträger und der Längsverbände, so ändern sich die ursprünglich rechten Winkel alle um das gleiche Maass $\pm \gamma$, wobei in den zwei oberen Knotenpunkten die Momente M_0, in den unteren die Momente M_u auftreten. Mit Hülfe der Gleichungen (A) S. 5 erhält man

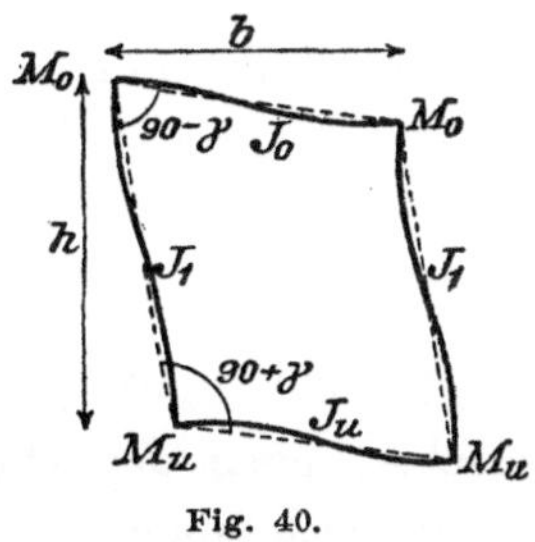

Fig. 40.

$$6 E \gamma = \psi = \frac{b M_u}{J_u} + \frac{h (2 M_u - M_0)}{J_1}$$

$$\text{und} \quad \psi = \frac{b M_0}{J_0} + \frac{h (2 M_0 - M_u)}{J_1}.$$

Hieraus folgt

$$M_0 : M_u = \left(\frac{b}{J_u} + \frac{3\,h}{J_1}\right) : \left(\frac{b}{J_0} + \frac{3\,h}{J_1}\right),$$

$$M_u = \psi\left(\frac{b}{J_0} + \frac{3\,h}{J_1}\right) : \left[\frac{3\,h^2}{J_1^2} + \frac{2\,h\,b}{J_1}\left(\frac{1}{J_u} + \frac{1}{J_0}\right) + \frac{b^2}{J_0\,J_u}\right],$$

$$M_0 = \psi\left(\frac{b}{J_u} + \frac{3\,h}{J_1}\right) : \left[\frac{3\,h^2}{J_1^2} + \frac{2\,h\,b}{J_1}\left(\frac{1}{J_u} + \frac{1}{J_0}\right) + \frac{b^2}{J_0\,J_u}\right].$$

Für $J_0 = J_u$ wird $M_0 = M_u = \psi : \left(\frac{h}{J_1} + \frac{b}{J_u}\right) = 6\,E\gamma : \left(\frac{h}{J_1} + \frac{b}{J_u}\right)$.

Für $J_u = \infty$ wird $M_u = \psi\left(\frac{b}{J_0} + \frac{3\,h}{J_1}\right) : \left(\frac{3\,h^2}{J_1^2} + \frac{2\,h\,b}{J_1\,J_0}\right)$,

$$M_0 = \psi\frac{3\,h}{J_1} : \left[\frac{3\,h^2}{J_1^2} + \frac{2\,h\,b}{J_1\,J_0}\right] = \psi : \left(\frac{h}{J_1} + \frac{2\,b}{3\,J_0}\right).$$

Für $J_u = \infty$ u. $J_0 = 0$ wird $M_0 = 0$ u. $M_u = \psi J_1 : 2h = 3\,E\gamma\,J_1 : h$.

Die Winkeländerung γ hat den Werth

$$\gamma = \frac{y_1 - y_2}{b} + \frac{z_0 - z_u}{h}.$$

Hierin bezeichnen (siehe I Figur 41) y_1 und y_2 die lothrechten Verschiebungen der Hauptträger I und II am betreffenden Rahmen (positiv nach oben), z_0 und z_u die wagrechten Verschiebungen des oberen und unteren Längsverbands (positiv nach links). Die Grössen y und z sind bei gegebener Belastung leicht zu bestimmen; Näherungswerthe sind unter I B. S. 58 und 64 angeführt.

Am grössten werden die Grössen y, z und γ und somit auch die betreffenden Nebenspannungen gewöhnlich in Brückenmitte. Die Verhältnisse liegen am ungünstigsten bei Brücken in Bahnkurven und bei schiefen Brücken.

Wenn die Streben der Hauptträger und der Längsverbände derart fest mit den Querrahmen verbunden sind, dass sie an deren

Verbiegungen Theil nehmen müssen, so treten auch in ihnen und in den Gurtstäben Nebenmomente und Nebenspannungen auf. Dieselben können in gleicher Weise, wie auf S. 54 näher angegeben, bestimmt werden.

Nach Ueberschreitung der Elasticitätsgrenze nehmen die Nebenmomente und die Nebenspannungen langsamer zu als die Winkeländerungen γ.

Als Rechnungsbeispiel wählen wir den Fall, dass die obere Gurtung des Trägers I um t^0 wärmer als die andern Theile ist. Man hat dann

$$y_1 = \frac{\omega \, t \, l^2}{8 \, h}, \quad y_2 = 0, \quad z_0 = \frac{\omega \, t \, l^2}{8 \, b}, \quad z_u = 0, \quad \gamma = \frac{\omega \, t \, l^2}{4 \, h \, b} = 0{,}003,$$

wenn $l = 10 \, h = 10 \, b$ und $t = 10^0$, und $\Psi = 6 \, E \gamma = 36000$. Für $J_u = J_1$ und $J_0 = 0{,}25 \, J_1$ erhält man $M_u = 0{,}4 \, \Psi J_1 : h = 14\,400 J_1 : h$, und die entsprechende Nebenspannung des Ständers $\nu_1 = 14400 \, e_1 : h$, bezw. $= 720$ klg/qcm, wenn $h : e_1 = 20$.

Hiernach können die Nebenspannungen in Brückenmitte eine sehr beträchtliche Höhe erreichen. Sie werden auf das normale Maass herabgemindert durch Anordnung von Streben (z. B. nach I Fig. 42), d. h. durch Ausführung vollständiger Zwischenquerverbände, was allerdings, abgesehen von sehr grossen Brücken, nur bei oben liegender Fahrbahn möglich ist. Die Zwischenquerverbände machen das Gesammtsystem statisch unbestimmt, falls gleichzeitig in beiden Gurtebenen Längsverbände angeordnet sind (I Fig. 40). Trotz der hiermit verbundenen Nachtheile (Erhöhung der Grundkräfte nach I S. 63 u. a. m.) findet man diese Anordnung bei oben liegender Fahrbahn in den meisten Fällen angewendet, um eben die Deformationen und somit auch die Nebenspannungen möglichst klein zu erhalten.

Sind bei unten liegender Fahrbahn die Zwischenrahmen so steif ausgeführt, dass die nach I S. 61 übertragenen Kräfte r Beachtung verdienen, so ist diesem Umstand bei Bestimmung der Lastvertheilung und der Durchbiegungen y und z Rechnung zu tragen. Die Winkeländerungen γ und demgemäss auch die Nebenspannungen fallen dann entsprechend geringer aus.

β) Werden die Querträger steif mit den Hauptträgern verbunden, so zwingen sie dieselben, an ihren unter der Belastung eintretenden Deformationen Theil zu nehmen, wodurch in den einzelnen Hauptträgerstäben, namentlich den Ständern, Zwängungsspannungen entstehen.

Geschlossene Brücken (Fig. 41). Aehnlich wie unter (α) erhält man mit Hülfe der Gleichungen (A), unter der Voraussetzung symmetrischer Belastung, die Nebenmomente M und M_0 an den Befestigungsstellen der Querträger und Querpfosten*) zu

$$M = \overline{M}\left(\frac{J}{J_0} + \frac{2\,J\,h}{3\,J_1\,b}\right) : \left[\left(1 + \frac{2\,J\,h}{3\,J_1\,b}\right)\left(\frac{J}{J_0} + \frac{2\,J\,h}{3\,J_1\,b}\right) - \frac{J^2\,h^2}{9\,J_1^2\,b^2}\right]$$

$$M_0 = \overline{M}\,\frac{J\,h}{3\,J_1\,b} : \left[\left(1 + \frac{2\,J\,h}{3\,J_1\,b}\right)\left(\frac{J}{J_0} + \frac{2\,J\,h}{3\,J_1\,b}\right) - \frac{J^2\,h^2}{9\,J_1^2\,b^2}\right].$$

Hierin bedeutet J das Trägheitsmoment des Querträgers, J_0 das des Querpfostens, $\overline{M}$ das Einspannungsmoment des Querträgers bei wagrechter Einspannung, $\overline{M} = \int_0^b \frac{\mathfrak{M}\,dx}{b}$, $\mathfrak{M}$ die Momente des freiaufliegenden Trägers.

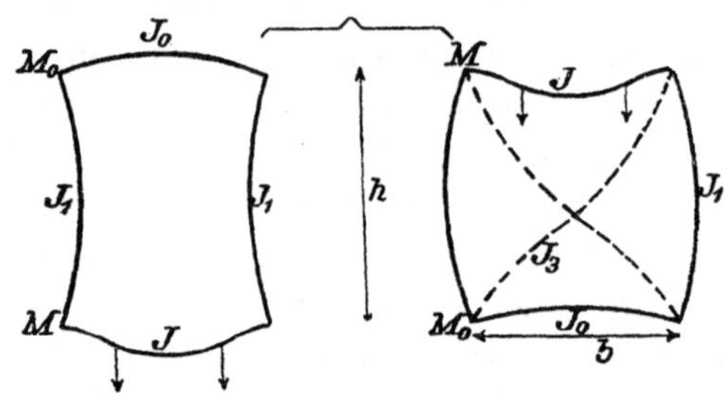

Fig. 41.

Für $J_0 = 0$ wird

$$M = \overline{M} : \left(1 + \frac{2\,J\,h}{3\,J_1\,b}\right), \quad M_0 = 0.$$

Für $J_0 = \infty$ wird

$$M = \overline{M} : \left(1 + \frac{J\,h}{2\,J_1\,b}\right), \quad M_0 = \frac{\overline{M}}{2} : \left(1 + \frac{J\,h}{2\,J_1\,b}\right).$$

Für $J = \infty$ wird $M = 0$, $M_0 = 0$.
Für $J_1 = \infty$ wird $M = \overline{M}$, $M_0 = 0$.
Für $J_1 = 0$ wird $M = 0$, $M_0 = 0$.

*) Vgl. auch Winkler, Die Querkonstruktionen der eisernen Brücken, S. 172 u. ff.

Die grösste Nebenspannung des Ständers ist

$$\nu_1 = \frac{M e_1}{J_1},$$

und für $J_0 = 0$,

$$\nu_1 = \overline{M} e_1 : \left[J_1 + \frac{2 J h}{3 b}\right].$$

Denkt man sich den Ständer aus Fachwerk gebildet, dessen Gurtungen (zusammen $= F_1$) um $2 e_1$ von einander entfernt sind, so ist $J_1 = F_1 e_1^2$,

$$\nu_1 = \overline{M} e_1 : \left[F_1 e_1^2 + \frac{2 J h}{3 b}\right].$$

Den grössten Werth von ν_1 erhält man aus

$$\frac{d \nu_1}{d e_1} = 0 \text{ für } F_1 e_1^2 = \frac{2 J h}{3 b} \text{ zu } \max \nu_1 = \frac{\overline{M}}{2 F_1 e_1},$$

d. h. halb so gross, wie wenn der Querträger vollkommen fest eingespannt wäre.

Das gleiche Ergebniss erhält man für $J_0 = \infty$.

Bei den gewöhnlichen Spannweiten ist J_1 meist kleiner als

$$\frac{2 J h}{3 b} \left(\text{bezw. } \frac{J h}{2 b}\right);$$

hierfür wird $\frac{d \nu_1}{d e_1}$ positiv, d. h. ν_1 wächst mit e_1. Der Ständer muss zur Minderung der Zwängungsspannungen möglichst schmal sein, d. h. soweit dies die Rücksicht auf Knicksicherheit, Winddruck u. s. w. zulässt. Näherungsweise wird für kleines J_1

$$\nu_1 = \frac{1{,}5 \overline{M} b e_1}{J h}.$$

Nun ist $\overline{M}$ nahe $= \frac{2}{3} \max. \mathfrak{M} = \frac{2}{3}$ des grössten Moments bei freier Auflagerung, oder da nach der gewöhnlichen Rechnungsweise

$$\sigma = \frac{\mathfrak{M} e}{J}, \quad \overline{M} = \frac{2}{3} \frac{\sigma J}{e};$$

nach Einsetzen dieses Werths erhält man $\nu_1 = \sigma \,.\, \frac{e_1}{e} \frac{b}{h}$. Für $J_0 = \infty$ wäre in ähnlicher Weise $\nu_1 = \frac{4}{3} \sigma \frac{e_1}{e} \frac{b}{h}$. Beispielsweise folgt für $b = h$, $e = 3\,e_1$, $\sigma = 600$ klg/qcm (Querträgerspannung), der Werth

$$\nu_1 = \frac{1}{3} \sigma = 200 \text{ klg/qcm.}$$

Bei grossen Spannweiten, wo $J_1 > \frac{2\,h\,J}{3\,b}$, nimmt ν_1 mit wachsender Ständerbreite $2\,e_1$ ab; es sprechen dann fast alle Umstände für möglichst grosse Ständerbreite. Für alle Fälle ist jedoch ein grosses Trägheitsmoment J der Querträger, d. h. grosse Höhe derselben, günstig, um die Nebenspannungen zu verringern, da hierdurch deren Ursache, die Deformation des Querträgers, vermindert wird.

Sind auch die Streben der Hauptträger steif ausgeführt und in derartige feste Verbindung mit den Querträgern gebracht, dass sie an deren Deformationen Theil nehmen müssen, so unterstützen sie die Ständer gegen Ausbiegen. Man kann dies näherungsweise dadurch berücksichtigten, dass man in die Formeln von M_u und M_0 statt J_1 die Grösse $J_1 + \Sigma J_2 \sin^3 \delta$ einführt, wo J_2 das Trägheitsmoment, δ den Neigungswinkel ($\sin \delta = h : d$) der zum Querträger gehörigen Streben bezeichnen. Die Nebenspannungen sind dann für den Ständer

$$\nu_1 = \frac{M\,e_1}{J_1 + \Sigma J_2 \sin^3 \delta},$$

für eine Strebe

$$\nu_2 = \frac{M\,e_2 \sin^2 \delta}{J_1 + \Sigma J_2 \sin^3 \delta}.$$

Ferner treten auch noch Verbiegungen der Gurtungen in der wagrechten Ebene, sowie Verwindungen der Gurtungen und Streben auf. Letztere können, wie dies in der Einleitung allgemein ausgesprochen, als unbedeutend ausser Acht bleiben. Erstere lassen sich bei steifen Gurtungen näherungsweise setzen

$$\nu = \frac{M\,e}{2\,J} \frac{\Sigma J_2 \sin^2\delta \cos\delta}{(J_1 + \Sigma J_2 \sin^3\delta)},$$

wobei das Nebenmoment beider Gurtstäbe zusammen gleich der Summe der Horizontalkomponenten der Nebenmomente sämmtlicher Streben, die im betreffenden Knoten zusammentreffen, gesetzt wurde.

Was die oben erwähnte feste Verbindung der Streben mit den Querträgern anbelangt, so ist dieselbe bei den doppelwandigen Gurtformen (z. B. Kastengurtungen) meist vorhanden, bei einwandigen Gurtungen dagegen i. A. nicht, da das dünne Gurtungs- bezw. Knotenblech nicht im Stande ist, nennenswerthe Momente zu übertragen, die Streben somit an der Verbiegung der Querträger nur unwesentlichen Antheil nehmen. Es werden daher bei einwandiger Anordnung hauptsächlich nur die Ständer von den betreffenden Nebenmomenten beansprucht, und es bietet hiernach das doppelte Strebensystem mit Hülfsständern (Fig. 27) gegenüber dem einfachen Ständerfachwerk (Fig. 25) den Vortheil, in seinen Hauptkonstruktionstheilen von den betreffenden Nebenspannungen grösstentheils frei zu bleiben.

Anmerkung. Bei unsymmetrischer Belastung empfiehlt sich die Anwendung des auf S. 16, Fig. 18, dargestellten einfachen graphischen Verfahrens.

Bei oben liegender Fahrbahn müssen die etwa vorhandenen Querkreuze (in Fig. 41 punktirt) ebenfalls mit verbogen werden; die übrigen Stäbe werden hierdurch etwas entlastet. Man kann diesem Umstand näherungsweise dadurch Rechnung tragen, dass man in den Formeln für M die Grösse $J_1 + J_3 \sin^2\delta$ statt J_1 einführt*). Von grösserer Bedeutung wird der Einfluss der Kreuzstreben, wenn sie nicht in der Querträgerachse, sondern unterhalb derselben (etwa in der Achse der unteren Gurtung) angreifen. Sie hindern dann bis zu einem gewissen Grade die Ausdehnung der unteren Gurtung und verringern dementsprechend die Deformation des Querträgers. Ihre Wirkung ist gleich der einer Spannstange, welche in der Höhe der unteren Querträgergurtung angebracht ist und den Querschnitt

$$F = F_3 : \left(\frac{2\,d^3}{b^3} + \frac{2\,h^3}{b^3} \cdot \frac{F_3}{F_1} + \frac{F_3}{F_0}\right)$$

besitzt.

*) Wenn die Streben an der Kreuzungsstelle verbunden sind, ist $J_1 + 3\,J_3 \sin^2\delta$ statt J_1 einzusetzen.

Man gelangt zu letzterem Ausdruck, wenn man die Verlängerung Δb der Strecke AB (Fig. 42), welche durch die Kräfte S hervorgebracht wird, gleich der Verlängerung einer Spannstange F von der gleichen Länge b setzt,

$$\frac{S}{E\,b^2}\left(\frac{2\,d^3}{F_3}+\frac{2\,h^3}{F_1}+\frac{b^3}{F_0}\right)=\frac{S\,b}{E\,F}.$$

Um den Einfluss einer Spannstange F kennen zu lernen, sei der Querträger als Fachwerkträger von der Höhe t mit konstantem Gurtquerschnitt f vorausgesetzt. Die Gurtspannung, ohne Rücksicht auf die Spannstange, ist dann $\sigma=\frac{M}{t\,f}$, mit Rücksicht auf letztere $=\frac{M}{t\,f}-\frac{S}{f}$, wo $S =$ Kraft der Spannstange. Aus der Gleichsetzung der Verlängerung der Gurtung und der Spannstange folgt

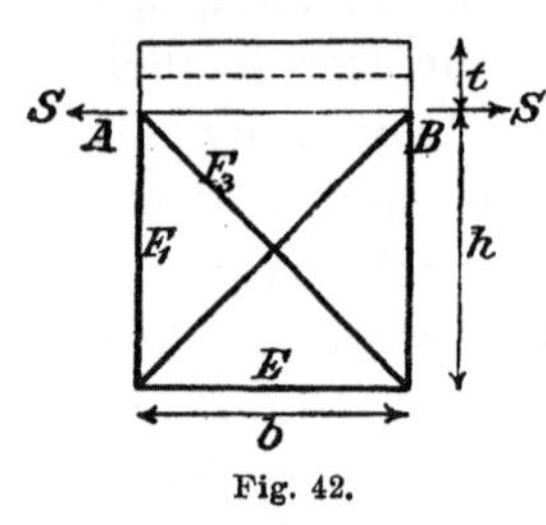

Fig. 42.

$$\frac{1}{E}\int\left(\frac{M}{t\,f}-\frac{S}{f}\right)d\,x=\frac{b\,S}{E\,F},\quad S=\frac{F}{(F+f)\,b\,t}\int M\,d\,x.$$

Die Deformation am Trägerende ist nun $\operatorname{tg}\alpha =$ Differenz der beiden Gurtverlängerungen dividirt durch die Trägerhöhe,

$$\operatorname{tg}\alpha=\frac{1}{t}\int\frac{M\,d\,x}{E\,t\,f}+\frac{1}{t}\int\left(\frac{M}{t\,f}-\frac{S}{F}\right)\frac{d\,x}{E}=\frac{2}{t^2 E f}\int M\,d\,x-\frac{S\,b}{E\,t\,f}$$

$$=\frac{2}{E\,f\,t^2}\left(1-\frac{F}{2\,(f+F)}\right)\int M\,d\,x.$$

Ohne Spannstange wäre

$$\operatorname{tg}\alpha=\frac{2}{E\,f\,t^2}\int M\,d\,x.$$

Die Deformation wird daher durch die Spannstange im Verhältniss $\left(1-\frac{F}{2\,(f+F)}\right):1$ oder $(2\,f+F):(2\,f+2\,F)$ verringert, d. h. gerade soviel, als wenn beide Gurtquerschnitte die Grösse

$f\left(\frac{2f+2F}{2f+F}\right)$ statt f hätten. Die Nebenspannungen der anschliessenden Stäbe vermindern sich im gleichen Verhältnisse wie die Deformation.

Ist das Trägheitsmoment des Querträgers nicht konstant, sondern nimmt von der Mitte (J_m) nach den Enden hin (J_e) zu oder ab, so ist in vorstehenden Formeln für J ein zwischen J_m und J_e liegender Werth schätzungsweise einzuführen (Fig. 43).

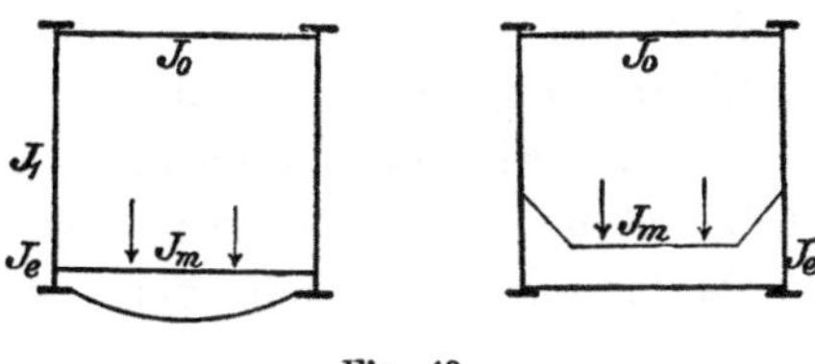

Fig. 43.

Genauer erhält man in den beiden Grenzfällen $J_0 = 0$ und $J_0 = \infty$ folgende Werthe für die Einspannungsmomente M des Querträgers:

$$\text{für } J_0 = 0, \quad M = \overline{M} : \left(1 + \frac{2\,\theta\,h}{3\,J_1\,b}\right),$$

$$\text{für } J_0 = \infty, \quad M = \overline{M} : \left(1 + \frac{\theta\,h}{2\,J_1\,b}\right).$$

Hierin ist

$$\overline{M} = \int_0^{1/2\,b} \frac{\mathfrak{M}\,dx}{J} : \int_0^{1/2\,b} \frac{dx}{J}, \quad \theta = \frac{b}{2} : \int_0^{1/2\,b} \frac{dx}{J}$$

zu setzen; $\mathfrak{M}$ bezeichnet die Momente des Querträgers bei freier Auflagerung.

Wenn die einzelnen Querträger ungleich belastet sind und demgemäss ungleiche Deformationen erleiden, treten Verwindungen der Gurtstäbe ein. Ferner werden die Gurtstäbe auch noch auf Biegung beansprucht, wenn nicht die Achse der Querträger, sondern, wie gewöhnlich, eine der beiden Querträgergurtungen in der Ebene der Hauptträgergurtungen liegt, indem letztere, in Folge der wechselnden gegenseitigen Abstände, die Gestalt von Schlangenlinien annehmen. Die entsprechenden Nebenspannungen sind sehr gering und dürfen vernachlässigt werden.

Die vorstehend behandelten Nebenspannungen werden fast vollständig vermieden, wenn man die Querträger drehbar an den Hauptträgern auflagert, mittels Zapfen- oder Tangentialkipplager (verschiedene holländische und russische Brücken, Rigaer Industriezeitung 1888 No. 18 und 19, Glasträgerbrücke der Bad. Staatsbahn und Donaubrücke bei Steinbach, Zeitschr. Deutsch. Ingenieure 1890 S. 193 und 499). Die bei Zapfenlagern auftretenden kleinen Reibungsmomente ($M = \mu A r$) sind praktisch ohne Bedeutung. Bei Ausführung der drehbaren Lagerung empfiehlt es sich, noch besondere Querpfosten (U der Fig. 44) anzuordnen, die an Stelle der Querträger Q als Glieder der steifen Querrahmen und der Längsverbände eintreten. Mehrfach finden sich, bei unten liegender Fahrbahn, die Hauptträger als einfache Strebenfachwerke ausgeführt, um die bewegliche Lagerung bequemer anbringen zu können. Die Querrahmen liegen dann schief und werden durch die Streben in Verbindung mit den obern und untern Querpfosten gebildet.

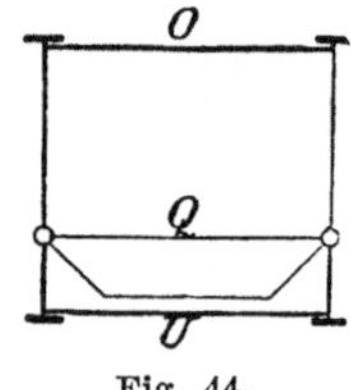

Fig. 44.

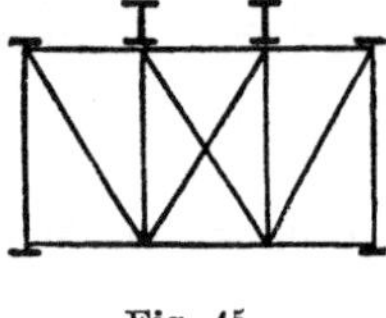
Fig. 45.

Liegt die Fahrbahn oben, so lassen sich die fraglichen Nebenspannungen auch dadurch vermeiden, dass man die Querträger nach Fig. 45 als Fachwerk ausführt und ihre Stäbe in den Knoten der Hauptträger angreifen lässt. Es treten dann nur die gewöhnlichen Zwängungsspannungen auf, welche der Deformation des Knotenpunktsnetzes der Querträger entsprechen und unter (α) erwähnt sind. Bei Ersatz der Wandstäbe durch ein volles Blech würden auch diese Zwängungsspannungen gleich Null.

Bisweilen wird zur Verringerung der fraglichen Nebenspannungen die Fahrbahn mittels schmaler Ständer an die Hauptträger aufgehängt oder auf dieselben aufgesetzt, unter Beifügung eines eigenen Längsverbands. Im ersteren Falle ist es in der Regel unmöglich, in die Ebene der untern Gurtungen der Hauptträger einen besonderen Längsverband zu legen; es kann dann die Aussteifung der unteren Hauptträgergurtungen gegen Seitenkräfte nur unvollkommen oder doch nur mit grösseren Schwierigkeiten erfolgen.

Offene Brücken. Für den Fall, dass alle Querträger in gleicher Weise belastet und deformirt werden, schliessen sich die Hauptträger ohne Zwang der Deformation der Querträger an, indem sie sich entsprechend schief stellen. Sind jedoch die Querträger in Folge ungleicher Belastung ungleich deformirt, so müssen sich die Hauptträger diesem Zustande durch Verbiegungen (und Verwindungen) der einzelnen Stäbe anbequemen. Die unteren Gurtungen erleiden hierbei (abgesehen von kleinen Verwindungen) nur dann Zwängungsspannungen, wenn die Querträgerachsen ausserhalb deren Ebene liegen (Fig. 46), entsprechend den wechselnden Abständen der Knotenpunkte A und B. Diese Spannungen sind verhältnissmässig klein und dürfen vernachlässigt werden. Wichtiger sind die

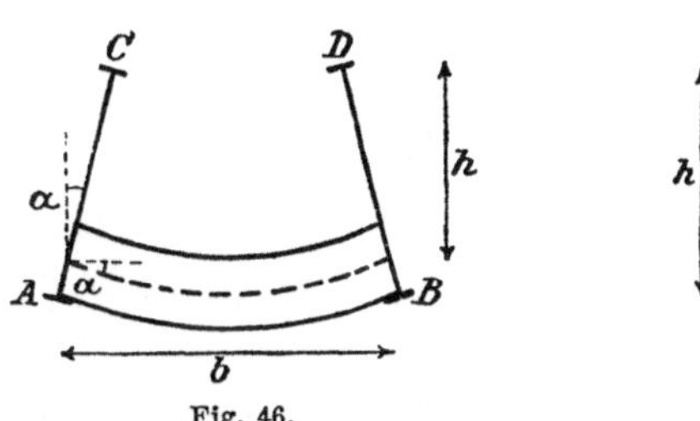

Fig. 46.

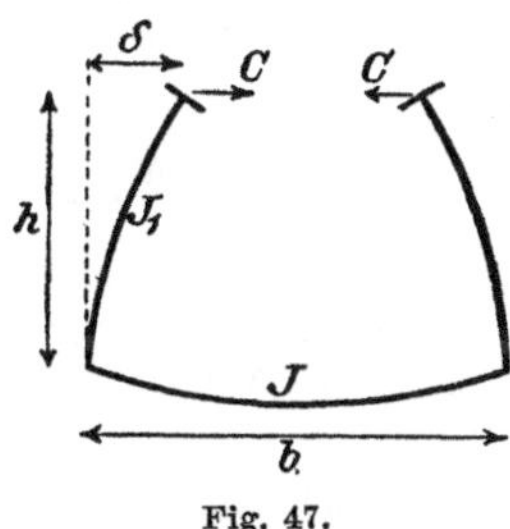

Fig. 47.

Verbiegungen der oberen Gurtungen und der Ständer, u. U. auch der Streben. Zur Bestimmung derselben sei mit α die Neigung der elastischen Linie am Querträgerende bezeichnet, welche bei freier Lagerung stattfinden würde. Symmetrische Belastung vorausgesetzt, ist

$$\alpha = \int_0^{\frac{b}{2}} \frac{\mathfrak{M}\, dx}{E J} = \frac{b}{2 E J} \overline{M},$$

wo $\overline{M}$ = Mittelwerth der Momente $\mathfrak{M}$ bei freier Lagerung = Einspannungsmoment bei wagrechter Einspannung. Hierdurch würde das obere Ende C des Ständers, falls keine Gegenwirkung des Hauptträgers stattfände, verschoben um $\Delta = h\alpha = \frac{h\, b\, \overline{M}}{2 E J}$ (Figur 46). Denkt man sich nun für jeden Ständer die einem bestimmten Belastungsfall entsprechenden Verschiebungen Δ ausgeführt und sodann die obere Gurtung (seitliches Trägheitsmoment $= J_0$) in das deformirte Knotenpunktsnetz C eingezwängt, so treten weitere Verschiebungen δ auf, im Verein mit Verbiegungen der Ständer, Querträger und oberen Gurtungen, bis sich schliesslich der endgültige Gleichgewichtszustand einstellt. Parallele Gurtungen (konstantes h) vorausgesetzt, liegt hier der Fall eines kontinuirlichen Trägers auf elastischen, ursprünglich um Δ gesenkten Stützen vor. Der Beiwerth A, welcher die Beziehung zwischen Stützenreaktion und elastischer Senkung der Stützen angiebt, $A = C : \delta$, wird wie folgt erhalten (Fig. 47). Die am oberen Ende des Ständers angreifende wagrechte Kraft C erzeugt eine Durchbiegung

$$\delta = C\left(\frac{h^2 b}{2EJ} + \frac{h^3}{3EJ_1}\right), \text{ somit } A = 1 : \left(\frac{h^2 b}{2EJ} + \frac{h^3}{3EJ_1}\right).$$

Für konstante Trägheitsmomente lautet die allgemeine Normalgleichung

$$M_{r-1} + 4M_r + M_{r+1} =$$

$$= \frac{6EJ_0}{c^2}\left[2(\delta_r + \Delta_r) - (\delta_{r-1} + \Delta_{r-1} + \delta_{r+1} + \Delta_{r+1})\right],$$

welche n — 2 mal aufgestellt werden kann. Ferner hat man die n Gleichungen

$$\delta_r = \frac{1}{A} C_r = \frac{1}{A}\left(\frac{M_{r-1} - 2M_r + M_{r+1}}{c}\right).$$

Diese 2 n — 2 Gleichungen reichen aus, um die n — 2 Stützenmomente M und die n Stützenverschiebungen δ zu bestimmen. Die Nebenspannungen der Gurtstäbe sind sodann $\nu_0 = M\frac{e_0}{J_0}$, die der Ständer

$$\nu_1 = C\,h\frac{e_1}{J_1} = \frac{A\,\delta\,h\,e_1}{J_1}.$$

Wenn auch die Streben steif ausgeführt sind, so kann diesem Umstand in der auf S. 54 angegebenen Weise Rücksicht getragen werden.

Die Nebenspannungen ν sind i. A. für diejenigen Belastungsfälle zu bestimmen, für welche die Hauptkräfte ihre Grösstwerthe erreichen. Bei den Ständern ist demgemäss einseitige Belastung maassgebend; für die unbelasteten Querträger ist $\Delta = 0$, für die belasteten $\Delta = \frac{h\,b}{2\,E\,J}\,\overline{M}$, wobei in $\overline{M}$ der Einfluss des Eigengewichts ausser Rechnung bleibt. Die Hülfsständer doppelter Strebensysteme (Fig. 27) werden am stärksten beansprucht, wenn jeweils der zugehörige Querträger vollbelastet, die benachbarten Querträger möglichst unbelastet sind. Bezüglich der Gurtungen ist für die Hauptkräfte Vollbelastung einzuführen. Bei gleichförmiger Belastung werden dann alle Δ gleich gross und demgemäss die Nebenspannungen gleich Null; u. U. kann hier eine Theilbelastung, welche einen Querträger freilässt, eine grössere Gesammtspannung in den benachbarten Gurtstäben hervorrufen, indem die hierbei auftretende Nebenspannung den Minderbetrag der Hauptspannung überschreitet. Handelt es sich um Einzellasten, so können auch bei der für die Hauptkräfte ungünstigsten Laststellung Ungleichheiten in der Querträgerbelastung und demgemäss Nebenspannungen eintreten. Beispielsweise erhält man, wenn ein mittlerer Querträger unbelastet, die übrigen vollbelastet sind, und wenn man die Rechnung auf 7 Stützpunkte ausdehnt, für den mittelsten Stützpunkt das Stützenmoment (Nebenmoment der Gurtung)

$$M = \mathfrak{C}\,.\,c\,\frac{6 + 49\,\beta + 19\,\beta^2}{N},$$

für die Nachbarstützen

$$M' = \mathfrak{C}\,.\,c\,\frac{3 - 13\,\beta - 12\,\beta^2}{N}.$$

Hierin ist

$$\beta = \frac{A\,c^3}{6\,E\,J_0} = \frac{c^3\,J}{3\,h^2\,b\,J_0}\,\frac{1}{1 + \frac{2\,h\,J}{3\,b\,J_1}},\quad c = \text{Feldweite},$$

$$\mathfrak{C} = A\,\Delta = \frac{\overline{M}}{h}\,\frac{1}{1 + \frac{2\,h\,J}{3\,b\,J_1}},\quad N = 7 + 196\beta + 193\beta^2 + 26\beta^3.$$

Der Stützendruck ist an der mittelsten Stütze

$$C = \mathfrak{C}\left(-1 + \frac{1 + 72\beta + 131\beta^2 + 26\beta^3}{N}\right),$$

an den Nachbarstützen

$$C' = \mathfrak{C}\left(\frac{1 + 57\beta + 46\beta^2}{N}\right).$$

Durch die Stützendrücke werden in den Ständern Nebenmomente $M_1 = C\,h$ bezw. $M'_1 = C'\,h$ hervorgerufen.

Die Nebenspannungen ν_0 und ν_1 der Gurtungen und Ständer nehmen ab mit wachsendem Trägheitsmoment J der Querträger; sie werden gleich Null für $J = \infty$. Es sind daher möglichst steife Querträger vortheilhaft. Die Nebenspannungen nehmen ferner ab mit wachsendem Trägheitsmoment und Widerstandsmoment des betreffenden Stabs. Bei gegebener Stabbreite 2 e ist es daher angezeigt, das Material möglichst nach Aussen zu legen. Was den Einfluss der Stabbreite 2 e anbelangt, so nimmt anfänglich die Nebenspannung mit wachsendem e zu bis zu einem Grösstwerth, und nimmt dann wieder ab bis auf 0 für $e = \infty$. Die Verhältnisse sind ähnlich den bei geschlossenen Brücken auftretenden (siehe S. 53).

Die theoretischen Grösstwerthe der Nebenspannungen der Gurtungen erhält man, wenn man deren Trägheitsmoment J_0 sehr klein gegenüber J und J_1 voraussetzt, weil dann die ganze Verbiegung von den Gurtungen ausgeführt werden muss. Unter Anwendung der Theorie des kontinuirlichen Trägers auf unendlich vielen festen Stützen, von welchen eine mittlere um $\varDelta$ gesenkt ist, ergiebt sich an der gesenkten Stütze

$$M_0 = \frac{4{,}4\,E\,J_0\,\varDelta}{c^2} = \frac{4{,}4\,E\,J_0}{c^2} \cdot \frac{h\,b\,\overline{M}}{2\,E\,J} = 2{,}2\,\frac{h\,b}{c^2}\,\frac{J_0}{J}\,\overline{M},$$

an den Nachbarstützen

$$M'_0 = \frac{1{,}2\,E\,J_0\,\varDelta}{c^2} = 0{,}6\,\frac{h\,b}{c^2}\,\frac{J_0}{J}\,\overline{M}.$$

Die entsprechende grösste Nebenspannung ist

$$\nu_0 = \frac{M_0\,e_0}{J_0} = 2{,}2\,\frac{h\,b}{c^2}\,\frac{e_0}{J}\,\overline{M}.$$

Man kann nun die grösste Spannung σ, welche durch die Verkehrslast im Querträger hervorgerufen wird (unter Voraussetzung freier Lagerung), annähernd setzen

$$\sigma = \frac{1{,}5\,\overline{M}\,e}{J}, \text{ somit } \frac{\overline{M}}{J} = \frac{2\,\sigma}{3\,e} \text{ und } \nu_0 = 1{,}5\,\frac{h\,b}{c^2}\,\frac{e_0}{e}\,\sigma.$$

Die grössten Nebenspannungen der Ständer treten auf, wenn J_1 sehr klein gegenüber J und J_0 ist, und die Endständer übermässig stark sind, so dass die oberen Knotenpunkte, auch bei belasteten Querträgern, stets in der ursprünglichen Geraden bleiben. Es ist dann für die Ständer eines belasteten Zwischenrahmens $\delta = \varDelta$. Da nun

$$\delta = \frac{C\,h^3}{3\,E\,J_1} = \frac{M_1\,h^2}{3\,E\,J_1} \text{ und } \varDelta = \frac{h\,b\,\overline{M}}{2\,E\,J},$$

so folgt hieraus

$$M_1 = \frac{1{,}5\,\overline{M}\,b\,J_1}{h\,J}, \quad \nu_1 = \frac{M_1\,e_1}{J_1} = 1{,}5\,\frac{b}{h}\,\frac{e_1}{J}\,\overline{M} = \frac{b\,e_1}{h\,e}\,\sigma.$$

Ausserhalb der Elasticitätsgrenze liefern die vorstehend entwickelten Formeln zu grosse Ergebnisse. Die Nebenspannungen ν_0 und ν_1 fallen thatsächlich geringer aus, weil sich die Stäbe des Hauptträgers nach Ueberschreitung der Elasticitätsgrenze verhältnissmässig leichter der Deformation der Querträger anbequemen.

Die in Frage stehenden Nebenspannungen werden vermieden, wenn man die Querträger drehbar an den Hauptträgern auflagert und letztere durch besondere Querpfosten fest mit einander verbindet (siehe Fig. 44), wie dies bei der Kipperbrücke (Civ.-Ing. 1886 S. 62) in zweckmässiger Weise geschehen ist.

Behält man die übliche, einfachere Konstruktion bei, so kommen zur Verminderung der Nebenspannungen folgende Mittel in Betracht:

1. Anwendung hoher Querträger mit grossem Trägheitsmoment.
2. Anwendung hoher, kontinuirlicher Längsträger mit grossem Trägheitsmoment, um Verschiedenheiten in der Belastung bezw. in der Deformation der Querträger möglichst auszugleichen.
3. Das Material der Gurtungen und Ständer wird thunlichst nach aussen gelegt. Hierbei darf die Stabbreite nicht allzu

gering gewählt werden, mit Rücksicht auf die Sicherheit gegen Ausknicken, bezw. auf die Nebenspannungen ξ, welche weit gefährlicher werden können als die vorliegenden Zwängungsspannungen ν.

4. Anordnung besonderer Spannstangen unterhalb der Querträger, um deren Deformation zu vermindern (Brick, Oester. Wochenschrift 1884 S. 171). Die gleiche Wirkung kann bei Neubauten einfacher und billiger erreicht werden, wenn man die Querträger entsprechend erhöht und verstärkt.
5. Einziehen gekreuzter Streben im Längsverband, die ähnlich wie Spannstangen wirken. Die Berechnung ist analog wie auf S. 55 u. 56 anzustellen.

Anmerkung. Die bisher behandelten Nebenspannungen (Zwängungsspannungen) besitzen, wie schon mehrfach hervorgehoben, die bemerkenswerthe Eigenschaft, dass sie ausserhalb der Elasticitätsgrenze relativ an Grösse abnehmen. Das Material wird hier gewissermaassen weicher und dehnbarer, so dass schon geringere Spannungen genügen, um die verlangten Deformationen hervorzurufen. Wesentlich verschieden hiervon ist der Vorgang bei den gewöhnlichen Spannungen, welche unmittelbar durch Kräfte verursacht werden (nothwendige Spannungen*), zum Unterschied von Zwängungsspannungen). Innerhalb wie ausserhalb Elasticitätsgrenze muss stets die Resultante derselben gleich der einwirkenden Kraft sein. Eine Verringerung nach Ueberschreitung der Grenze findet nicht statt; nur die Vertheilung der Spannungen über den Querschnitt kann u. U. geändert werden. Dies ist insbesondere bei der Beanspruchung auf Biegung der Fall, wo die äussersten Fasern auf Kosten der inneren entlastet werden, und zwar am meisten bei kreisförmigen und rechteckigen Querschnitten, fast gar nicht bei I-förmigen (siehe Thullie, Wochenbl. f. Baukunde 1887 S. 365).

Ein weiterer Unterschied zwischen Zwängungsspannungen und nothwendigen Spannungen dürfte sich bei oftmaliger Wiederholung derselben geltend machen. Die nothwendigen Spannungen rufen bekanntlich, nach Ueberschreitung der ursprünglichen Elasticitätsgrenze, anfänglich eine Erhöhung der Grenze bis zu einem gewissen Höchstwerth (äusserste

*) „Nothwendige" Spannungen, da derartige Spannungen nothwendig sind, um gegenüber den gegebenen äusseren Kräften das Gleichgewicht zu halten. Die Grösse der nothwendigen Spannungen kann je nach der Art der Auflagerung, bezw. der Befestigung der Stabenden verschieden sein. Bei freien Enden sind sie, unter der üblichen Annahme eben bleibender Querschnitte, statisch bestimmt und hängen nur von den Belastungen des betreffenden Stabs ab. Bei steifen Knoten sind auch die übrigen Stäbe von Einfluss; es handelt sich hier streng genommen meist um eine Kombination von nothwendigen und von Zwängungsspannungen.

Elasticitätsgrenze) hervor. Wird nun auch letztere ständig überschritten, so bleibt nach jeder Belastung eine bleibende Dehnung zurück, bis schliesslich die Dehnbahrkeit des Materials erschöpft, die Bruchdehnung δ und damit der Bruch erreicht ist. (Versuche von Wöhler und Bauschinger.) Bezüglich der Zwängungsspannungen liegen die Verhältnisse insofern wesentlich anders, als nicht die Grösse der Spannungen, sondern die der Dehnungen an bestimmte Bedingungen gebunden ist. Wenn beispielsweise ein Stab gezwungen wird, in stetigem Wechsel die Dehnungen ε und 0 anzunehmen, so ist für die grösste Dehnung der Werth ε durch die Bedingungen des Vorgangs vorgeschrieben, die Bruchdehnung δ kann daher, sofern $\delta > \varepsilon$, niemals, auch wenn die Wiederholung unendlich oftmal eintritt, erreicht werden. Ein anschauliches Bild des Vorgangs zeigen die

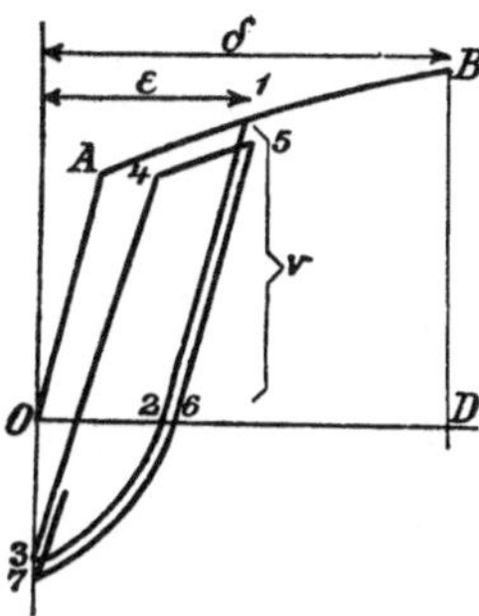

Fig. 48.

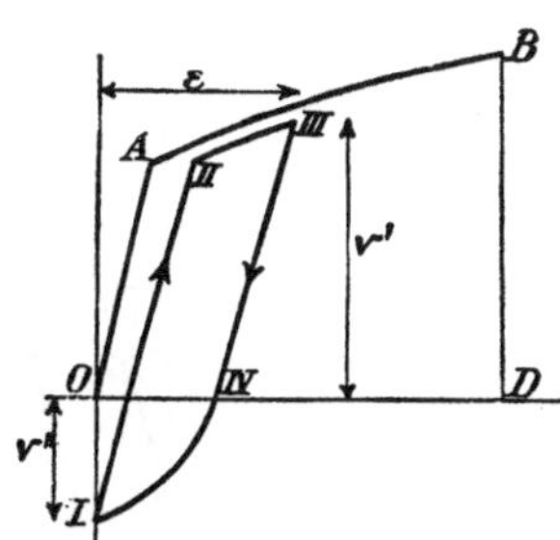

Fig. 49.

Fig. 48 und 49. Die Linie 0 A B stellt die Arbeitslinie des Materials dar, mit den Dehnungen als Abscissen und den zugehörigen Spannungen als Ordinaten. Der Einfachheit wegen sei angenommen, das Material besitze bereits die äusserste Elasticitätsgrenze, entsprechend dem Punkte A der Figur. Während nun der Stab von 0 bis ε gedehnt wird, steigt die Spannung nach der Linie 0 A 1 bis auf ν. Bei der Rückdehnung sinkt die Spannung zunächst nach der Geraden 1 2 (parallel 0 A) bis auf Null, woselbst noch eine bleibende Dehnung 0 2 vorhanden ist, und dann nach der Linie 2 3, bis die Dehnung wieder vollständig gleich Null geworden. Der Stab besitzt in diesem Zustand die negative Spannung 0 3. Bei nochmaliger Dehnung und Rückdehnung verläuft der Vorgang nach der Linie 3 4 5 6 7 u. s. f. Schliesslich stellt sich ein Beharrungszustand ein, welcher in Fig. 49 dargestellt ist. Der Spannungswechsel vollzieht sich nach der Linie I II III IV I; der grösste Werth der Spannung ist $= \nu'$, der kleinste $= - \nu''$. Beide sind kleiner als der ursprüngliche Werth ν. Was die Arbeitslinie IV I für negative Spannungen anbelangt, so ist dieselbe in unserm Falle nicht kongruent der positiven Linie 0 A B. Nach Bauschingers Versuchsergebnissen wird nämlich die Elasticitätsgrenze für negative

Spannungen in hohem Maasse, u. U. bis auf Null, herabgesetzt, wenn die positiven Spannungen die äusserste Elasticitätsgrenze überschritten haben. Die Linie IV I besitzt demgemäss gar kein oder nur ein kurzes gerades Stück.

Wenn ein gerader Fachwerkstab von der Breite β abwechselnd nach dem Halbmesser r gekrümmt und wieder gerade gestreckt wird, so befinden sich dessen Gurtungen im gleichen Fall wie der vorstehend betrachtete Stab. Die Dehnungen derselben schwanken zwischen 0 und $\varepsilon = \beta : 2\,r$; der Spannungswechsel erfolgt nach Fig. 49. Obwohl die grösste Spannung ν' ständig den Grenzwerth überschreitet, kann doch der Bruch niemals eintreten.

Fig. 50 stellt den Vorgang dar, wenn der Fachwerkstab ausser den abwechselnden Krümmungen und Geradbiegungen auch noch eine zwischen 0 und σ schwankende nothwendige Spannung auszuhalten hat.

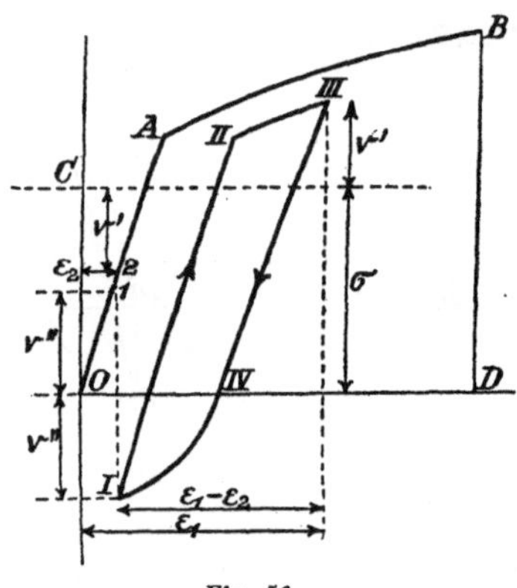

Fig. 50.

Im Beharrungszustand verlaufen die Spannungen der einen Gurtung (1) nach der Linie I II III IV I, die der Gurtung (2) bleiben auf der Geraden 0 A und wechseln zwischen den Punkten 1 und 2. Es ist 0 C = Spannung σ; die zugehörigen Zwängungsspannungen ν', den Punkten III und 2 entsprechend, sind gleich gross und müssen der Bedingung genügen, dass durch den Unterschied der Dehnungen ε_1 und ε_2 der Punkte III und 2 die vorgeschriebene Krümmung r erhalten wird, d. h. $\varepsilon_1 - \varepsilon_2 = \beta : r$. Im geradgestreckten Zustand ist die nothwendige Spannung = 0, die Zwängungsspannungen ν'' der Gurtungen (Punkt I und 1) sind gleich gross und entgegengesetzt; die zugehörigen Dehnungen sind gleich gross und gleichen Sinnes, Punkt I und 1 müssen daher auf der gleichen Vertikalen liegen. Auch hier kann die ständige Wiederholung der Spannung $\sigma + \nu'$, welche den Grenzwerth überschreitet, den Bruch nicht herbeiführen. Ein Bruch ist nur in solchen Fällen möglich, wo Punkt 1 die Gerade 0 A verlässt, d. h. wo die Gurtung (2) bei der Rückbiegung bleibende Dehnungen erleidet. Durch Hin- und Herbiegen werden dann in beiden

Gurtungen bleibende Dehnungen erzeugt, welche bei jedem Wechsel zunehmen und schliesslich den Bruch hervorrufen.

Auf weitere Beispiele, namentlich auf das Verhalten vollwandiger Stäbe, soll hier mit Rücksicht auf die Umständlichkeit der Untersuchung nicht näher eingegangen werden. Die vorstehenden dürften als Nachweis genügen, dass in gewissen Fällen die Zwängungsspannungen bei oftmaliger Wiederholung von weniger ungünstigem Einflusse als die nothwendigen Spannungen sind, und dass ein oftmaliges Ueberschreiten des Grenzwerths keineswegs unbedingt zum Bruche führen muss.

2. Nebenspannungen in Folge excentrischer Knoten.

a) Hauptträger.

Bei Bolzenverbindungen lässt man naturgemäss die Stabachsen genau durch die Knotenpunkte gehen; bei steifen (genieteten) Knotenverbindungen findet sich neben der centrischen auch vielfach die excentrische Anordnung vor. Man erhält die entsprechenden Nebenmomente, wenn man in Gleichung (A) (S. 5) die Winkeländerungen $\Delta\psi$ und die belastenden Momente $\mathfrak{M}$ gleich Null setzt,

$$0 = \frac{s_{12}(2\,M_{12} - M_{21})}{6\,E\,J_{12}} - \frac{s_{13}(2\,M_{13} - M_{31})}{6\,E\,J_{13}}.$$

Gleichung (B) geht über in $\Sigma M_{1\,x} + M_0 = 0$, wo M_0 = Moment der excentrisch wirkenden Stabkräfte, $= \Sigma S\eta$ (Fig. 8).

Bei Einführung der Unbekannten N statt M vereinfachen sich die Gleichungen (C) und (D) zu $N_{12} = N_{13} = N_{14} = N_{15} = \ldots N_1$.

$$2\,N_1\,\Sigma\,\frac{J_{1\,x}}{s_{1\,x}} + \Sigma N_x\,\frac{J_{1\,x}}{s_{1\,x}} + 3\,M_0 = 0.$$

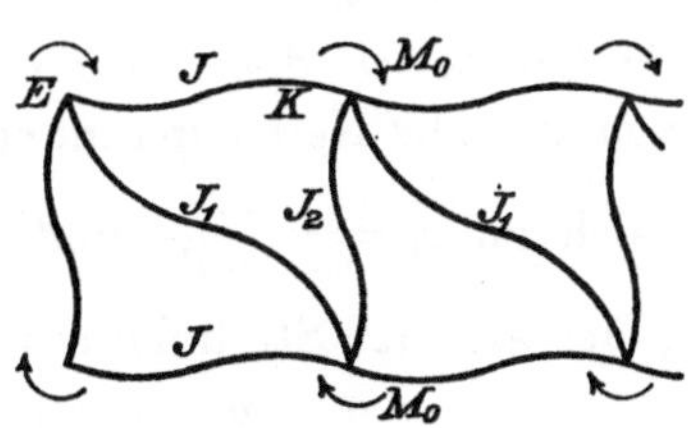

Fig. 51.

Unter der Voraussetzung, dass die Verhältnisse an den benachbarten Knotenpunkten annähernd als gleich angenommen werden dürfen, ergeben sich für einen mittleren Knotenpunkt K (Fig. 51) folgende Nebenmomente:

$$\text{Gurtstäbe}\quad M = -M_0 \frac{J}{s} : \left(2\frac{J}{s} + \frac{J_1}{d} + \frac{J_2}{h}\right)$$

$$\text{Strebe}\quad M_1 = -M_0 \frac{J_1}{d} : \left(2\frac{J}{s} + \frac{J_1}{d} + \frac{J_2}{h}\right)$$

$$\text{Ständer}\quad M_2 = -M_0 \frac{J_2}{h} : \left(2\frac{J}{s} + \frac{J_1}{d} + \frac{J_2}{h}\right)$$

Die einzelnen Stäbe theilen sich hiernach in das Excentricitätsmoment M_0 nach Maassgabe ihrer Steifigkeitsziffern $J:s$, $J_1:d$, $J_2:h$. Die entsprechenden Nebenspannungen sind

$$\nu = \frac{M e}{J} = M_0 \frac{e}{s} : \left(2\frac{J}{s} + \frac{J_1}{d} + \frac{J_2}{h}\right)$$

u. s. w.; sie stehen zu einander im gleichen Verhältniss wie die specifischen Breiten $e:s$, $e_1:d$, $e_2:h$.

Für einen Endknoten E (Fig. 51) kann man die vorstehenden Formeln näherungsweise anwenden, nachdem man statt des Nenners $\left(2\frac{J}{s} + \frac{J_1}{d} + \frac{J_2}{h}\right)$ den Werth $\left(\frac{J}{s} + \frac{J_1}{d} + \frac{J_2}{h}\right)$ eingeführt.

In Trägermitte erhält man bei überwiegendem Gurtquerschnitt $\nu = \frac{M_0}{2}\frac{e}{J}$. Nun ist $M_0 = R\eta$, $\frac{J}{e} = W = Fw$, R (Resultante der Wandstäbe) unter gewöhnlichen Verhältnissen $= 0{,}1$ bis $0{,}06$ S (Gurtkraft), $= 0{,}1$ bis $0{,}06\, F\sigma$, wo $\sigma =$ Grundspannung der Gurtung; somit schwankt ν zwischen $0{,}05 \frac{\eta}{w} . \sigma$ und $0{,}03 \frac{\eta}{w} \sigma$, und wenn die Excentricität η die Grösse w des Kernhalbmessers erreicht, zwischen 5 und 3 % von σ. Die Nebenspannungen der Strebe und des Ständers ergeben sich zu $\nu_1 = \nu \frac{e_1 s}{e d}$ und $\nu_2 = \nu \frac{e_2 s}{e h}$. Am Trägerende erhält man, bei gleicher Steifigkeit der Gurt- und Wandstäbe, die Nebenspannung $\nu = \frac{\sigma}{3} \cdot \frac{\eta}{w}$; die Werthe von ν_1 und ν_2 sind annähernd gleich gross. Der Einfluss der Excentricität η nimmt hiernach gegen die Trägerenden hin wesentlich zu.

Es ist möglich, durch passende Wahl von η, bezw. von M_0, für jeden Knotenpunkt eine besondere Bedingung zu erfüllen, z. B.

dass die gesammten Nebenspannungen (Excentricitätsspannung ν' und Zwängungsspannung ν'') bei den zwei am ungünstigten beanspruchten Stäben ihrem Absolutwerth nach einander gleich werden. Mit Rücksicht auf die Umständlichkeit einer genauen Rechnung und auf die theilweise Unsicherheit der Grundlagen wird man jedoch von einer derartigen freiwilligen excentrischen Befestigung absehen, um so mehr als ausserhalb Elasticitätsgrenze die Zwängungsspannungen ν'' und die nothwendigen Spannungen ν' ein verschiedenes Verhalten zeigen (siehe S. 64). Man hätte dann gerade gegenüber aussergewöhnlichen Belastungen die Bruchsicherheit der Brücke künstlich herabgemindert. Als Regel darf daher gelten, die Stabachsen möglichst in den Knotenpunkten zusammenzuführen. Ausnahmen sollten nur in solchen Fällen zugelassen werden, wo eine zweckmässige Nietanordnung nicht leicht auf anderem Wege getroffen werden kann und überschüssiger Querschnitt vorhanden ist.

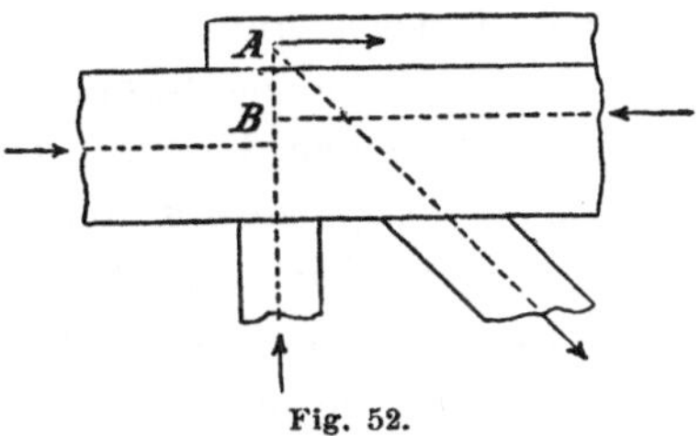

Fig. 52.

Bei gewissen Querschnittsformen der Gurtungen lassen sich übrigens die excentrischen Knoten nicht vollständig vermeiden. Beispielsweise treten bei T-Gurten an jenen Knoten, wo neue Platten aufgelegt werden, Stufen in dem Linienzug der Gurtachsen auf. Man kann nun die Wandstäbe derart anordnen, dass für einen Belastungsfall (z. B. Vollbelastung) die Excentricität verschwindet, oder aber dass die grössten Nebenspannungen der Gurtstäbe und der Wandstäbe, welche i. A. bei verschiedenen Belastungen auftreten, einander gleich werden. Bei der Frankfurter Mainbrücke der Preuss. Staatsbahn wurde die Anordnung derart getroffen, dass die Resultirende R der Wandstäbe jeweils im Schwerpunkt A des Gurtzuwachses angreift (Fig. 52). Es wird dann bei Vollbelastung, vorausgesetzt, dass der Zuwachs genau der Resultirenden R entspricht, kein Excentricitätsmoment auftreten; bei einseitiger Belastung dagegen, wo R seinen Grösstwerth erreicht, entsteht ein Nebenmoment zu Ungunsten der voll beanspruchten Wandstäbe. Durch Herabrücken der Resultirenden R, von Punkt A gegen B hin, hätte eine etwas gleichmässigere Beanspruchung der Gurt- und Wandstäbe erzielt werden können.

b) Längsverbände und Querverbände.

Im Allgemeinen liegen hier die Verhältnisse gleich wie bei den Hauptträgern; nur wird man, wegen der verhältnissmässig geringeren Strebenkräfte, die Excentricitäten nicht in dem Maasse vermeiden müssen wie bezüglich der Hauptträger.

Ein eigenthümliches Verhalten zeigen die amerikanischen, aus flachen Augenstäben bestehenden Streifengurten. Aus konstruktiven Gründen greifen die Streben des Längsverbands mindestens um halbe Gurtbreite $\left(\frac{1}{2}\beta\right)$ ausserhalb der Gurtachsen an, wodurch in den äussersten Augenstäben Nebenspannungen ν, annähernd $= \pm 3\sigma$, hervorgerufen werden, wo $\sigma =$ Grundspannung der Gurtung in Folge der auf den Längsverband wirkenden Kräfte. Die entsprechenden Gesammtspannungen sind demnach $+ 4\sigma$ und $- 2\sigma$. In diesen beträchtlichen Nebenspannungen liegt ein Nachtheil der amerikanischen Konstruktionsweise gegenüber der in Europa üblichen, welcher die etwaigen Vorzüge hinsichtlich der Zwängungsspannungen der Hauptträger zum mindesten wieder aufwiegt. Auch die Gelenkbolzen erhalten z. Th. starke Nebenspannungen durch die um $\frac{1}{2}\beta$ ausserhalb der Mitte angreifenden Kräfte R. Das grösste Nebenmoment entsteht in ein Drittel der Bolzenlänge β und hat den Werth $M = \frac{4}{27} R\beta$. Die entsprechende Nebenspannung ist

$$\nu = \frac{M r}{J} = \frac{0{,}18\, R\beta}{r^3}.$$

3. Nebenspannungen durch belastende Kräfte zwischen den Knoten.

a) Eigengewicht

(g klg für die Längeneinheit des Stabs).

Das Eigengewicht ruft in der Mitte eines um den Winkel ψ geneigten Stabes, welcher an den Enden frei drehbar aufgelagert ist, das Moment $\mathfrak{M} = \frac{g\, s^2 \cos \psi}{8}$ hervor. Ausserdem treten, neben den stets vernachlässigten Querkräften $\left(\max.\, \mathfrak{Q} = \frac{g s \cos \psi}{2}\right)$, noch Längskräfte $\left(\max.\, \mathfrak{N} = \frac{g\, s \sin \psi}{2}\right)$ auf, welche ihrer Kleinheit wegen ebenfalls ausser Betracht bleiben dürfen.

Bei steifen, symmetrisch angeordneten Knoten der Hauptträger (z. B. Fig. 24, 26, 27) können die Stäbe als vollkommen eingespannt angesehen werden. Die Nebenmomente sind dann an den Stabenden

$$M_0 = -\frac{g\, s^2 \cos \psi}{12}$$

und in Stabmitte

$$M_1 = \frac{g\, s^2 \cos \psi}{24}.$$

Für die Ständer wird $\psi = \frac{\pi}{2}$, $M_0 = M_1 = 0$. Bei unsymmetrischer Anordnung der Knoten (z. B. Fig. 25) tritt eine geringfügige Drehung ein; die Einspannungsmomente M_0 der stärkeren Seite werden etwas kleiner, die der schwächeren Seite etwas grösser als vorstehend berechnet; insbesondere erhalten jetzt auch die Ständer Verbiegungen bezw. Zwängungsspannungen. Diese Aenderungen sind i. A. ganz unwesentlich; nur an den Endknoten tritt u. U. eine starke Minderung der Einspannungsmomente M_0 ein. Ist das Trägheitsmoment J des Endständers sehr klein, so werden die M_0 annähernd $= 0$; für $J = \infty$ behalten die M_0 ihre alten Werthe bei. Das Zwängungsmoment des Endständers wird $M = \Sigma M_0$ für $J = \infty$, und $M = \frac{6\, E\, J \operatorname{tg} \alpha}{h}$ für J = sehr klein, wo α den Drehungswinkel, annähernd gleich dem Winkel der elastischen Linie der Endgurtstäbe bei freier Auflagerung, bezeichnet.

Das Eigengewicht g eines Stabs ist annähernd $g = 0{,}008\,F$ klg f. d. cm, das Widerstandsmoment $W = F \cdot w$, somit die grösste Nebenspannung bei symmetrischer Anordnung und wagrechter Lage ($\psi = 0$)

$$\nu = \frac{M_0}{W} = \frac{g\,s^2}{12\,W} = \frac{s^2}{1500\,w}.$$

Bei konstantem Verhältniss s : w wächst hiernach die Spannung ν proportional der Stablänge s. Für rechteckigen Querschnitt ist $w = \frac{e}{3}$, $\nu = \frac{s^2}{500\,e}$, für kreuzförmigen Querschnitt $w = \frac{e}{6}$, $\nu = \frac{s^2}{250\,e}$. Besitzt der Stab zwei getrennte, um 2 e entfernte Gurtungen, so ist $w = e$ und $\nu = \frac{s^2}{1500\,e}$. Unter normalen Verhältnissen sind die fraglichen Spannungen nicht gross; beispielsweise wird für $s = 500$, $s : e = 25$, der Werth von ν in den beiden Grenzfällen $\nu = 50$ klg/qcm und $\nu = 8$ klg.

Handelt es sich um Querverbände, wo die Querpfosten steif mit den Ständern verbunden sind, so werden durch das Eigengewicht nicht nur Momente M_0 und M_1 in den Querpfosten, sondern auch Zwängungsmomente ($= M_0$) in den Ständern hervorgerufen. Die Lösung der Aufgabe erfolgt ganz in der gleichen Weise, wie auf S. 51 u. ff. bezüglich der Belastung der Querträger durchgeführt. Die entsprechenden Spannungen sind in der Regel nicht bedeutend.

Besondere Verhältnisse liegen bei den Streben der Längsverbände vor, welche in der Regel im Verhältniss zu ihrer Länge geringe Höhe besitzen, namentlich wenn sie aus Flacheisen gebildet sind. Im unbelasteten Zustand, d. h. wenn keine Grundspannungen σ vorhanden sind, erreichen die Nebenspannungen sehr beträchtliche Werthe, $\nu = \frac{g\,s^2}{8} : W$, freie Lagerung vorausgesetzt. Für rechteckige Querschnitte, wo $W = \frac{2\,b\,e^2}{3}$, erhält man ähnlich wie oben, $\nu = \frac{0{,}003\,s^2}{e}$, beispielsweise $\nu = 1440$ klg/qcm, wenn $s = 600$ cm und $e = 0{,}75$ cm. Die zugehörige Durchbiegung ist

$$\delta = \frac{5}{384} \frac{g s^4}{E J} = \frac{s^4}{3200 E e^2} = 36 \text{ cm}.$$

Wenn der Stab gleichzeitig noch eine Zugkraft S aufzunehmen hat, so werden die Werthe der Nebenspannungen und der Durchbiegung wesentlich herabgemindert, insofern die Kraft S den Stab wieder gerade zu strecken trachtet und dem Einfluss des Eigengewichts entgegenarbeitet. Es liegt hier einer der Fälle vor, wo die durch die Deformation bedingte Aenderung der Hebelsarme der Kräfte (h. i. der Kraft S) bei Berechnung der Nebenmomente und Nebenspannungen nicht vernachlässigt werden darf, wo ausser den Nebenspannungen ν auch noch die Nebenspannungen ξ berücksichtigt werden müssen. ν und ξ sind entgegengesetzten Vorzeichens, also die gesammte Nebenspannung $\nu + \xi$ kleiner als ν.

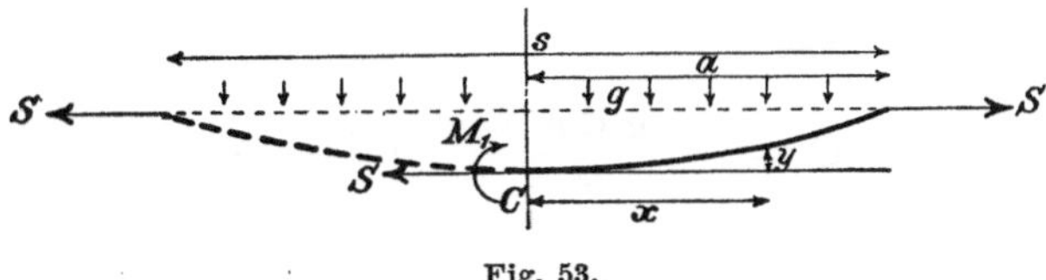

Fig. 53.

Wenngleich die Nebenspannungen ξ erst später zur Behandlung kommen, so sollen, des Zusammenhangs wegen, die im vorliegenden Falle auftretenden Nebenspannungen $\nu + \xi$ doch schon hier ermittelt werden. Bezeichnet man das Biegungsmoment des durch g belasteten und durch S gezogenen Stabs in Stabmitte mit M_1, so ist für einen beliebigen Querschnitt x das Moment

$$M = M_1 + S y - \frac{g x^2}{2} \text{ (Fig. 53).}$$

Aus der Differentialgleichung

$$E J \frac{d^2 y}{d x^2} = M_1 + S y - \frac{g x^2}{2}$$

erhält man die allgemeine Integralgleichung

$$y = -\frac{M_1}{S} + \frac{g}{2 S}\left(x^2 + \frac{2 E J}{S}\right) + C e^{m x} + D e^{-m x},$$

wo C und D Integrationskonstanten,

$$m = \sqrt{\frac{S}{EJ}}.$$

Die Konstanten C und D bestimmen sich aus den Bedingungen $\frac{dy}{dx} = 0$ für $x = 0$, und $\frac{d^2y}{dx^2} = 0$ für $x = a = \frac{s}{2}$ (frei aufliegender Träger), bezw. $\frac{dy}{dx} = 0$ für $x = a$ (horizontal eingespannter Träger). Da

$$\frac{dy}{dx} = \frac{gx}{S} + mCe^{mx} - mDe^{-mx},$$

und
$$\frac{d^2y}{dx^2} = \frac{g}{S} + m^2Ce^{mx} + m^2De^{-mx},$$

so folgt aus der ersten Bedingung $C = D$, und aus der zweiten für freiaufliegende Träger

$$C = -\frac{gEJ}{S^2}\frac{1}{e^{ma} + e^{-ma}}.$$

Die Grösse des Moments ist

$$M = EJ\frac{d^2y}{dx^2} = \frac{EJg}{S}\left(1 - \frac{e^{mx} + e^{-mx}}{e^{ma} + e^{-ma}}\right).$$

Insbesondere erhält man für $x = 0$

$$M_1 = \frac{EJg}{S}\left(1 - \frac{2}{e^{ma} + e^{-ma}}\right),$$

und wenn, wie bei Flacheisen, $m a$ sehr gross, $M_1 = \frac{EJg}{S}$. Die entsprechende Nebenspannung ist $\nu + \xi = \frac{M_1 e}{J}$, welcher Ausdruck für grosse $m a$ in $\nu + \xi = \frac{Ege}{S}$ übergeht. Hiernach nimmt $\nu + \xi$ mit wachsender Stabkraft S ab. Was den andern Grenzfall $m = 0$ bezw. $S = 0$ anbelangt, so erhält man durch Reihenentwicklung den selbstverständlichen Werth

$$M_1 = \frac{ga^2}{2} = \frac{gs^2}{8}.$$

Ein bequemer Näherungswerth von M ergiebt sich, wenn die Durchbiegungslinie als Parabel $y = \frac{\delta x^2}{a^2}$ angenommen wird. Es ist dann

$$M = \left(g - \frac{2 S \delta}{a^2}\right) \frac{a^2 - x^2}{2}$$

und die entsprechende Durchbiegung

$$\delta = \frac{5}{384} \left(g - \frac{8 S \delta}{s^2}\right) \frac{s^4}{E J},$$

woraus man erhält

$$\delta = \frac{5}{384} \frac{g s^4}{E J} : \left(1 + \frac{5 S s^2}{48 E J}\right),$$

$$M_1 = \frac{g s^2}{8} - S \delta = \frac{g s^2}{8} : \left(1 + \frac{5 S s^2}{48 E J}\right).$$

Für $J = \infty$ oder $S = 0$ folgt hieraus $M_1 = \frac{g s^2}{8}$; für J = sehr klein, $M_1 = \frac{1{,}2 E J g}{S}$, während der genaue Werth oben zu $M_1 = \frac{E J g}{S}$ ermittelt wurde. Für Zwischenwerthe von J ist die Abweichung vom genauen Werth M_1 noch geringer.

Was die Grösse von S anbelangt, so ist dieselbe bei reibungslosen Knotengelenken und einfachem Strebensystem gleich der durch die Belastung des Längsverbands (Winddruck u. s. w.) hervorgerufenen Stabkraft D. Bei steifen Knotenverbindungen und auch bei mehrfachem Strebensystem (statisch unbestimmte Verhältnisse) kommen noch Zwängungskräfte Z hinzu, dadurch bedingt, dass sich die Streben nicht frei ausdehnen können, sondern dass ihre Länge jeweils durch die Deformation der Gurtungen festgelegt wird. Bezeichnet man mit s die planmässige Länge der Strebe, mit Δs deren Aenderung in Folge der Deformation des Knotenpunktsnetzes, die im Wesentlichen unabhängig von Z ist, so kann die Länge der gebogenen Stabachse (Pfeil $= \delta$) gesetzt werden $l = s + \Delta s + \frac{8 \delta^2}{3 s}$. Da aber auch $l = s + \frac{S s}{E F}$ sein muss, so ergiebt sich

$$S = \frac{E F \Delta s}{s} + \frac{8 \delta^2 E F}{3 s^2}.$$

Setzt man diesen Werth von S in die oben aufgestellte Gleichung für δ ein, so erhält man

$$\delta = \frac{5}{384} \frac{g s^4}{E J} : \left[1 + \frac{5 F}{48 J} \left(s \Delta s + \frac{8}{3} \delta^2\right)\right],$$

woraus δ und sodann S bestimmt werden kann.

Bei grossen Brücken mit doppeltem Strebensystem ergiebt sich hieraus, auch im unbelasteten Zustand (wo Δs nur der ruhenden Belastung entspricht), ein ausreichendes S, um die Nebenspannungen der Streben in zulässigen Grenzen zu halten. Bei kleinen Brücken bedarf es hierzu einer künstlichen Anspannung bei der Montage. Zur Minderung der unter der Verkehrslast (insbesondere Eisenbahnzüge) eintretenden Schwingungen der Streben und der Lockerungen der Anschlussnieten empfiehlt es sich, steife Stäbe an Stelle flacher Bänder zu verwenden, u. U. die Streben an die Fahrbahnträger aufzuhängen oder mit denselben zu vernieten. Im letzteren Falle sind kräftige Nietanschlüsse erforderlich, mit Rücksicht auf die S. 44 No. 7a erwähnten Kraftübertragungen.

Für den obern Längsverband, dessen Gurtungen Zusammendrückungen erleiden, sind die Streben unter allen Umständen steif auszuführen, bei grösseren freien Längen am besten als Gitterbalken. Einfache Profileisen bedürfen in den meisten Fällen noch besonderer Zwischenstützungen oder künstlicher Anspannung. Als Zwischenstützen werden bisweilen besondere leichte Längsträger zwischen die obern Querpfosten eingebaut.

b) Verkehrslast.

Um die Fahrbahnträger zu ersparen, wird die Fahrbahn vielfach, namentlich bei Strassenbrücken kleiner und mittlerer Spannweite, unmittelbar auf die Hauptträgergurten gelegt. Es entstehen hierdurch Nebenmomente, die bei reibungslosen Knotengelenken sich auf die belasteten Gurtungen beschränken und hier die Werthe $\mathfrak{M}$ des freiaufliegenden Trägers annehmen. Unter dem Einfluss der Bolzenreibung tritt eine geringe Minderung dieser Nebenmomente ein, während gleichzeitig die anschliessenden Wandstäbe etwas verbogen werden.

Bei steifen Knoten verhält sich die belastete Gurtung näherungsweise wie ein kontinuirlicher Träger, der auf den Knotenpunkten als Stützen aufruht, indem hier von der Gegenwirkung der Streben, mit Rücksicht auf die verstärkten Gurtquerschnitte, abgesehen werden kann. Die entsprechenden Momente sind mit Hülfe der auf S. 12 u. ff. angegebenen Verfahren leicht zu bestimmen. Das grösste Moment in Stabmitte ($= M_1$) tritt ein, wenn der betreffende Stab voll belastet ist, während die übrigen Stäbe abwechselnd gar nicht oder voll belastet sind; das grösste Moment am Knotenpunkt ($= M_0$) tritt ein, wenn die anschliessenden Stäbe voll und die übrigen, wie vorstehend angegeben, belastet sind. Für stetige Belastung (= p f. d. met.) erhält man $M_1 = 0{,}083\, p\, s^2 = 0{,}67\, \mathfrak{M}_1$ und $M_0 = -0{,}114\, p\, s^2 = -0{,}91\, \mathfrak{M}_1$; für Belastung durch je eine Einzellast P, $M_1 = 0{,}189\, P s = 0{,}76\, \mathfrak{M}_1$ und $M_0 = -0{,}183\, P s = -0{,}73\, \mathfrak{M}_1$. Hierbei bezeichnet $\mathfrak{M}_1$ das grösste Moment des einfachen Trägers, $\mathfrak{M}_1 = 0{,}125\, p s^2$ bezw. $= 0{,}25\, P s$. Das Fahrbahngewicht (= g f. d. met.) erzeugt die Nebenmomente $M_1 = \frac{1}{24} g\, s^2$ und $M_0 = -\frac{1}{12} g s^2$.

Durch die Deformationen der belasteten Gurtung werden auch die Wandstäbe etwas verbogen und erleiden dementsprechende Zwängungsmomente, die mit Hülfe der Gleichung (A) S. 5 berechnet werden können. Dieselben sind verhältnissmässig gering und kommen meist nur bei den Endständern in Betracht, wo sie die Grösse $M_0 = -0{,}057\, p s^2 = -0{,}46\, \mathfrak{M}_1$ bezw. $M_0 = -0{,}092\, P s = -0{,}37\, \mathfrak{M}_1$ erreichen können, falls der Endständer von gleicher Steifigkeit ist wie die anschliessende Gurtung. Für überwiegend steifen Endständer wird

$$M_0 = -\frac{p\, s^2}{12} = -\frac{2}{3}\, \mathfrak{M}_1 \text{ bezw. } M_0 = -\frac{P s}{8} = -0{,}5\, \mathfrak{M}_1.$$

Bezüglich der bei der Belastung von Querträgern eintretenden Verhältnisse siehe unter 1 c β S. 51.

c) Winddruck.

Der senkrecht zur Brücke wirkende Wind belaste die einzelnen Stäbe mit w klg f. d. met. Es entstehen hierdurch in Stabmitte Momente $\mathfrak{M} = \frac{w\, s^2}{8}$, falls sich die Stäbe an den Enden frei drehen können. Bei fester Vernietung wird in den Gurtstäben das Moment näherungsweise $M_1 = \frac{w s^2}{24}$ (Mitte) bezw. $M_0 = -\frac{w s^2}{12}$ (Ende). In den Wandstäben mindert sich das Moment nur dann in der gleichen Weise, wenn steife Querverbindungen oder Querträger eine vollkommene Einspannung bedingen; andernfalls bildet sich ein gewisser mittlerer Zustand, welcher sich je nach der Steifigkeit der Querverbindungen mehr dem einen oder andern Grenzzustand nähert. Die genaue Berechnung könnte in der auf S. 51 u. ff. angegebenen Weise erfolgen, doch wird hierzu selten ein Bedürfniss vorliegen, da die fraglichen Nebenspannungen unter normalen Verhältnissen ohne Bedeutung sind.

d) Seitenstösse und Centrifugalkräfte der Fahrzeuge.

Wenn die Fahrbahn unmittelbar auf den Hauptträgergurten gelagert ist, entstehen in den letzteren unter den Seitenkräften der Fahrzeuge Nebenmomente, bezw. Nebenspannungen, welche in gleicher Weise, wie unter (b) angegeben, berechnet werden. Die den Centrifugalkräften entsprechenden Spannungen können u. U. beträchtlich werden und sind dann bei der Dimensionirung zu berücksichtigen. Die Zwängungsspannungen der anschliessenden Stäbe (Streben der Längsverbände) sind sehr klein und dürfen ausser Betracht bleiben.

e) Bremskräfte.

Ist die Fahrbahn in mittlerer Höhe an den Ständern befestigt, und werden keine weiteren konstruktiven Anordnungen getroffen, so müssen die Ständer durch ihren Biegungswiderstand die Bremskräfte auf die oberen und unteren Knotenpunkte übertragen. Das

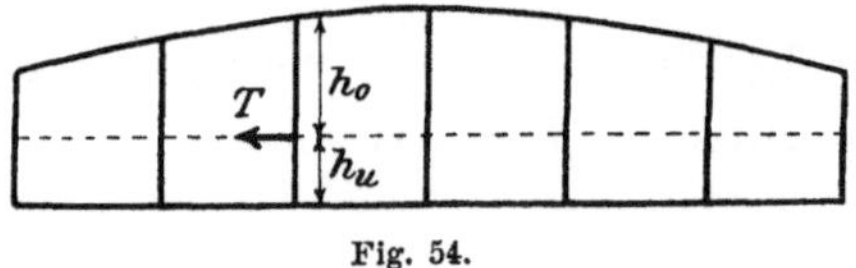

Fig. 54.

bei frei drehbaren Knotenverbindungen am Lastangriffspunkt entstehende Moment ist $\mathfrak{M} = \frac{T h_0 h_u}{h}$ (siehe Fig. 54). Bei vollkommener Einspannung der Ständer treten die Einspannungsmomente $M_0 = -\frac{T h_0 h_u^2}{h^2}$ und $M_u = -\frac{T h_u h_0^2}{h^2}$ und am Lastangriffspunkt das Moment $M_1 = \frac{2 h_0^2 h_u^2 T}{h^3}$ auf. Das wirkliche Moment M liegt je nach der Steifigkeit der anschliessenden Gurtstäbe näher bei M_1 oder bei $\mathfrak{M}$. Die entsprechenden Nebenspannungen der Ständer $\nu = \frac{M}{W}$ sind ziemlich bedeutend. Z. B. wird für T = 1000 klg, h = 500 cm, $h_0 = h_u = 250$ cm,

$$\mathfrak{M} = \frac{1000 \cdot 250^2}{500} = 125\,000 \text{ klg/cm},$$

$$M_1 = \frac{2 \cdot 250^4}{500^3} \cdot 1000 = 62\,500 \text{ klg/cm}.$$

Mit W = 200 cm³, entsprechend 4 über's Kreuz gestellten Winkeln 10 · 1,2, erhält man hieraus die Nebenspannungen $\nu = 625$ bezw. 312 klg/qcm. Es erscheint angezeigt, derartige hohe Nebenspannungen durch besondere Anordnungen zu vermeiden. Dies kann geschehen

1. durch Verbindung der Fahrbahnlängsträger mit dem Mauerwerk. (Ist nur in besonderen Fällen, bei sehr kräftigem Mauerwerk, wo keine Lockerungen zu befürchten sind, zulässig);
2. durch Einziehen besonderer Streben, zur Verbindung der Längsträger mit einzelnen Knoten der unteren Gurtungen;
3. durch Einschaltung sekundärer Streben an den Hauptträgern. Sofern durchlaufende Zwischengurtungen vorhanden sind, bedarf es nur einer einzigen derartigen Strebe (I Fig. 9, Stab c d); andernfalls müsste für jeden Ständer eine solche eingezogen werden;
4. durch Verbindung des Endständers mit dem Mauerwerk, im Anschluss an die Zwischengurtungen (I Fig. 9 Stab a b). Ueber die entsprechenden Zusatzkräfte siehe I A 1.

Was die Nebenspannungen anbelangt, die bei Uebertragung der Bremskräfte durch die Querträger entstehen, siehe unter 1 b γ Seite 32.

4. Nebenspannungen in Folge belastender Momente.

Belastende Momente wirken hauptsächlich an den Auflagern und an den Befestigungsstellen von Konsolen.

a) Momente an den Auflagern.

Dieselben entstehen nach I A 4 S. 35 theils durch den excentrischen Angriff der Lagerreaktionen, theils durch Reibungskräfte. Sie greifen in den Auflagerknotenpunkten an und wirken in den 3 Hauptebenen. In der Ebene der Hauptträger wirkt das Excentricitätsmoment der Längskräfte und das Moment der Zapfenreibung $\Pi_1 = H\,e + \mu\,A\,\frac{d}{2}$, in der Ebene der Endquerverbände das Excentricitätsmoment der Querbelastungen, $\Pi_2 = C\,e$, und in der Horizontalebene das Reibungsmoment $\Pi_3 = \mu\,C\,e_0 + \mu\,A\,\varrho$. Bezüglich der Bezeichnungen siehe I S. 35 u. ff.

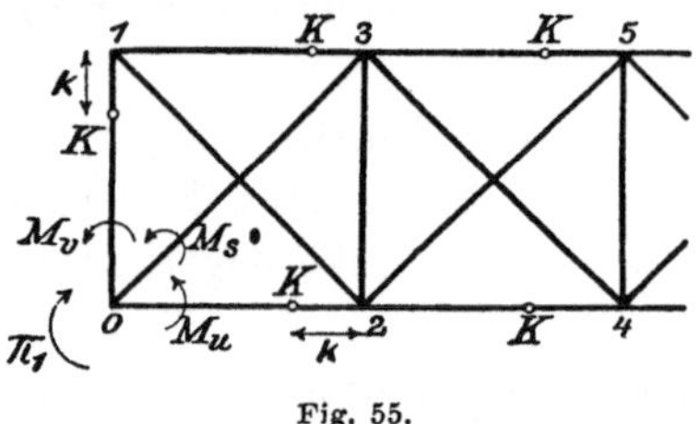

Fig. 55.

Das Moment Π_1 wird von den im Endknoten zusammentreffenden Stäben des Hauptträgers (Gurtung, Endständer und event. Streben) aufgenommen, welche sich annähernd im Verhältniss ihrer Steifigkeitsziffern $\frac{J}{s}$ darein theilen. Man darf hiernach setzen (Fig. 55)

$$M_u = \Pi_1 \cdot \frac{J_u}{s_u} : \left(\frac{J_u}{s_u} + \frac{J_v}{s_v} + \frac{J_s}{s_s}\right) = \Pi_1 \cdot \frac{J_u}{s_u} : \Sigma \frac{J}{s}$$

$$M_v = \Pi_1 \cdot \frac{J_v}{s_v} : \Sigma \frac{J}{s} \quad \text{u. s. w.}$$

Für die weitere Betrachtung kann der meist sehr geringe Einfluss der Streben vernachlässigt werden. Die Momente der untern

Gurtstäbe an den Knotenpunkten 2, 4 u. s. w. ergeben sich dann nach der Theorie des kontinuirlichen Balkens zu

$$M_2 = M_u \frac{k}{s-k}, \quad M_4 = M_2 \frac{k}{s-k} \ldots$$

wo k die jeweilige Entfernung des zugehörigen Festpunkts K von der nächstgelegenen Stütze bezeichnet. In gleicher Weise erhält man für die obere Gurtung

$$M_1 = M_v \frac{k}{s-k}, \quad M_3 = M_1 \frac{k}{s-k} \ldots$$

Für gleich lange und gleich starke Stäbe wird $\frac{k}{s-k}$ konstant $= \frac{1}{3,7}$. Man sieht hieraus, dass die Momente M sehr rasch mit der Entfernung vom Endknoten abnehmen. Die Nebenmomente der Strebe 12 können, da die Momente der anschliessenden Gurtstäbe nunmehr bekannt sind, mit Hülfe der Gleichung (A) S. 5 bestimmt werden. Besitzt einer der Stäbe, z. B. der Endständer, übermässige Steifigkeit, so wird $M_v = \Pi_1$; die übrigen Momente sind annähernd $= 0$.

In ähnlicher Weise wie vorstehend ist bezüglich der Momente Π_2 und Π_3 zu verfahren. Π_2 wird vom Endquerverband, Π_3 vom untern Längsverband aufgenommen. Wenn letzterer nicht eben ist, sondern ein Vielflach bildet, so treten neben den Biegungsmomenten gleichzeitig auch noch Verwindungsmomente auf, deren Einfluss indess meist ohne grosse Bedeutung ist.

Die den Nebenmomenten M der Endstäbe entsprechenden Nebenspannungen, $\nu = M : W$ sind vielfach gegenüber den Grundspannungen sehr bedeutend und bedürfen dann, falls nicht übermässige Querschnitte vorhanden, einer besonderen Berücksichtigung, durch Rechnung oder durch Abschätzung.

b) Momente in Folge belastender Konsolen.

Die Konsolen sind an den Aussenseiten der Ständer angebracht und wirken auf letztere mit den Momenten $\Pi = P\,a$ belastend ein. Bei Ausführung von Gelenkknoten entstehen in den Ständern die Momente $\mathfrak{M} = -\frac{\Pi x}{h}$ auf der Strecke A C und

$\mathfrak{M} = + \frac{\Pi (h - x}{h}$ auf der Strecke CB (Fig. 56). Die Querpfosten haben keine Momente, sondern nur die verhältnissmässig geringen Zusatzkräfte $S = \pm \Pi : h = \pm P a : h$ auszuhalten.

Bei festen Knotenverbindungen werden sämmtliche Stäbe des betreffenden Querverbands durch Nebenmomente in Anspruch genommen, die sich mit Hülfe der Gleichung (A) S. 5 leicht bestimmen lassen. Es seien zwei gleichbelastete Konsolen vorausgesetzt, welche in den Abständen h_0 und h_u von den obern und untern Knotenpunkten angreifen. Querkreuze seien nicht vorhanden, oder von so geringem Trägheitsmoment, dass sie ausser Rechnung bleiben können (Fig. 57).

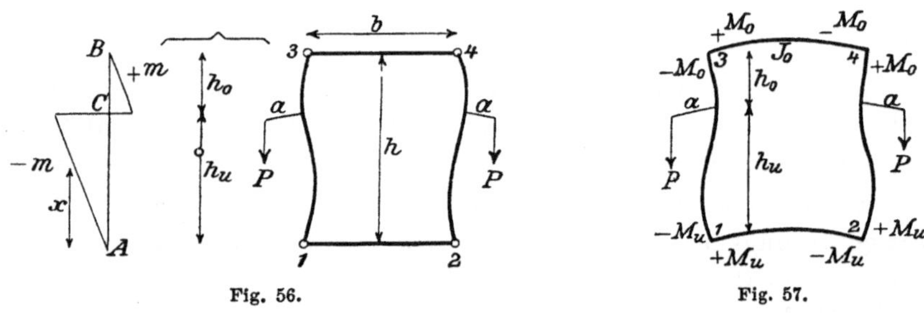

Fig. 56. Fig. 57.

Das linksseitige Einspannungsmoment des obern Querpfostens sei mit M_0, das des untern mit M_u bezeichnet; positiv, wenn im Sinne des Uhrzeigers um den zugehörigen Knotenpunkt drehend. Die rechtsseitigen Einspannungsmomente sind der Symmetrie wegen gleich gross; sie sind jedoch, weil um ihre zugehörigen Knotenpunkte links drehend, mit negativem Vorzeichen in Gleichung (A) einzuführen. Die Einspannungsmomente der Ständer sind gleich und entgegengesetzt den entsprechenden Querpfostenmomenten (siehe die Einschreibungen in Fig. 57). Die Momente $\mathfrak{M}$ des Ständers, die in die Gleichung (A) des Knotens 1 einzuführen sind, wurden oben angegeben und sind in Fig. 56 dargestellt. Sie sind positiv, wenn die auf das entferntere Stabstück XB wirkenden Kräfte im Sinne des Uhrzeigers um Querschnitt X drehen. Für die Gleichung (A) des Knotens 3 haben die Momente $\mathfrak{M}$ das entgegengesetzte Vorzeichen. Vernachlässigt man die geringen Grundkräfte der vier Rahmenstäbe, so sind die Winkeländerungen $\Delta \psi$ gleich Null. Die Gleichungen (A) lauten dann für die Knotenpunkte 1 und 3:

$$0 = \frac{b\,(2\,M_u + M_n)}{J_u} - \frac{h}{J}\,(-\,2\,M_u + M_0) - \frac{6\,\Pi}{J\,h}\left(-\frac{h^2}{6} + \frac{h_0^2}{2}\right)$$

$$0 = \frac{h\,(-\,2\,M_0 + M_n)}{J} - \frac{b}{J_0}\,(2\,M_0 + M_0) + \frac{6\,\Pi}{J\,h}\left(-\frac{h^2}{6} + \frac{h_u^2}{2}\right).$$

Man erhält hieraus

$$M_u = -\frac{\Pi}{h\,J}\left[(h^2 - 3\,h_0^2)\left(\frac{3\,b}{J_0} + \frac{2\,h}{J}\right) + (h^2 - 3\,h_u^2)\,\frac{h}{J}\right] : N$$

$$M_0 = -\frac{\Pi}{h\,J}\left[(h^2 - 3\,h_u^2)\left(\frac{3\,b}{J_u} + \frac{2\,h}{J}\right) + (h^2 - 3\,h_0^2)\,\frac{h}{J}\right] : N,$$

$$\text{wo} \quad N = \left[\left(\frac{3\,b}{J_u} + \frac{2\,h}{J}\right)\left(\frac{3\,b}{J_0} + \frac{2\,h}{J}\right) - \frac{h^2}{J^2}\right].$$

Für $h_0 = h$ und $h_u = 0$, d. h. wenn die Konsolen in der Fortsetzung des untern Querpfostens liegen, wird

$$M_u = \frac{\Pi\,h}{J}\left[\,2\left(\frac{3\,b}{J_0} + \frac{2\,h}{J}\right) - \frac{h}{J}\right] : N.$$

Ist ausserdem das Trägheitsmoment J des Ständers sehr klein gegen J_0 und J_u, so ergiebt sich

$$M_u = \frac{3\,\Pi\,h^2}{J^2} : N;\; N = \frac{3\,h^2}{J^2};$$

somit $M_u = \Pi$, d. h. das ganze Konsolenmoment Π wird vom untern Querpfosten aufgenommen. Bei unsymmetrischer Anordnung und Belastung der Konsolen sind die auf S. 13 u. ff. angegebenen graphischen Verfahren mit Vortheil zu verwenden.

5. Nebenspannungen bei gekrümmten Stabachsen.

a) Bei vieleckigem Knotenpunktsnetz werden bisweilen die Gurtungen der Hauptträger aus ästhetischen oder konstruktiven Gründen gekrümmt statt in gebrochenem Linienzug ausgeführt. Es entstehen hierdurch Nebenmomente, die bei frei beweglichen Stabenden den Werth $\mathfrak{M} = S\,f$ in Stabmitte besitzen. Bei steifer Knotenverbindung wird das Nebenmoment in Stabmitte annähernd $M_1 = \frac{1}{3}\,S\,f$, an den Stabenden $M_0 = -\frac{2}{3}\,S\,f$, falls die Stabkräfte S′ und S″ der benachbarten Gurtstäbe nicht wesentlich von S verschieden sind (Parabelträger); andernfalls kann man etwas genauer setzen

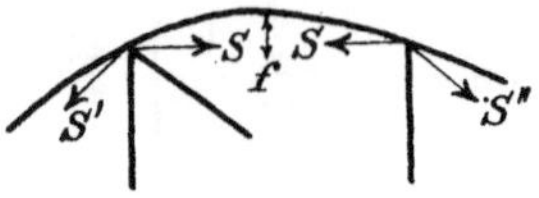

$$M'_0 = -\frac{S + S'}{3}\,f,\quad M''_0 = -\frac{S + S''}{3}\,f,$$

$$M_1 = \frac{2\,S\,f}{3} - \frac{S' + S''}{6}\,f \text{ (Fig. 58).}$$

Fig. 58.

Mit Rücksicht auf die Steifigkeit der Wandstäbe fallen die Einspannungsmomente M_0 meist etwas geringer aus als vorstehend angegeben; dem entsprechend haben die Wandstäbe Zwängungsmomente und Spannungen auszuhalten, deren Grösse jedoch nur unbedeutend ist.

Die fraglichen Momente der Stabkräfte S wirken den durch das Eigengewicht der Stäbe hervorgerufenen entgegengesetzt, falls wie gewöhnlich die Stäbe nach aussen gekrümmt sind. Bei gewissen Krümmungsverhältnissen heben sich beide Einflüsse annähernd auf; es ist dies der Fall, wenn $S\,f = \frac{g\,c^2}{8}$, $f = \frac{g\,c^2}{8\,S}$, wobei $\cos\psi$ annähernd $= 1$ gesetzt wurde.

Mit $S = F \cdot \sigma$ und $g = 0{,}008$ F klg/cm folgt hieraus $f = \frac{0{,}001\,c^2}{\sigma}$; der zugehörige Krümmungsradius ist $\varrho = c^2 : 8\,f = 125\,\sigma$ in klg und cm, unabhängig von der Spannweite. Beispielsweise sei $\sigma = 600$ (für den vollen Querschnitt) und $l = 6000$ cm; der Krümmungsradius ϱ wird $= 600 \cdot 125 = 75\,000$ cm, und der Pfeil der oberen Gurtung auf ihre ganze Länge $= l^2 : 8\,\varrho = 60$ cm, auf Feldlänge $f = c^2 : 8\,\varrho = (0{,}11)^2 : 8\,\varrho = 0{,}6$ cm.

Setzt man $\varrho = \frac{1}{2} \cdot 125\,\sigma$, so wird das gesammte Nebenmoment, seinem Absolutwerth nach, gerade so gross wie bei $\varrho = \infty$, d. h. wie bei geraden Stäben. Es ist übrigens zu beachten, dass die für normale Belastungen günstige oder unschädliche Stabkrümmung für ausserordentliche Belastungen von Nachtheil sein kann, weil das Moment der Stabkraft S mit der Belastung zunimmt, während das gegenwirkende Moment des Eigengewichts konstant bleibt.

b) Wenn ein Stab innerhalb Feld gestossen und mit unsymmetrischer Stossdeckung versehen wird, so tritt eine Verschiebung der Stabachse ($=\delta$) auf die Länge λ der Stossdeckung ein. Bei freien Stabenden entspricht dem ein Moment $\mathfrak{M} = S\,\delta$ am Stosse; bei fest eingespannten Enden wären die Einspannungsmomente

$$M'_0 = -\frac{S\,\delta\,\lambda}{s^2}(4\,b - 2\,a) \quad \text{und} \quad M''_0 = -\frac{S\,\delta\,\lambda}{s^2}(4\,a - 2\,b)$$

und das Moment am Stoss

$$M_1 = S\,\delta\left[1 - 4\,(a^2 - a\,b + b^2)\frac{\lambda}{s^3}\right].$$

Hierin bezeichnen s die Stablänge, a und b die Abstände des Stosses von den Stabenden. Da die Stosslänge λ klein gegen die Stablänge s ist, so wird annähernd $M_1 = S\,\delta$ und $M'_0 = M''_0 = 0$.

Bei den üblichen Stabquerschnitten und Stossdeckungen ist der Betrag von $S\,\delta$ sehr gering und kann ausser Betracht bleiben.

6. Nebenspannungen in Folge des Fehlens von Stäben.

Wie bereits auf S. 6 des Theils I bemerkt wurde, sind Grundsysteme mit weniger als 3 k Gliedern beweglich. Die zugehörigen *wirklichen* Systeme können jedoch durch feste Knotenverbindungen steif und dadurch für die Verwendung brauchbar gemacht werden. An Stelle der Grundspannungen der fehlenden Stäbe müssen in solchen Fällen die Nebenspannungen der Nachbarstäbe den äusseren Kräften das Gleichgewicht halten.

a) Fehlende Gegenstreben.

Bei manchen älteren Brücken ist die Zahl der Gegenstreben gegenüber den vergrösserten Betriebslasten der Gegenwart zu gering bemessen. In Folge dessen müssen in den in Frage stehenden Feldern die Gurtungen durch ihren Biegungswiderstand die bei ungünstigster einseitiger Laststellung auftretenden Querkräfte, an Stelle der mangelnden Gegenstreben, übertragen.

In Fig. 59 sei ein Parallelträger bei ungünstigster Laststellung dargestellt, für welche die Gegenstrebe im Felde r fehle; in Fig. 60 die zugehörige Momentenlinie N und Querkraftslinie Q der Gesammtlast. Die zwei Gurtstäbe des r^ten^ Felds müssen nun die Querkräfte Q_r übertragen, wobei sie S-förmige Verbiegungen erleiden. Sie theilen sich im Verhältniss ihrer Trägheitsmomente in die Kräfte Q_r; die obere Gurtung trifft $Q_r \frac{J_0}{J_0 + J_u} = \alpha Q_r$, die untere $(1 - \alpha) Q$.

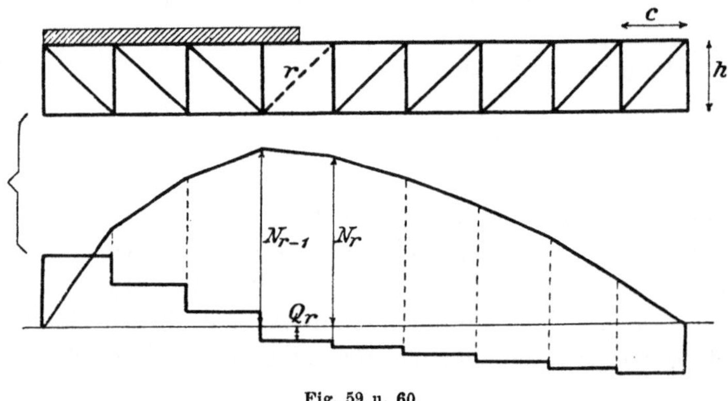

Fig. 59 u. 60.

Unter normalen Verhältnissen liegt der Inflexionspunkt U eines Gurtstabs annähernd in Stabmitte (Fig. 61); es entstehen dann an

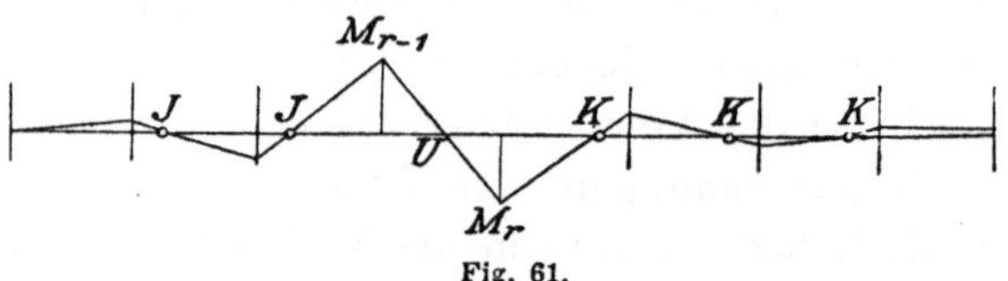

Fig. 61.

den Enden des obern Gurtstabs die Nebenmomente $M_{r-1} = \frac{\alpha Q_r c}{2}$ und $M_r = -\frac{\alpha Q_r c}{2}$; und an den Enden des untern Gurtstabs $M_{r-1} = \frac{(1-\alpha) Q_r c}{2}$ und $M_r = -\frac{(1-\alpha) Q_r c}{2}$; ihre Summen sind $\frac{Q_r c}{2}$ und $-\frac{Q_r c}{2}$ bezw. $\frac{1}{2}(N_{r-1} - N_r)$ und $\frac{1}{2}(N_r - N_{r-1})$. Sieht man von dem Einfluss der Strebensteifigkeit ab, so erhält man die Nebenmomente der übrigen Gurtstäbe, wie bei einem kontinuirlichen Träger, durch Ziehen des durch die Festpunkte J und K gehenden Linienzugs (Fig. 61). Trägt man die Summen der Nebenmomente beider Gurtungen ($=\Sigma M$) an die Hauptmomentenlinie N, so dient die neue Momentenlinie N′ in bekannter Weise zur Bestimmung der Gurtkräfte, $S' = \frac{N'}{h}$, welche nur wenig von den Gurtkräften $S = \frac{N}{h}$, die bei Vorhandensein der Gegenstrebe auftreten würden, abweichen. Ebenso kann man mit Hülfe der neuen Querkraftslinie Q′, die durch Kombination der alten Linie Q und der Linie der Nebenquerkräfte entsteht, die neuen Strebenkräfte $D' = Q' : \sin\delta$ bestimmen. Von Werth für die Anwendung ist gewöhnlich nur die Kenntniss der Spannungen in den Gurtstäben des r^{ten} Felds. Hierfür ist

$$N' = \frac{N_{r-1} + N_r}{2}, \quad S' = \frac{N_{r-1} + N_r}{2h},$$

$$\text{Grundspannung } \sigma = \frac{N_{r-1} + N_r}{2hF};$$

Nebenmoment der obern Gurtung

$$M_{r-1} = \frac{\alpha Q c}{2}, = \frac{Q c}{4} \text{ für } \alpha = \frac{1}{2}, = \frac{N_{r-1} - N_r}{4};$$

$$\text{Nebenspannung } \nu = \frac{(N_{r-1} - N_r)\, e}{4J} = \frac{N_{r-1} - N_r}{4Fw};$$

$$\text{Gesammtspannung } \sigma + \nu = \frac{1}{2F}\left(\frac{N_{r-1} + N_r}{h} + \frac{N_{r-1} - N_r}{2w}\right).$$

Kontinuirliche Längsträger mindern die Nebenmomente der Gurtstäbe herab, allerdings auf Kosten der eigenen Beanspruchung. Bezeichnet man mit $2J_1$ die Trägheitsmomenten-Summe der auf einen Hauptträger entfallenden Längsträger, so wird im Grenzfall unendlich steifer Querträger das Nebenmoment

$$M_{r-1} = \frac{N_{r-1} - N_r}{4} \cdot \frac{J}{J + J_1}$$

und die zugehörige Nebenspannung $\nu = \frac{(N_{r-1} - N_r)\, e}{4\,(J + J_1)}$, d. h. gerade so gross, wie wenn das Trägheitsmoment der Längsträger auf die beiden Gurtstäben vertheilt wäre. Die zusätzlichen Spannungen der Längsträger erreichen den Betrag

$$\nu_1 = \frac{(N_{r-1} - N_r)\, e_1}{4\,(J + J_1)}.$$

Für Träger mit gebrochenen (gekrümmten) Gurtungen ist das Verfahren leicht entsprechend zu modifiziren, worauf jedoch, der geringeren praktischen Wichtigkeit wegen, nicht näher eingegangen werden soll.

b) Fehlende Zwischengurtungen.

Wenn ein Längsverband ausserhalb der Gurtebenen liegt (z. B. Ebene L L der Fig. 62), so giebt man ihm vielfach keine besonderen Gurtungen (Zwischengurtungen), sondern lässt auch in diesem Falle

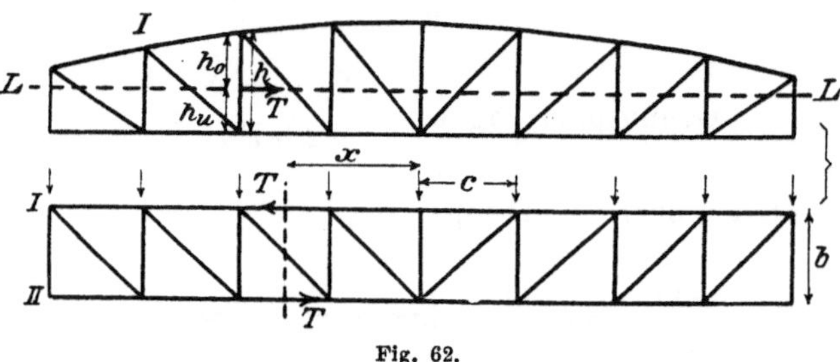

Fig. 62.

die Gurtungen der Hauptträger die Arbeit der Längsverbandgurtungen mit besorgen. Der Kräfteausgleich zwischen den in verschiedenen Ebenen liegenden Gurtungen und Streben des Längsverbands muss dann durch die steifen Ständer der Hauptträger vermittelt werden. Die Ständer haben die Resultanten T der Längsverbandstreben auf beide Gurtungen zu vertheilen. Bei drehbaren Enden trifft auf die obere Gurtung $T_0 = T\, h_u : h$, auf die untere $T_u = T\, h_0 : h$. Bei fester Einspannung sind die Einspannungsmomente

$$M_0 = -\frac{T\, h_0\, h_u^2}{h^2} \quad \text{und} \quad M_u = -\frac{T\, h_u\, h_0^2}{h^2},$$

die entsprechenden Auflagerdrücke

$$T_0 = \frac{T\,h_u}{h} + \frac{M_u - M_0}{h} \text{ und } T_u = \frac{T\,h_0}{h} + \frac{M_0 - M_u}{h}.$$

Das Nebenmoment des Ständers beträgt an der Angriffstelle des Längsverbands, bei drehbaren Enden,

$$\mathfrak{M} = \frac{T\,h_0\,h_u}{h},$$

bei fester Einspannung

$$M = \frac{2\,h_0^2\,h_u^2 \cdot T}{h^3}.$$

Die Grösse T ist für gleichmässige Windbelastung w, $T = D \cos \delta$, wo D = zugehörige Strebenkraft $= w\,x\,d : b$, somit $T = w\,x\,c : b$. Hierin bedeutet x die Entfernung der Strebenmitte von Brückenmitte (Fig. 62). Nach Einsetzen erhält man die grössten Nebenmomente zu

$$\mathfrak{M} = \frac{w\,c\,x}{b}\,\frac{h_0\,h_u}{h} \text{ bezw. } M_0 = -\frac{w\,c\,x}{b}\,\frac{h_0\,h_u^2}{h^2},$$

$$M_u = -\frac{w\,c\,x}{b}\,\frac{h_u\,h_0^2}{h^2}, \quad M = \frac{w\,c\,x}{b}\,\frac{2\,h_0^2\,h_u^2}{h^3}.$$

Diese Nebenmomente, sowie die entsprechenden Nebenspannungen ν, können bei grösseren Spannweiten sehr beträchtliche Werthe annehmen, namentlich in den letzten Ständern. Das Weglassen besonderer Längsverbandgurtungen ist daher i. A. fehlerhaft und ausnahmsweise nur dann zulässig, wenn die Entfernung bis zur nächsten Hauptträgergurtung gering, d. h. $h_0 : h$ oder $h_u : h$ klein ist. Bei Trägern mit gekrümmten Gurtungen (Fig. 62) ist es von günstiger Wirkung, dass der Quotient $h_0\,h_u : h^2$ gegen die Trägerenden hin abnimmt, und hierdurch die sonst am meisten gefährdeten letzten Ständer entlastet werden.

c) Fehlende Längsverband-Streben.

Die Streben des Längsverbands werden vielfach bei kleinen Brücken, namentlich Strassenbrücken, weggelassen. Die wagrechten Belastungen (Winddrücke) müssen dann durch die Gurtungen, u. U. unter Mithülfe der fest damit verbundenen Querpfosten, übertragen werden (Fig. 63). Bezeichnet man das Moment der äussern Kräfte für einen beliebigen Querschnitt des Längsverbands mit 2 N, so trifft auf eine Gurtung, falls die Mithülfe der Querpfosten nicht in Betracht kommt, ein Moment = N; die entsprechende Nebenspannung ist $\nu = N : W$.

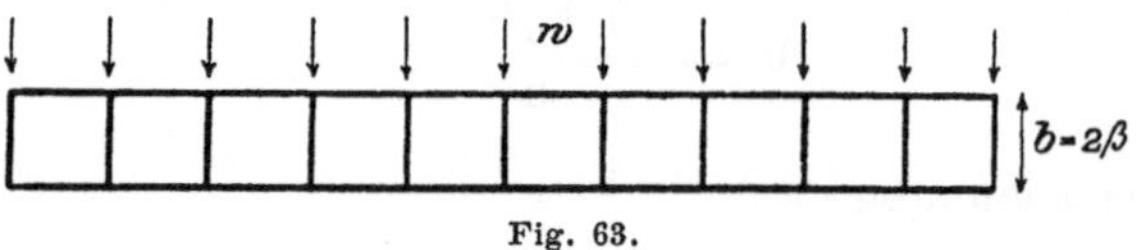

Fig. 63.

Wenn dagegen die Querpfosten seitliche Steifigkeit besitzen und fest mit den Gurten verbunden sind, so werden letztere auf Kosten der Querpfosten entlastet. Unter Annahme symmetrischer Stabanordnung und Belastung verbiegen sich die Querpfosten S-förmig, mit dem Inflexionspunkt U in der Brückenachse (siehe Figur 64), so dass ihre Einwirkung auf die Gurtungen durch die in der Brückenachse wirkenden, vorläufig noch unbekannten Kräfte H (Fig. 65) ersetzt werden kann. Für einen beliebigen Gurtstab r ist die Normalkraft $S_r = \sum_0^r H$, und das Moment der Kräfte H gleich $\beta \cdot \sum_0^r H = \beta S_r$, so dass für die

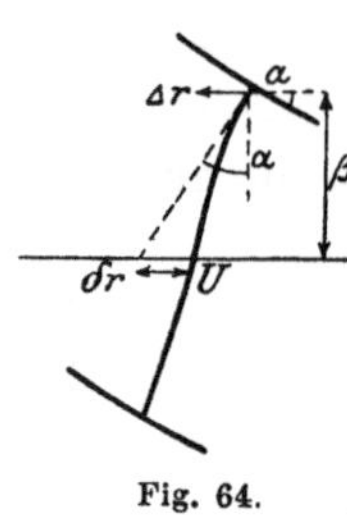

Fig. 64.

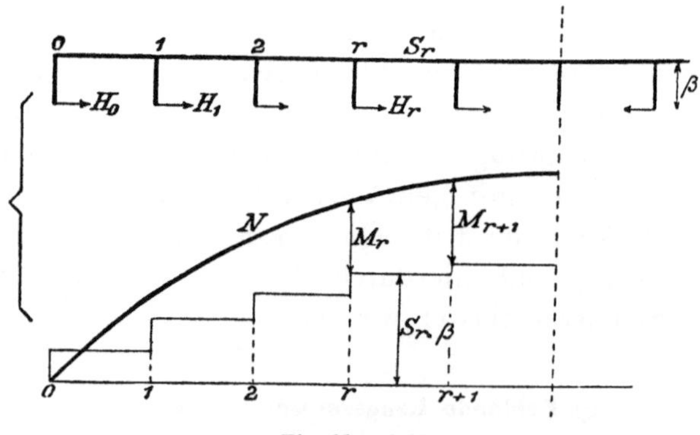

Fig. 65 und 66.

Gurtung noch die Momente $M = N - \beta S_r$ verbleiben (Fig. 66). Unter deren Einfluss ergiebt sich für die elastische Linie der Gurtung am r^{ten} Knotenpunkt eine Neigung

$$\operatorname{tg} \alpha_r = \int_r^{1/2\, l} \frac{M\, dx}{EJ} = \int \frac{(N - \beta\, S_r)\, dx}{EJ}.$$

Den gleichen Winkel α bildet die Endtangente des r^{ten} Querpfostens mit der ursprünglichen Richtung, und zwar ist, wie aus Fig. 64 ersichtlich, $\beta \operatorname{tg} \alpha_r = \delta_r + \Delta_r$. Hierin ist

δ_r = Durchbiegung der Stabmitte U gegen die Endtangente unter dem Einfluss der in U angreifenden Kraft H_r, nämlich $\delta_r = \frac{H_r \beta^3}{3 E Y}$, wo Y = Trägheitsmoment des Querpfostens,

Δ_r = Dehnung der Gurtung von r bis $\frac{l}{2}$, $= \sum_r^{1/2\, l} \frac{S c}{E F}$.

Nach Elimination von $\operatorname{tg} \alpha_r$ erhält man

$$\int \left(\frac{N - \beta\, S_r}{EJ} \right) dx = \frac{H_r \beta^2}{3 E Y} + \frac{1}{\beta} \Sigma \frac{S c}{E F}.$$

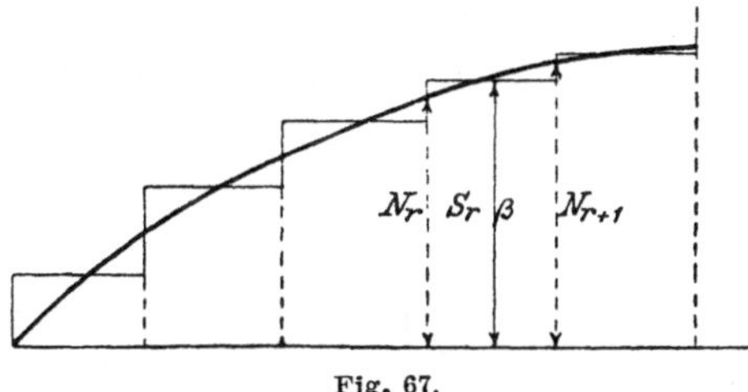

Fig. 67.

Diese Gleichung lässt sich ebenso oftmal aufstellen, als Unbekannte (H) vorhanden sind; nach deren Ermittlung ergiebt sich

$$S_r = \sum_0^r H \text{ und } M = N - \beta\, S_r.$$

Die entsprechenden Spannungen der Gurtstäbe sind $\sigma = \frac{S}{F}$ (Zusatzspannung) und $\nu = \frac{M}{W}$ (Nebenspannung), die Gesammtspannung $= \sigma + \nu$. Für die Querpfosten erhält man das grösste Moment $M = H \beta$ und die zugehörige Spannung $\nu = M : W$.

Gewöhnlich kann das Glied $\frac{\Sigma S c}{E F}$, welches von der Dehnung der Gurtstäbe herrührt, vernachlässigt werden, so dass die Bestimmungsgleichung die einfachere Gestalt

$$\int\left(\frac{N-\beta S_r}{EJ}\right)dx = \frac{H_r\beta^2}{3EY}$$

annimmt. Für $Y=\infty$, d. h. völlig unbiegsame Querpfosten wird $\int(N-\beta S_r)\,dx = 0$, d. h. $S_r = N:\beta$, wo N jeweils = Mittelwerth des äussern Kraftmoments im r^{ten} Feld, $=\frac{1}{2}(N_r+N_{r+1})$; das Nebenmoment wird in Feldmitte jeweils = 0, an den Enden des r^{ten} Gurtstabs

$$M_r = -M_{r+1} = \frac{N_{r+1}-N_r}{2}$$

(siehe Fig. 67).

Näherungswerthe erhält man, wenn man sich die Pfostenquerschnitte stetig über die Trägerlänge vertheilt denkt, wobei auf die Länge dx ein Trägheitsmoment $Y\,dx:c$ kommt, und wenn man die Pfostenreaktionen proportional der Entfernung von Trägermitte annimmt, $dH = C\left(\frac{1}{2}-x\right)dx$. Es ist dann

$$S_x = \int_0^x C\left(\frac{1}{2}-x\right)dx = \frac{C\,x\,(1-x)}{2};$$

$$M = N-\beta S_x = \frac{w}{2}\,\frac{x\,(1-x)}{2} - \frac{\beta C}{2}\,x\,(1-x),$$

die Endtangente ist

$$\operatorname{tg}\alpha_0 = \int_0^{\frac{1}{2}}\frac{M}{EJ}\,dx = \left(\frac{w}{4}-\frac{\beta C}{2}\right)\frac{1^3}{12\,EJ};$$

wo w = gesammte wagrechte Belastung für d. met. Längsverband; andrerseits ist aber auch

$$\operatorname{tg}\alpha_0 = \frac{d\,H_0\,\beta^2\,c}{3\,E\,Y\,dx} = \frac{C\,1\,\beta^2\,c}{6\,E\,Y}.$$

Nach Elimination von $\operatorname{tg} \alpha_0$ erhält man den Beiwerth C zu

$$C = \frac{w}{2\beta} : \left(1 + \frac{4\beta c J}{l^2 Y}\right).$$

Rechnet man nun für die Mitte jedes Feldes den Betrag

$$\beta S_x = \frac{\beta C x (l-x)}{2} = \frac{w x (l-x)}{4} : \left(1 + \frac{4\beta c J}{l^2 Y}\right)$$

aus, trägt die erhaltenen Werthe auf und zieht jeweils wagrechte Linien auf Feldlänge, so erhält man die in Fig. 66 dargestellte Treppenlinie. Die Differenzen zwischen dieser und der Linie

$$N = \frac{w x (l-x)}{4}$$

geben die Grössen der Nebenmomente M an.

d) Fehlende Querverband-Streben.

α) Offene Brücken. Bei unten liegender Fahrbahn und geringer Trägerhöhe müssen sowohl die Streben der Querverbände als auch jegliche Art oberer Querverbindung wegen des erforderlichen Lichtraums weggelassen werden. Die Ueberführung der auf

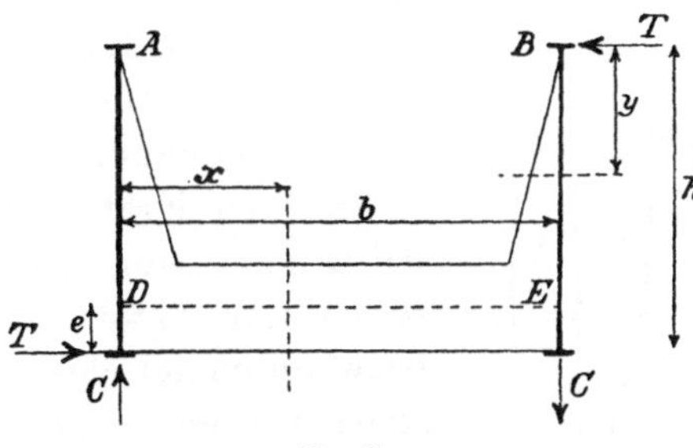

Fig. 68.

die obern Knotenpunkte wirkenden wagrechten Kräfte T auf den untern Längsverband erfolgt durch steife Halbrahmen A D E B (Fig. 68). Es entstehen hierdurch Biegungsmomente $M = T y$ im Querschnitt y des Ständers, und

$$M = C x - T e = T \left(\frac{h x}{b} - e\right)$$

im Querschnitt x des untern Querpfostens (Querträgers), dessen Achse um e oberhalb des Längsverbandes liegt.

Falls auch die Streben der Hauptträger steif ausgeführt sind und in vollkommen fester Verbindung mit den Querpfosten stehen, so übernehmen sie einen Theil der von den Ständern zu leistenden Arbeit, wie dies früher auf S. 54 näher ausgeführt worden.

Die Kraft T ist bei gleichmässiger Belastung w, gleich weiten Feldern c und gleich steifen Rahmen i. A. konstant, $T = w\,c$; nur für die Endrahmen wird $T = \frac{w\,c}{2}$, wobei deren Steifigkeit nur halb so gross wie die der Zwischenrahmen vorausgesetzt ist. Bei ungleichartigen Verhältnissen tritt eine etwas geänderte Lastvertheilung ein, indem die Gurtungen der beabsichtigten ungleichen Durchbiegung der Rahmen widerstreben und die schwächeren Rahmen auf Kosten der stärkeren zum Theil entlasten. Die neue Lastvertheilung und die entsprechenden Gurtbeanspruchungen könnten mittels der Theorie des kontinuirlichen Balkens auf beweglichen Stützen (siehe S. 60) berechnet werden; doch dürfte zu derartigen umständlichen Rechnungen wohl nie ein praktisches Bedürfniss vorliegen.

β) Geschlossene Brücken. Wenn die Rücksicht auf den erforderlichen Lichtraum eine obere Querverbindung der beiden Hauptträger gestattet, so werden die Querverbände als steife Vollrahmen A B D E (Fig. 69) ausgeführt. Unter dem Einfluss einer auf den obern Knotenpunkt B einwirkenden wagrechten Kraft T entstehen unten bei D und E die Reaktionen T (wagrecht) und $C = T\,h : b$, nach oben bezw. unten gerichtet. Die 4 Rahmenstäbe werden S-förmig verbogen und zwar liegen, wenn man von dem geringen Einfluss der Stabdehnungen absieht, die Inflexionspunkte der beiden Querpfosten naturgemäss in Stabmitte, die der Ständer in gleicher Höhe h_u über dem untern, und h_0 unter dem obern Stabende. Dementsprechend sind die Einspannungsmomente an den obern Eckpunkten A und B von gleichem Absolutwerth ($= M_0$), desgl. die

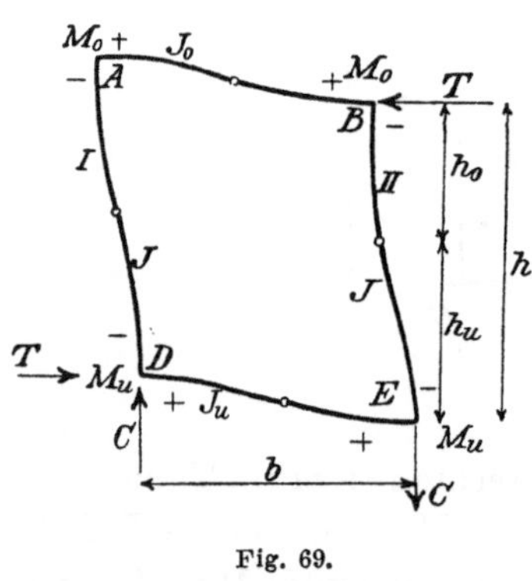

Fig. 69.

an den untern Eckpunkten D und E ($=M_u$). Die Vorzeichen von M_0 und M_u für die einzelnen Stabenden sind in Fig. 69 eingeschrieben. Das Gleichgewicht der Momente erfordert

$$M_0 = \frac{T h_0}{2}, \quad M_u = \frac{T h_u}{2} = \frac{T(h - h_0)}{2} = \frac{T h}{2} - M_0.$$

Zur Bestimmung der einzigen Unbekannten M_0 dient nun die Gleichung: Aenderung des Winkels BAD = Aenderung von ADE, d. h. $\Delta BAD = \Delta ADE$. Unter Benutzung der auf S. 5 aufgestellten Beziehungen erhält man

$$\frac{b(2M_0 - M_0)}{6EJ_0} + \frac{h(2M_0 - M_u)}{6EJ} = \frac{b(2M_u - M_u)}{6EJ_u} + \frac{h(2M_u - M_0)}{6EJ},$$

woraus, nach Einsetzen von $M_u = \frac{T h}{2} - M_0$, folgt

$$M_0 = \frac{T h}{2}\left(\frac{b}{J_u} + \frac{3h}{J}\right) : \left(\frac{b}{J_0} + \frac{6h}{J} + \frac{b}{J_u}\right).$$

Analog ist

$$M_u = \frac{T h}{2}\left(\frac{b}{J_0} + \frac{3h}{J}\right) : \left(\frac{b}{J_0} + \frac{6h}{J} + \frac{b}{J_u}\right)^{*)}.$$

Ausser den vorstehend entwickelten Nebenmomenten haben die Rahmenstäbe auch noch geringe Zug- bezw. Druckkräfte auszuhalten. Dieselben sind für den Kräfteplan der Fig. 69, in den Querpfosten $S = -\frac{T}{2}$, in den Ständern $S = \pm 2M_0 : b$.

Ferner sind Querkräfte Q zu übertragen, und zwar von den Ständern $Q = \frac{T}{2}$, vom obern Querpfosten $Q_0 = 2M_0 : b$ und vom untern Querpfosten $Q_u = 2M_u : b$.

Wenn $J_0 = 0$, d. h. wenn der obere Querpfosten kein nennenswerthes Trägheitsmoment besitzt, oder mittels Gelenken an die Ständer angeschlossen ist, wird $M_0 = 0$, $M_u = \frac{T h}{2}$.

---

*) Siehe auch Winkler, Die Querkonstruktionen der eisernen Brücken, S. 277 u. ff. Ein graphisch-analytisches Verfahren zur Berechnung der Querrahmen giebt Barkhausen in d. Ztschr. Deutsch. Ing. 1892, S. 421.

Wenn $J_u = 0$, wird $M_u = 0$, $M_0 = \frac{T h}{2}$.

Wenn $J_0 = J_u$, wird $M_0 = M_u = \frac{T h}{4}$.

Die grössten Nebenspannungen ergeben sich zu

$$\nu = \pm \frac{M}{W} + \frac{S}{F},$$

wo M den grössten Werth des auf einen Stab entfallenden Nebenmoments (M_0 oder M_u) bezeichnet.

Bei gegliederten Stäben (Gitterwerk, Fig. 70) ist $W = \frac{F t^2}{4 e}$ zu setzen,

wo F = Gesammtquerschnitt = Querschnitt beider Stabgurtungen,
t = deren Schwerpunktsabstand,
e = Abstand der äussersten Faser vom Schwerpunkt.

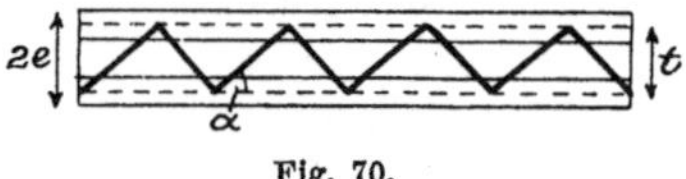

Fig. 70.

Die Gitterstäbchen haben die Querkräfte Q zu übertragen; die entsprechenden Spannungen sind $\nu = Q : f \sin\alpha$, unter f den Querschnitt und unter α die Neigung des Gitterstäbchens verstanden.

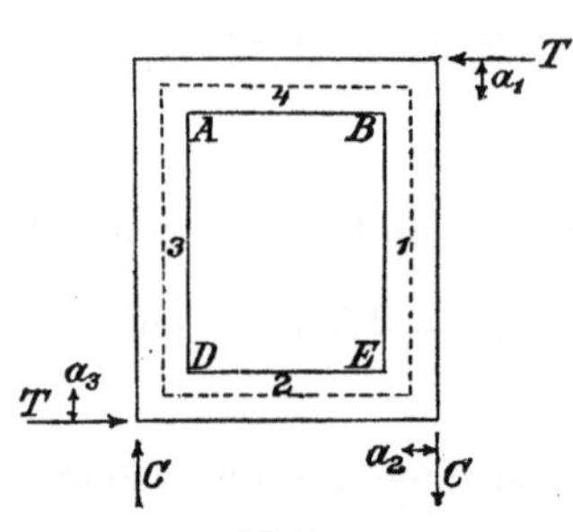

Fig. 71.

Bezüglich der bei steifen Hauptträger-Streben, die in fester Verbindung mit den Querpfosten stehen, eintretenden Verhältnisse siehe S. 54.

Besondere Beachtung erfordert der Fall, wo die Kräfte T und C nicht in den Achsen der Stäbe, sondern um a ausserhalb derselben (Fig. 71) angreifen. Es entstehen hierdurch in den Eckpunkten belastende Momente $\Pi = \mp T a_1$, $= \mp C a_2$ und $= \mp T a_3 \pm C a_2$, welche in den einzelnen Stäben weitere Nebenmomente und Nebenspannungen hervorrufen.

Betrachten wir den Einfluss eines einzigen Moments Π, das am Knotenpunkt B (Fig. 71) angreift. Dasselbe vertheilt sich zunächst auf die beiden anschliessenden Stäbe 1 und 4, und zwar annähernd im Verhältniss der Steifigkeitsziffern, $M_1 : M_4 = \frac{J_1}{s_1} : \frac{J_4}{s_4}$. Die übrigen Nebenmomente erhält man am einfachsten graphisch, nach Anweisung der Fig. 72. Die Rahmenstäbe werden in eine Gerade aufgebogen (vgl. die Ausführungen auf S. 16), auf der Senkrechten $B_1 B_4$ die Momente M_1 und M_4 nach oben und nach unten aufgetragen und die Linienzüge $B_1 K_1 K_2 K_3 0$ und $B_4 J_4 J_3 J_2 0$ durch die entsprechenden Festpunkte K und J gezogen. Die algebraischen Summen der Ordinaten der beiden Linienzüge stellen dann die Nebenmomente dar.

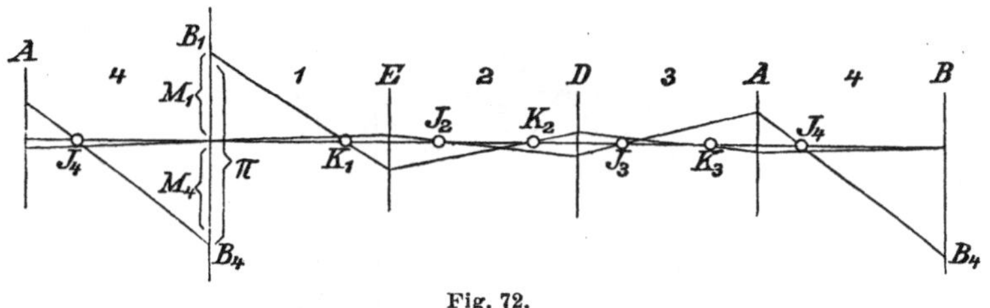

Fig. 72.

Bei gleichzeitiger Wirkung mehrerer Momente Π an den verschiedenen Eckpunkten sind die Einzelwirkungen für jedes Π gesondert zu ermitteln und sodann zusammenzuzählen.

Will man vollständig genaue Ergebnisse erhalten, so sind für jeden Eckpunkt die zugehörigen Gleichungen (A) und (B) (siehe S. 5) aufzustellen und sodann aus diesen 8 Gleichungen die 8 unbekannten Einspannungsmomente M zu ermitteln.

Was die Grösse der wagrechten Kraft T anbelangt, so ist dieselbe bei gleichmässiger Rahmensteifigkeit, $T = w c$. Bei ungleicher Steifigkeit vertheilt sich die gesammte wagrechte Belastung $w l$ auf die einzelnen Rahmen annähernd im Verhältniss von deren Steifigkeit. Sind die Endrahmen überwiegend steif, so übernehmen sie die gesammte Belastung; auf jeden derselben trifft $T = 0{,}5\, w l$. Dieser Betrag kann bei grösseren Brücken eine beträchtliche Höhe erreichen, so dass die Endrahmen zur Vermeidung übermässiger Spannungen und Deformationen sehr kräftig, bezw. sehr breit, ausgeführt werden müssen. Dies führt vielfach zu gegliederten Rahmenstäben, wobei u. U. veränderliche Stabbreiten ausgeführt werden (Fig. 73). Die Berechnung solcher Rahmen kann annähernd mit Hülfe der bisherigen Formeln erfolgen, wenn man für

J schätzungsweise jeweils einen Mittelwerth einführt. Zur genauen Berechnung dient das Prinzip der virtuellen Geschwindigkeiten. Das Stabsystem des Rahmens ist dreifach statisch unbestimmt. Durch Entfernen dreier Stäbe, X' X'' X''' in Fig. 73, wird dasselbe statisch bestimmt; mit $\mathfrak{S}$ mögen die Stabkräfte bezeichnet werden, welche in diesem statisch bestimmten Systeme durch die äussern Kräfte T und C hervorgerufen würden. Ferner seien X' X'' X''' die Stabkräfte der 3 überzähligen Stäbe, $\mathfrak{s}'$ die jeweilige Stabkraft, die im statisch bestimmten Systeme durch die Einwirkung zweier gleichen und entgegengesetzten Kräfte $X' = 1$ erzeugt würde, $\mathfrak{s}''$ und $\mathfrak{s}'''$ die analogen Stabkräfte bei der Einwirkung von $X'' = 1$ und

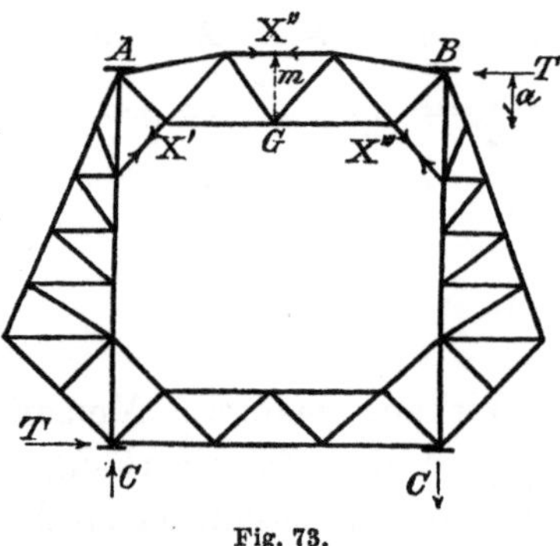

Fig. 73.

$X''' = 1$. Die wirkliche Kraft eines beliebigen Stabs kann dann gesetzt werden $S = \mathfrak{S} + X'\mathfrak{s}' + X''\mathfrak{s}'' + X'''\mathfrak{s}'''$. Die Stabkräfte X' X'' X''' der überzähligen Stäbe ergeben sich schliesslich aus den 3 Gleichungen:

$$0 = \Sigma \frac{\mathfrak{s}'(\mathfrak{S} + X'\mathfrak{s}' + X''\mathfrak{s}'' + X'''\mathfrak{s}''')\,s}{E\,F} + \Sigma\,\mathfrak{s}'\,\omega\,t\,s,$$

$$0 = \Sigma \frac{\mathfrak{s}''(\mathfrak{S} + X'\mathfrak{s}' + X''\mathfrak{s}'' + X'''\mathfrak{s}''')\,s}{E\,F} + \Sigma\,\mathfrak{s}''\,\omega\,t\,s,$$

$$0 = \Sigma \frac{\mathfrak{s}'''(\mathfrak{S} + X'\mathfrak{s}' + X''\mathfrak{s}'' + X'''\mathfrak{s}''')\,s}{E\,F} + \Sigma\,\mathfrak{s}'''\,\omega\,t\,s.$$

Der Vollständigkeit wegen wurde in vorstehenden Gleichungen auch noch der Einfluss von Temperaturänderungen t zum Ausdruck gebracht.

In der Regel genügt es, in den Summen nur die Randstäbe zu berücksichtigen.

Ausser den Stabkräften S und den entsprechenden Spannungen S : F sind bei den üblichen festen Nietverbindungen auch noch die im ersten Kapitel behandelten Zwängungsspannungen in Betracht zu ziehen.

Besondere Endrahmen werden unnöthig, sobald der obere Längsverband seitliche Stützung an Portalen, von Eisen oder Stein (I Fig. 19), findet und seine Auflagerdrücke T unmittelbar an die

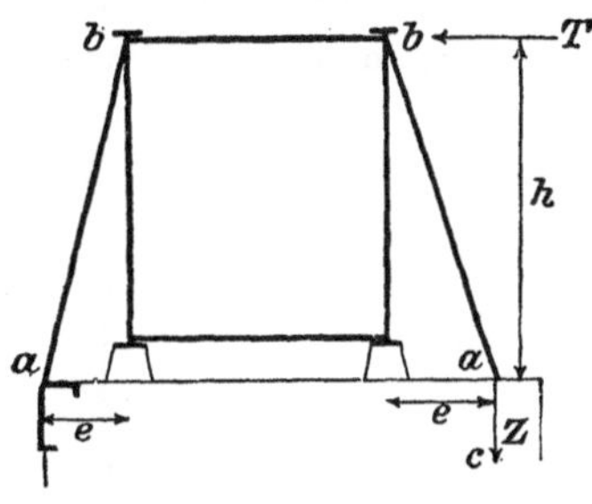

Fig. 74.

Widerlager abgeben kann. Die Ueberführung der Kraft T auf das Widerlager kann auch durch besondere Streben (a b der Fig. 74) erfolgen. Mit Rücksicht auf die Längsbewegungen der Punkte b gegenüber a sind bei a und b Gelenke auszuführen, falls nicht die Streben a b so geringes Trägheitsmoment besitzen, dass sie sich ohne wesentlichen Zwang den Bewegungen anschmiegen können. Bei a sind Verankerungen a c erforderlich, um die Zugkräfte Z aufzunehmen. Dieselben haben in max. den Werth $Z = T h : 2 e$, wenn die Streben auch zur Aufnahme von Druckkräften geeignet sind; andernfalls ist $Z = T h : e$.

Derartige Strebenanordnungen können u. U. bei älteren Brücken mit schwachen Endrahmen in Betracht kommen, wo eine nachträgliche Verstärkung der Endrahmen geboten erscheint.

7. Nebenspannungen in Folge einseitiger Strebenbefestigung.

a) Hauptträger.

Die Streben und Ständer der Hauptträger kleiner Brücken werden sehr häufig einseitig an die Gurtungen befestigt, so dass ihre Achsen ausserhalb der die Gurtungsachsen enthaltenden Trägerebene liegen (Fig. 75).

Es entstehen hierdurch Momente D z und V y, welche die Streben und Ständer sowie die anschliessenden Stäbe der Quer- und Längsverbände verbiegen und u. U. auch verwinden. Im Folgenden

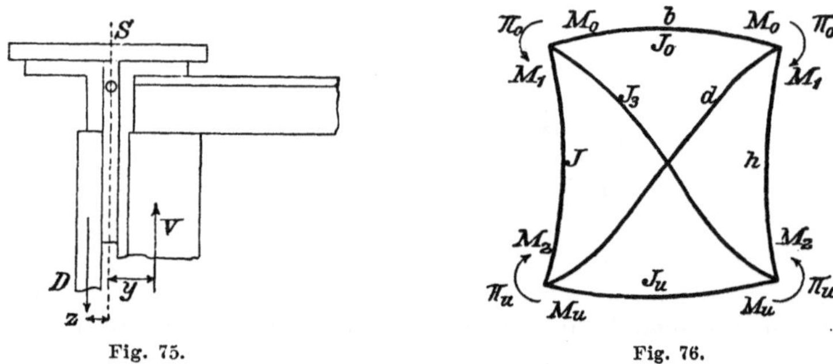

Fig. 75. Fig. 76.

sollen die bei Parallelträgern eintretenden Verhältnisse näher untersucht werden. Die verbiegenden Momente sind in diesem Falle $\Pi = D \sin\delta \cdot z + V y$ in den Ebenen der Querverbände, und $\Pi' = D \cos\delta \cdot z$ in den Ebenen der Längsverbände.

α) Geschlossene Brücken. Sieht man von dem meist geringen Widerstand der Streben der Hauptträger, Längsverbände und Querverbände ab, so müssen die 4, an den Ecken eines Querverbands wirkenden Momente Π_0 und Π_u ausschliesslich von den 4 Rahmenstäben aufgenommen werden. Die entsprechenden Nebenmomente M_1 M_2 M_0 und M_u der Stabenden können annähernd*) gesetzt werden:

$$M_0 = \Pi_0 \frac{J_0}{b} : \left(\frac{J_0}{b} + \frac{J}{h}\right), \quad M_1 = \Pi_0 \frac{J}{h} : \left(\frac{J_0}{b} + \frac{J}{h}\right),$$

*) Die genauen Werthe der Nebenmomente werden nach dem auf S. 97 angegebenen Verfahren erhalten.

$$M_u = \Pi_u \frac{J_u}{b} : \left(\frac{J_u}{b} + \frac{J}{h}\right), \quad M_2 = \Pi_u \frac{J}{h} : \left(\frac{J_u}{b} + \frac{J}{h}\right),$$

wobei die Momente Π_0 und Π_u im Verhältniss der Steifigkeitsziffern auf die Stäbe vertheilt wurden. Sind die Querverband-Streben steif konstruirt (J_s), so ist ähnlich

$$M_0 = \Pi_0 \frac{J_0}{b} : \left(\frac{J_0}{b} + \frac{J}{h} + \frac{3\,J_s}{d}\right), \quad M_1 = \Pi_0 \frac{J}{h} : \left(\frac{J_0}{b} + \frac{J}{h} + \frac{3\,J_s}{d}\right),$$

$$M_3 = \Pi_0 \frac{3\,J_s}{d} : \left(\frac{J_0}{b} + \frac{J}{h} + \frac{3\,J_s}{d}\right) \text{ u. s. w.}$$

Der Faktor 3 bei J_s wurde mit Rücksicht auf die S-förmige Krümmung der Streben (siehe Fig. 76) eingesetzt, welche dreifach grössere Einspannungsmomente für den gleichen Verdrehungswinkel erfordert als eine gleichmässige Krümmung. Wenn auch noch der Einfluss der Steifigkeit der Hauptträger-Streben berücksichtigt werden soll, so kann dies näherungsweise analog dem auf S. 54 angegebenen Verfahren erfolgen. Statt J ist $J_1 + \frac{1}{2} \Sigma J_2 \sin^3 \delta$ in vorstehende Formeln einzuführen, wo J_1 = Trägheitsmoment des Ständers, J_2 = jeweiliges Trägheitsmoment der anstossenden Streben, δ = Neigungswinkel der Streben. Die Nebenspannung des Ständers wird $\nu_1 = M\,e_1 : \left(J_1 + \frac{1}{2} \Sigma J_2 \sin^3 \delta\right)$, die einer Strebe

$$\nu_2 = M\,e_2 \sin^2 \delta : \left(J_1 + \frac{1}{2} \Sigma J_2 \sin^3 \delta\right).$$

Die Momente Π' werden, wenn man auch hier den Einfluss der Streben vernachlässigt, ausschliesslich von den Querpfosten des Längsverbands (M_r) und von den Gurtungen (M_g) aufgenommen. Man erhält ähnlich wie vorher (siehe Fig. 77) die Näherungswerthe

$$M_g = \Pi' \frac{3\,J_g}{c} : \left(\frac{6\,J_g}{c} + \frac{J_r}{b}\right), \quad M_r = \Pi' \frac{J_r}{b} : \left(\frac{6\,J_g}{c} + \frac{J_r}{b}\right).$$

Bezüglich der Hauptträgerstreben war bis jetzt stillschweigend vorausgesetzt worden, dass sie in vollkommen festem Zusammenhang mit den anstossenden Stäben stehen und sich an den Knotenpunkten dementsprechend verbiegen. Bei dünnen Stegen oder Knotenblechen ist jedoch u. U. diese Voraussetzung gar nicht oder nur unvollkommen erfüllt. Im Grenzfall (Fig. 78), wo sich die Strebe unabhängig von den übrigen Stäben vollkommen frei drehen kann, verringern sich die Momente Π und Π' auf $\Pi = \mathrm{D} \sin \delta \cdot z_1 + \mathrm{V}\, y$ und $\Pi' = \mathrm{D} \cos \delta \cdot z_1$. Der übrige Theil $\mathrm{D}\, z_2$ wird ausschliesslich von der Strebe aufgenommen. Wenn die

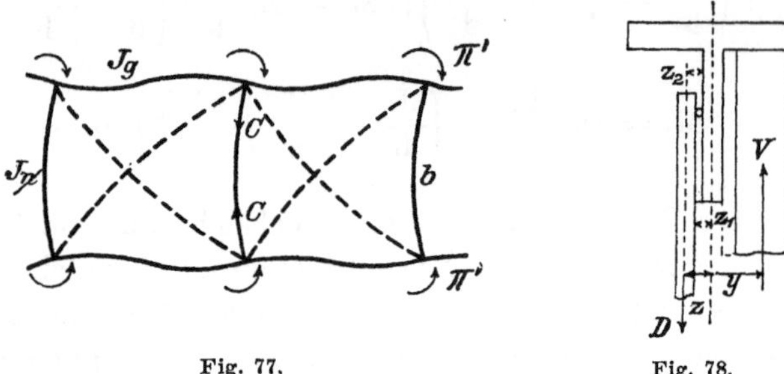

Fig. 77. Fig. 78.

Strebe als Flacheisen ausgeführt ist, so hat sie i. A. nicht die Kraft, sich gegenüber dem Widerstand des Knotenblechs vollkommen frei zu drehen. Sie übernimmt nur einen Theil des Moments $\mathrm{D}\, z_2$, der mit M_0 bezeichnet werden möge; für die Quer- und Längsverbände verbleibt dann $\Pi = \mathrm{D} \sin \delta\, z + \mathrm{V}\, y - \mathrm{M}_0 \sin \delta$ und $\Pi' = \mathrm{D} \cos \delta\, z - \mathrm{M}_0 \cos \delta$. Der Werth von M_0 kann nicht exakt berechnet werden. Er liegt zwischen den Grenzen 0 und $\mathrm{D}\, z_2$ und ist den Verhältnissen des besondern Falls entsprechend abzuschätzen.

Die den vorstehend ermittelten Nebenmomenten entsprechenden Nebenspannungen sind u. U. sehr bedeutend, namentlich bei flachen Streben, die an dünnen Knotenblechen befestigt sind. Sie werden um so kleiner, je kräftiger die Rahmen ausgebildet sind und je vollkommener die Streben gezwungen werden, sich den Deformationen der Rahmen anzuschmiegen. Am vortheilhaftesten ist es jedenfalls, die Nebenmomente vollständig zu vermeiden, dadurch dass man sämmtliche Stabachsen in der Trägerebene anordnet.

Anmerkung. Man kann die einseitige Strebenbefestigung bezw. die hierdurch hervorgerufenen Nebenmomente dazu benutzen, den Momenten, die bei belasteten Querträgern entstehen (siehe S. 52), entgegen zu arbeiten. Es geschieht dies dadurch, dass man bei unten liegender Fahrbahn die Zugstreben nach innen, die Druckständer nach aussen legt und bei Fahrbahn oben umgekehrt verfährt. Beispielsweise kommt im Grenzfalle $\mathrm{J} = 0$, d. h. wenn das Trägheitsmoment der Ständer und Streben gegenüber dem des Querträgers vernachlässigt werden kann, das ganze Moment $\Pi = D \sin\delta z + V y$ als Einspannungsmoment des Querträgers zur Geltung (Fig. 79).

Für die Querträger erwächst aus einer solchen excentrischen Anordnung in normalen Fällen stets ein Vortheil, da gleichzeitig mit den Belastungen P immer auch Kräfte V und D und die entsprechenden Einspannungsmomente auftreten. Bezüglich der Streben und Ständer ist jedoch auch der Fall ins Auge zu fassen, wo bei sonst belasteter

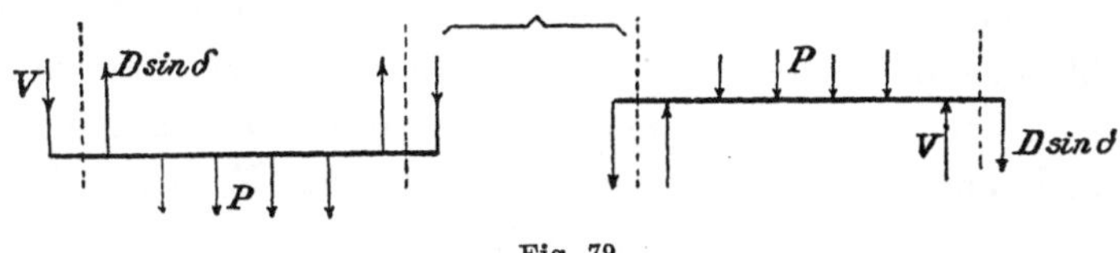

Fig. 79.

Brücke gerade der zugehörige Querträger ohne Belastung bleibt, und somit das Gegengewicht gegen das Moment Π fehlt. Man hat dann künstlich eine Mehrbeanspruchung geschaffen, die unter ungünstigen Umständen die grössten Beanspruchungen bei centrischer Anordnung überschreiten kann. Die einseitige Befestigung der Wandstäbe sollte i. A. auf kleine Brücken beschränkt bleiben und nur in solchen Fällen zur Ausführung gelangen, wo die theoretischen Stabquerschnitte sehr klein sind und ohne beträchtlichen Mehraufwand eine centrische Befestigung (Trennung in 2 Hälften) nicht zulassen.

β) Offene Brücken. Wir setzen zunächst voraus, dass die aus den Ständern und untern Querpfosten (Querträgern) bestehenden Halbrahmen übermässige Steifigkeit besitzen und unter dem Einfluss der einwirkenden Kräfte keine nennenswerthen Deformationen erleiden. Die Hauptträger seien Parallelträger mit innenliegenden Ständern. Die Nebenmomente sind in den Ständern $M_1 = -\Pi_0$ und $M_2 = -\Pi_0 + C h$, in den Querpfosten $M_u = +\Pi_u - \Pi_0 + C h$ (Fig. 80) und in den Gurtstäben annähernd $M_g = \pm \frac{1}{2} \Pi'$. Mit C sind vorstehend die Kräfte bezeichnet, welche die obere Gurtung in Folge ihrer wagrechten Verbiegung (siehe Fig. 77) auf die obern Knoten der Ständer ausübt. Dieselben werden bei geschlossenen Brücken durch die oberen Querpfosten aufgenommen, wo sie ihrer Kleinheit wegen unbedenklich vernachlässigt werden dürfen. Mit Hülfe der Theorie der kontinuirlichen Balken erhält man für den r^{ten} Knotenpunkt

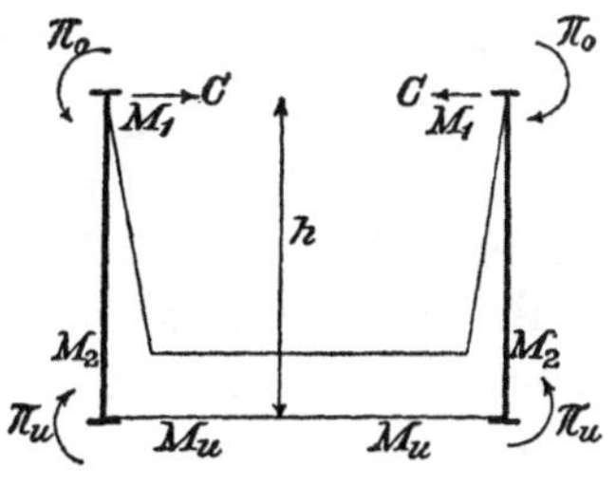

Fig. 80.

$C_r = \frac{1}{2}\left(\Pi'_{r-1} - \Pi'_{r+1}\right) : c$, wenn man als Stützenmomente die Näherungswerthe $\pm \frac{1}{2}\,\Pi'$ einführt. Für den Endständer ist

$$C_0 = -\left(\Pi'_0 + \frac{1}{2}\,\Pi'_1\right) : c.$$

Wenn die Deformationen der Halbrahmen nicht verschwindend klein vorausgesetzt werden dürfen, so ändern sich die Werthe von C und M_g der obern Gurtungen. Im theoretischen Grenzfall, wo die Rahmen den Deformationen der obern Gurtungen gar keinen Widerstand entgegensetzen, wird $C = 0$ und M_g im r^{ten} Felde $= \sum\limits_0^r \Pi'$. Für beliebige Zwischenfälle erhält man die Werthe von C und M_g, indem man zunächst für $C = 0$ und $M_g = \sum\limits_0^r \Pi'$ die Deformationen der Gurtung und der Rahmen, und deren jeweiligen Unterschied Δ_r am r^{ten} Knotenpunkt ermittelt, sich sodann die deformirte Gurtung in die deformirten Rahmen eingezwängt denkt, und schliesslich den endgültigen Gleichgewichtszustand nach der Theorie des kontinuirlichen Balkens auf elastischen Stützen bestimmt.

In praxi wird zu derartigen umständlichen Berechnungen wohl nie ein Bedürfniss vorliegen.

b) Längsverbände.

Die Streben und Ständer der Längsverbände werden fast in allen Fällen einseitig an die Knotenbleche befestigt. Ausserdem sind auch noch die Knotenbleche vielfach ausserhalb der Gurtungsachsen angebracht. Die entsprechenden Nebenmomente werden ähnlich wie unter (a) berechnet. Wenn die Streben in vollkommen festem Zusammenhang mit den anstossenden Stäben (Gurtungen, Querpfosten) stehen, so werden die Excentricitätsmomente fast vollständig von den überwiegenden Querschnitten der Rahmen und der Gurtungen aufgenommen, wo sie bei ihrer verhältnissmässigen Kleinheit nur geringe Nebenspannungen hervorrufen. Ausgenommen sind selbstverständlich Brücken von sehr grosser Spannweite, bei denen die Längsverbände bedeutende Kräfte zu übertragen haben. Hier ist eine centrische Anordnung der Knotenbleche und der Strebenbefestigung angezeigt.

Die Nebenspannungen ξ.

a) Allgemeines.

Nach den in der Einleitung zu Abschnitt II gegebenen Ausführungen entsprechen die Nebenspannungen ξ eines Stabs den durch die Stabdeformation bedingten Vergrösserungen der Hebelsarme der Grundkraft S. Wir können uns die ξ auf folgende Weise entstanden denken. Unter dem Einfluss der Nebenspannungen ν und einseitiger Erwärmung ändert der Stab seine ursprüngliche Gestalt; die Stabachse geht i. A. in eine Kurve doppelter Krümmung über, da in beiden Hauptebenen des Stabs Nebenmomente auftreten können. Auf diese deformirte Stabachse wirkt nun die Grundkraft S ein, wodurch die Achse weitere Verbiegungen erleidet; die hierdurch hervorgerufenen Aenderungen der Spannungen sind die gesuchten Nebenspannungen ξ. Dieselben sind transcendente Funktionen der Grundkraft S und somit letzterer nicht proportional. Für kleine S : J verschwinden sie neben den Nebenspannungen ν; mit wachsendem Verhältniss S : J gewinnen sie an Bedeutung. Hierbei ist das Verhalten der Zugstäbe und der Druckstäbe wesentlich verschieden.

Bei Zugstäben sucht die Grundkraft S den durch die Nebenspannungen ν gebogenen Stab möglichst wieder gerade zu strecken, soweit dies die vorgeschriebenen Einspannungswinkel α gestatten. Der Stab wird hierdurch in der Mitte flacher, an den Enden gekrümmter; die Nebenspannungen ξ wirken demgemäss in der Mitte den Spannungen ν entgegengesetzt, an den Enden im gleichen Sinne. Wenn nun die Spannungen ν, wie dies bei den gewöhnlichen Zwängungsspannungen der Fall ist, an den Stabenden ihre grössten Werthe besitzen, so sind die Endquerschnitte die gefährlichsten Querschnitte, die Nebenspannungen ξ wirken ungünstig*). Doch ist die Grösse der ξ bei den üblichen Querschnittsformen (nicht allzu kleines Trägheitsmoment J) so gering, dass sie ohne Nachtheil vernachlässigt werden dürfen. (Siehe auch S. 128, wo die Grösse von ξ für den Grenzfall $J = 0$ ermittelt wird.)

*) Wenn bei unmittelbarer Belastung eines Stabs die grössten Spannungen ν in Stabmitte auftreten, dann wirken die Nebenspannungen ξ günstig, wie auf S. 73 näher dargelegt.

Bei Druckstäben sucht die Grundkraft S die anfängliche Ausbiegung zu verstärken; hierbei wird die Krümmung im mittleren Theil vergrössert und an den Stabenden meist verkleinert (Fig. 81, 1). ν und ξ sind dann in der Mitte von gleichem, an den Enden von verschiedenem Vorzeichen. Bei wachsendem S : J wird der Stab an den Enden gerade ($\nu + \xi = 0$) und geht dann in die entgegengesetzte, immer stärker werdende Krümmung über (Fig. 81, 2). Die Nebenspannungen ξ nehmen in beschleunigtem Maasse zu und erreichen für einen bestimmten Grenzwerth von S ($= S_0$) den theoretischen Werth „unendlich". Dieser Grenzwerth S_0 ist der gleiche wie bei einem

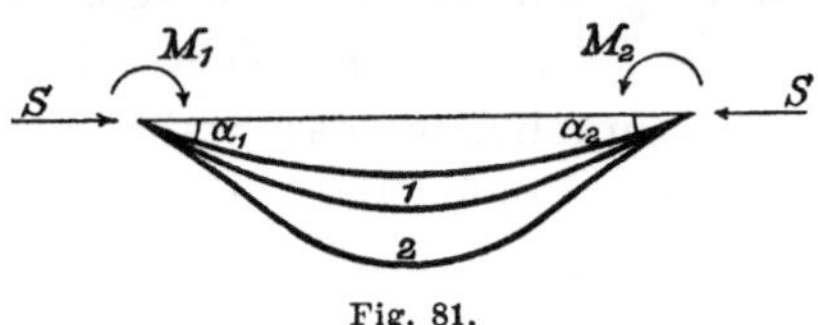

Fig. 81.

ursprünglich geraden und achsial gedrückten Stabe unter sonst gleichen Verhältnissen, d. h. gleich der „Knickkraft" des geraden Stabs. In beiden Fällen ist der labile Gleichgewichtszustand zwischen den äussern und innern Kräften, d. h. zwischen Last und Elasticitätswiderstand erreicht. Bei unbeschränkter Festigkeit des Materials wäre die Knickkraft S_0 identisch mit der Tragfähigkeit des Stabs. Thatsächlich bleibt jedoch letztere in den vorkommenden Fällen stets mehr oder weniger weit unterhalb S_0, da die Festigkeitsbedingung max. $(\sigma + \nu + \xi) = K$ (Festigkeit) früher erreicht wird als die Gleichgewichtsbedingung $S = S_0$*).

Die bei allmählich anwachsender Belastung für einen gegebenen Stab eintretenden Verhältnisse sind in den Fig. 82 und 83 veranschaulicht, für den Fall, dass die Nebenspannungen ν in den Endquerschnitten nicht grösser sind als in den mittleren Querschnitten. Der Bruch muss dann mit Rücksicht auf die Spannungen ξ in einem mittleren Querschnitte erfolgen. Als Abscissen sind die den Belastungen proportional ansteigenden Stabkräfte, als Ordinaten die zugehörigen grössten Spannungen des Bruchquerschnitts (Grundspannungen σ, Nebenspannungen ν und ξ) aufgetragen. Die Linie σ

*) Ganz allgemein ist dies nicht richtig, da sehr biegsame Stäbe ausknicken können, ohne zu brechen. Derartige Fälle kommen jedoch bei Fachwerkstäben nicht in Betracht.

(III) stellt eine Gerade dar; die Linie $\sigma + \nu$ (II) ist, sofern sich ν stets auf den gleichen Punkt des Querschnitts bezieht*), innerhalb Elasticitätsgrenze gerade, ausserhalb derselben flach gekrümmt, mit der Höhlung nach unten. Die Linie $\sigma + \nu + \xi$ (I) weicht erst von einer bestimmten Abscisse an merkbar von der Linie $\sigma + \nu$ ab; sie krümmt sich nach oben und nähert sich asymptotisch der durch $x = S_0$ (Knickkraft) gehenden Lothrechten. Nach Ueberschreitung der Elasticitätsgrenze nehmen die ξ verhältnissmässig rascher zu, während die Nebenspannungen ν i. A. ein entgegengesetztes Verhalten zeigen.

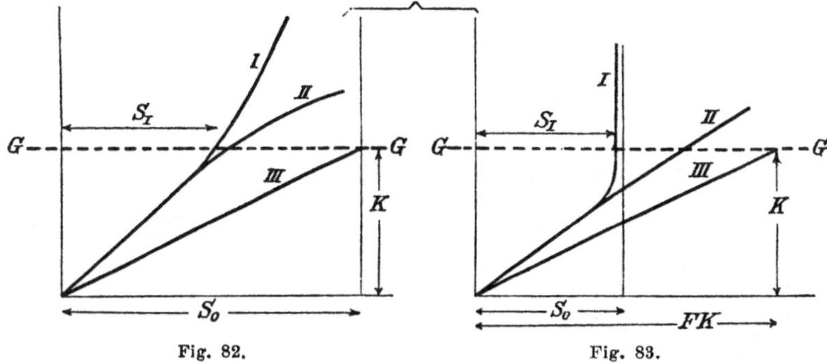

Fig. 82. Fig. 83.

Schneidet man die Linie I durch eine wagrechte Gerade G G im Abstand K von der Abscissenachse, so giebt die Abscisse des Schnittpunkts die Tragfähigkeit S_I des Stabs.

In Fig. 82, wo ein grosses Trägheitsmoment, bezw. eine hohe Knickkraft S_0 vorausgesetzt ist, wird die Tragfähigkeit S_I im Wesentlichen nur durch σ und ν bedingt; die Nebenspannungen ξ sind

*) Diese Voraussetzung trifft bei ebenen Kräfteplänen, wo die deformirte Stabachse in einer Ebene liegt, stets zu. Bei räumlichen Kräfteplänen hängt die Stelle der grössten Gesammtspannung i. A. von der Grösse der Stabkraft S ab. Mit wachsendem S ändert sich die Lage der in Betracht zu ziehenden Faser; die entsprechende Spannung ν kann daher i. A. nicht proportional S sein, und die Linie $\sigma + \nu$ keine Gerade darstellen. Beispielsweise wird ein Stab von kreuzförmigem Querschnitt, dessen lothrechte Arme wesentlich länger sind als die wagrechten, und der hauptsächlich in der lothrechten Ebene Nebenmomente auszuhalten hat, anfänglich in den äussersten Fasern der **lothrechten** Arme am stärksten beansprucht. Bei weiterem Anwachsen der Druckkraft S tritt ein Ausbiegen und schliesslich ein Ausknicken in der wagrechten Ebene ein, wobei die stärksten Spannungen in den äussersten Fasern der **wagrechten** Arme stattfinden.

ohne Bedeutung. In Fig. 83 (kleines Trägheitsmoment, kleine Knickkraft S_0) erreicht S_I nahezu den Werth von S_0; hier sind die Nebenspannungen ν ohne wesentlichen Einfluss auf die Tragfähigkeit.

Die Fig. 84 und 85 beziehen sich auf den Fall, wo die Nebenspannungen ν der mittleren Querschnitte kleiner sind als die der Endquerschnitte. Es kann dann je nach den Verhältnissen der Bruch in einem Endquerschnitt (Fig. 84) oder in einem mittleren Querschnitt (Fig. 85) eintreten. Linie I stellt wie früher die grösste Gesammtspannung des mittleren Querschnitts, I_1 und I_2 die Gesammtspannungen der beiden äussersten Fasern 1 und 2 des betr. Endquerschnitts dar. Wenn für letzteren ν und ξ entgegengesetztes

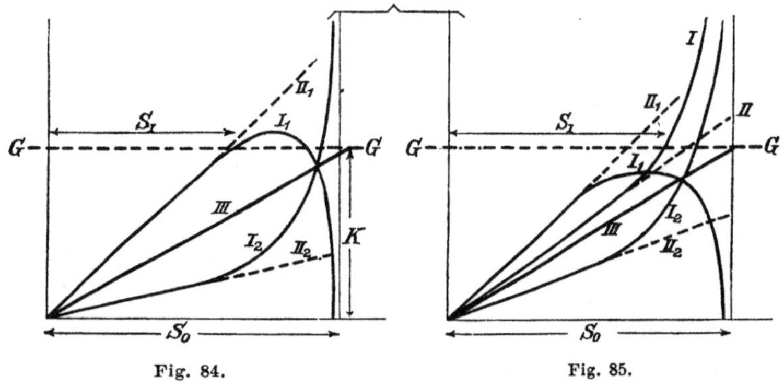

Fig. 84. Fig. 85.

Vorzeichen haben, so wirkt ξ anfänglich mindernd auf die Gesammtspannung der ursprünglich gefährlichsten Faser 1 und nimmt dann negative, bis zu $-\infty$ ansteigende Werthe an. Bei Faser 2 liegen die Verhältnisse umgekehrt. Sofern, wie in Fig. 84, der Endquerschnitt Bruchquerschnitt ist, wirken die Spannungen ξ günstig. Man erhält daher bei Vernachlässigung der ξ (Linie II_1) einen etwas zu ungünstigen Werth für die Tragfähigkeit S_I. Tritt der Bruch in einem mittleren Querschnitt ein (Fig. 85), so wirken die Nebenspannungen ξ ungünstig; die Verhältnisse sind die gleichen, wie früher in den Fig. 82 und 83 dargestellt. Da nach der gemachten Voraussetzung die Nebenspannungen ν des mittleren Bruchquerschnitts kleiner als die des Endquerschnitts ($=\nu_1$)sind, so kann es unter Umständen (siehe Fig. 85) sich ereignen, dass die wirkliche Gesammtspannung $\sigma+\nu+\xi$ des mittleren Bruchquerschnitts (Linie I) kleiner ist als die ohne Rücksicht auf die Spannung ξ berechnete Spannung $\sigma+\nu_1$ des Endquerschnitts (Linie II_1). In solchen Fällen erhält man bei Vernachlässigung der Spannungen ξ gleichfalls etwas zu kleine Werthe für die Tragfähigkeit S_I.

Wenn der Bruch in einem Endquerschnitt erfolgt, und ν und ξ gleiches Vorzeichen haben, so wirkt ξ stets ungünstig; die einschlägigen Verhältnisse werden durch Fig. 82 und 83 dargestellt.

Bevor auf die Bestimmung der Tragfähigkeit näher eingegangen wird, soll zunächst deren theoretischer Grenzwerth, d. h. die Knickkraft S_0, festgestellt werden.

Bestimmung der Knickkraft S_0.

Die Knickkraft gerader Stäbe konstanten Querschnitts mit frei drehbaren Enden und der Länge l ist nach der bekannten Euler'schen Gleichung

$$S_0 = \frac{\pi^2 E J}{l^2}.$$

Hieraus ergiebt sich die Knickfestigkeit

$$K_0 = \frac{S_0}{F} = \frac{\pi^2 E J}{F l^2} = \frac{\pi^2 E i^2}{l^2} = \frac{\pi^2 E}{\lambda^2},$$

wo $i = \sqrt{J : F}$ = Trägheitsradius, $\lambda = l : i$ = specifische Länge. Vorstehende Formeln können auch auf Stäbe mit ganz oder theilweise eingespannten Enden angewendet werden, falls man unter l die Entfernung der Inflexionspunkte U (Fig. 86) der elastischen Linie, d. h. die sogenannte freie Länge des Stabs einführt. Ueber die Ermittlung der freien Länge l siehe später (S. 117).

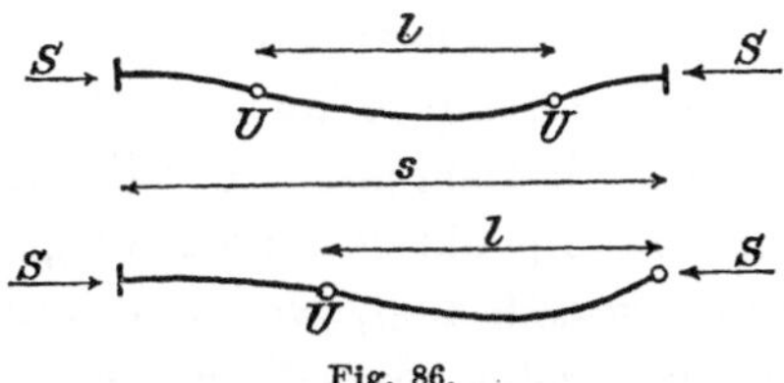

Fig. 86.

Die Euler'sche Gleichung ist an das Elasticitätsgesetz $\sigma = E\varepsilon$, Spannung σ proportional der Dehnung ε, gebunden. Ausserhalb der Elasticitätsgrenze, d. h. sobald sich die Knickfestigkeit K_0 grösser als der Grenzwerth G ergeben würde, liefert die Euler'sche Gleichung zu günstige Ergebnisse, da hier die Formänderungen und somit auch die Biegungsmomente grösser ausfallen, als bei ihrer Ableitung vorausgesetzt wurde. Man kann diesem Umstande dadurch Rechnung tragen, dass man den Elasticitätsmodul E durch den „Knickmodul" T ersetzt; man erhält dann

$$S_0 = \frac{\pi^2 \, T \, J}{l^2} \text{ und } K_0 = \frac{\pi^2 \, T}{\lambda^2}.$$

(Siehe Hannöv. Zeitschr. 1889, S. 455).

Zur Erläuterung und Begründung dieses Ausdrucks gehen wir von der Arbeitslinie des Materials (Fig. 87) aus, deren Abscissen die Dehnungen ε und deren Ordinaten die zugehörigen Spannungen σ darstellen. Punkt g entspricht der Elasticitätsgrenze, q der Quetschgrenze (Streckgrenze) und k der Festigkeitsgrenze. Die Strecke Og

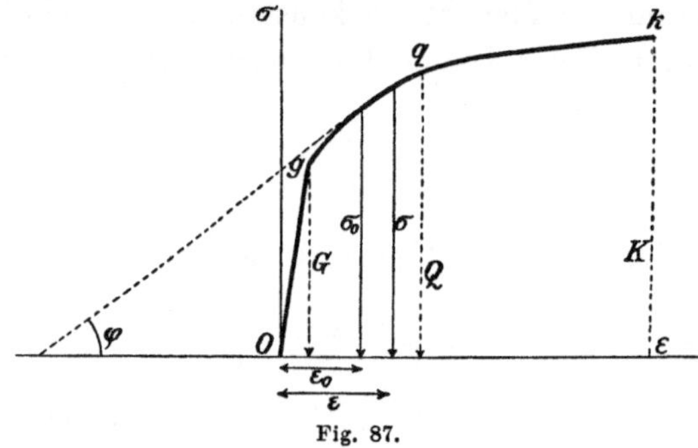

Fig. 87.

ist gerade; bei q ist gewöhnlich ein Knick vorhanden. Ausserhalb q nehmen die Dehnungen sehr rasch zu; es findet ein „Fliessen" des Materials statt.

Wir denken uns nun den Stab um die sehr kleine Grösse δ seitlich ausgebogen und suchen diejenige Druckkraft S_0, welche im Stand ist, den Stab in dieser Ausbiegung zu erhalten. Unter der Annahme, dass die Stabquerschnitte auch nach der Biegung noch Ebenen bilden, lässt sich die Dehnung eines Faserelements, das um v von der durch den Schwerpunkt gehenden Biegungsachse entfernt ist, ausdrücken durch $\varepsilon = \varepsilon_0 + v : \varrho$, wo ε_0 = Dehnung des Achselements, ϱ = Krümmungsradius desselben. Aus Fig. 87 folgt für kleine Biegungen, d. h. für wenig von einander verschiedene Dehnungen

$$\frac{\sigma - \sigma_0}{\varepsilon - \varepsilon_0} = \frac{d\,\sigma}{d\,\varepsilon} = \operatorname{tg} \varphi, \text{ also } \varepsilon = \varepsilon_0 + \frac{\sigma - \sigma_0}{\operatorname{tg} \varphi} = \varepsilon_0 + \frac{\sigma - \sigma_0}{T},$$

wenn man $\operatorname{tg} \varphi$ mit T (Knickmodul) bezeichnet. Nach Einsetzen in obigen Ausdruck von ε erhält man $\sigma = \sigma_0 + \frac{T\,v}{\varrho}$.

Das Gleichgewicht der inneren Kräfte eines Querschnitts mit den äusseren Kräften verlangt:

$$S_0 = \int \sigma \, d F = \int \left(\sigma_0 + \frac{T v}{\varrho}\right) d F = \sigma_0 F,$$

da $\int v \, d F$ für die Schwerpunktsachse $= 0$,

$$\text{und } M = \int v \sigma \, d F = \int v \left(\sigma_0 + \frac{T v}{\varrho}\right) d F = \int \frac{T v^2}{\varrho} d F = \frac{T J}{\varrho}.$$

Vorstehende Gleichungen unterscheiden sich von den innerhalb der Elasticitätsgrenze gültigen nur dadurch, dass der Knickmodul T an die Stelle des Elasticitätsmoduls E getreten ist. Man kann somit die unter Voraussetzung des Elasticitätsgesetzes $\sigma = E \varepsilon$ abgeleiteten Gleichungen unmittelbar benutzen, wenn man E durch T ersetzt, wie dies oben geschehen ist.

Bei gegebener Arbeitslinie ist es nun leicht, für bestimmte Werthe der Spannung σ_0 (bezw. der Knickfestigkeit K_0) die zugehörigen Werthe von $T = \frac{d \sigma}{d \varepsilon}$ und sodann mit Hülfe der Gleichung $K_0 = \frac{\pi^2 T}{\lambda^2}$ die zugehörigen Längen $\lambda = \pi \sqrt{T : K_0}$ zu bestimmen.

Insbesondere für Eisen lässt sich die Beziehung zwischen K_0 und λ (Festigkeitslinie) in folgender Weise darstellen (Fig. 88). Von $K_0 = 0$ bis $K_0 = G$ gilt die Euler'sche Gleichung $K_0 = \frac{\pi^2 E}{\lambda^2}$.

Der zu $K_0 = G$ gehörige Werth von λ ist $\lambda_2 = \pi \sqrt{\frac{E}{G}}$.

Daran schliessen sich zwei Gerade, g q und q c. Bezeichnet man die Abscisse von deren Schnittpunkt q mit λ_1, so ist

von 0 bis λ_1, K_0 konstant $= Q =$ Spannung an der Quetschgrenze,

von λ_2 bis λ_1,

$$K_0 = G + \frac{Q - G}{\lambda_2 - \lambda_1} (\lambda_2 - \lambda).$$

Für Schweisseisen kann man setzen $\lambda_1 = 65$, $E = 2\,000\,000$, $Q = 2350$ klg/qcm, $G = 1500$ klg/qcm, $\lambda_2 = \pi \sqrt{\frac{2\,000\,000}{1\,500}} = 115$.

Die Gleichung von K_0 lautet sodann

von 0 bis 65, $K_0 = 2350$ klg,

- 65 - 115, $K_0 = 3455 - 17\,\lambda$,

- 115 - ∞, $K_0 = 20\,000\,000 : \lambda^2$.

Für Flusseisen ist im Mittel $\lambda_1 = 64$, $E = 2\,150\,000$, $Q = 2650$, $G = 2200$, $\lambda_2 = 94$

von 0 bis 64, $K_0 = 2650$ klg,

- 64 - 94, $K_0 = 3610 - 15\,\lambda$,

- 94 - ∞, $K_0 = 21\,500\,000 : \lambda^2$.

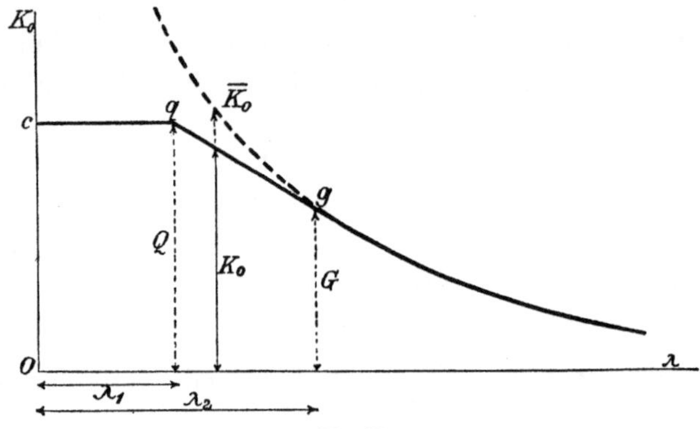

Fig. 88.

Denkt man sich die Euler'sche Linie über die Elasticitätsgrenze hinaus fortgesetzt (in Fig. 88 gestrichelt), so giebt das Verhältniss von deren Ordinaten $\overline{K}_0$ zu denen der wirklichen Festigkeitslinie ($= K_0$) gleichzeitig das Verhältniss $T : E$ an, d. h. es ist $T = E \cdot K_0 : \overline{K}_0 = K_0\,\lambda^2 : \pi^2$. Bezeichnet man das Verhältniss $T : E$ oder $K_0 : \overline{K}_0$ mit τ, so kann man auch schreiben $T = \tau\,E$.

Wenn ein Stab nach Fig. 89 in Fachwerk ausgeführt ist, so ist bezügl. der Bildebene die Knickkraft*)

$$S'_0 = S_0 \frac{1}{1 + \frac{K_0\,2\,F_1\,d^3}{E\,f\,h^2\,c}} + 2\,s_0 .$$

Es bezeichnet hierin S_0 die Knickkraft des entsprechenden vollen Stabs, dessen Querschnitt = Summe der Gurtquerschnitte $= 2\,F_1$, und dessen specifische Länge $\lambda = 2\,l : h$ ist.

K_0 die zugehörige Knickfestigkeit $= S_0 : 2\,F_1$,

f den Strebenquerschnitt,

s_0 die Knickkraft einer Gurtung bei der freien Länge l.

*) Siehe Centralblatt der Bauverwaltung 1891, S. 483.

Bei der Anordnung nach Fig. 90 ist in vorstehender Gleichung statt $\frac{d^3}{f}$ der Werth $\frac{d^3}{f} + \frac{h^3}{f_1}$ einzuführen, wo f_1 = Querschnitt der Querpfosten.

Unter gewöhnlichen Verhältnissen weicht die Knickkraft S'_0 nicht wesentlich von S_0 des vollen Stabs ab.

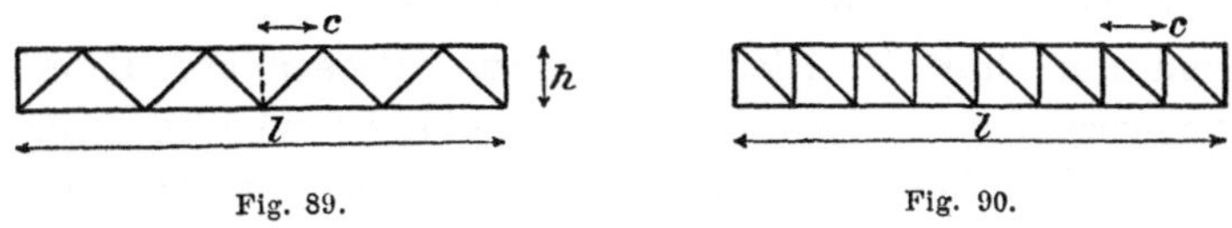

Fig. 89. Fig. 90.

Bisweilen werden die beiden Stabgurtungen nur durch eine Reihe von Querpfosten (Fig. 91) mit einander verbunden.

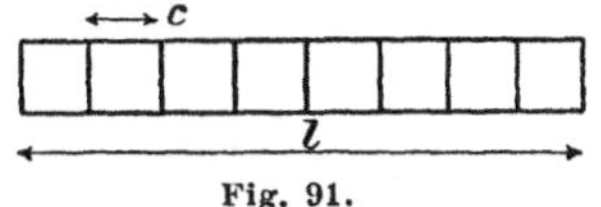

Fig. 91.

Die Knickkraft des Stabs nimmt dann den Werth an

$$S''_0 = S_0 \frac{1}{1 + \frac{S_0}{E\,h}\left(\frac{h^2\,c}{12\,Y} + \frac{\varrho\,c}{0{,}4\,f}\right)} + 2\,s_0,$$

wo Y = Trägheitsmoment und f = Querschnitt eines Querpfostens, ϱ ein Beiwerth, der für rechteckige Querschnitte den Werth 1,2 hat. Selbstverständlich müssen bei vorstehenden Anordnungen die Stabgurtungen steif genug sein, um von Knotenpunkt zu Knotenpunkt die halbe Knickkraft S'_0 bezw. S''_0 sicher übertragen zu können. Ferner müssen auch die Streben genügende Steifigkeit besitzen, um die von ihnen aufzunehmenden Druckkräfte ohne auszuknicken übertragen zu können. Diese Druckkräfte sind bei kleinen Ausbiegungen δ klein; sie nehmen proportional δ zu. Das Maass der erforderlichen Steifigkeit wird sich in den Fällen der Anwendung meist leicht abschätzen lassen. Rein rechnerisch erhält man ein zutreffendes Ergebniss*), wenn man die Streben gegenüber einer Druckkraft

$$D = \frac{\pi\,d}{l}\left(K\,F_1 - \frac{S'_0}{2}\right)$$

knicksicher herstellt, wo K = normale Druckfestigkeit, F_1 = Querschnitt einer Gurtung.

*) Siehe Centralblatt der Bauverwaltung 1881, S. 483.

Es ist vorstehend als selbstverständlich vorausgesetzt, dass die Querpfosten vollkommen fest mit den Gurtungen verbunden sind, und dass ihre Achsen in der Hauptachsenebene der Gurtungen liegen. Diese Bedingungen sind in der Anwendung häufig nicht erfüllt (so z. B. bei den mittleren Druckstreben der Mönchensteiner Brücke, Schweizer Bauzeitung 1891); die wirkliche Knickkraft liegt dann mehr oder minder tief unter dem theoretischen Werthe S_0''.

Wenn der Stab als Blechbalken aus Blechen und Profileisen zusammengesetzt ist, so muss die Niettheilung ϑ so enge sein, dass die einzelnen Stabtheile nicht zwischen den Nieten knicken können. Der Nietdurchmesser muss mindestens so gross gewählt werden, dass der Niet ohne zu brechen die Kraft

$$\frac{\pi \vartheta (K F - S_0) w}{h l}$$

übertragen kann (siehe a. a. O. S. 485). F bezeichnet hierin den Querschnitt, w den Kernradius des Stabs. Unter diesen Bedingungen darf die Knickkraft des Blechbalkens eben so gross wie die eines ungetheilten Stabs von gleichem Querschnitt angenommen werden**).

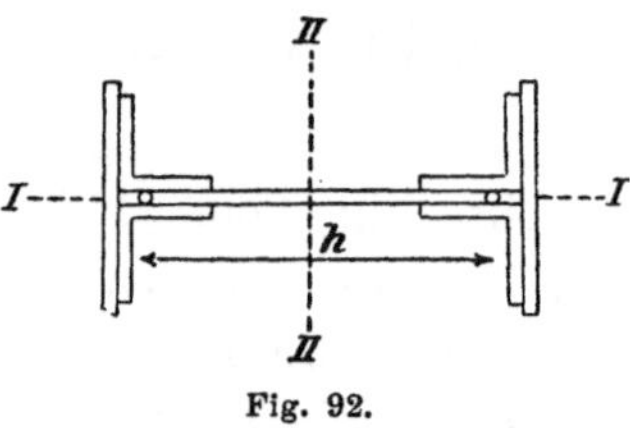

Fig. 92.

Bei Balken von I-Querschnitt (Blechbalken oder Fachwerkbalken) ist bezüglich des Ausknickens in der Querrichtung II (Fig. 92) zu beachten, dass sich hierbei die 2 Gurtungen nicht nennenswerth unterstützen können, dass daher, bei ungleicher Krafttheilung in Folge von Nebenmomenten, die stärker beanspruchte Gurtung früher ausknicken muss, als wenn beide Gurtungen in unverrückbarer Verbindung ständen. Man muss die stärker gedrückte Gurtung für sich allein betrachten, wobei als Druckkraft $\frac{S}{2} + \frac{M}{h}$ einzuführen ist.

---

*) Der Einfluss der durch die Schubkräfte bedingten Wanddeformation auf die Knickkraft kann nach der angegebenen Quelle i. d. R. vernachlässigt werden.

Stabformen mit allzuweit vorstehenden dünnen Blechen sind zu vermeiden, weil letztere für sich allein zusammenknicken können. Als äusserstes Maass für die vorstehende Breite giebt Winkler schätzungsweise die 15fache Blechdicke an, $h = 15\,\Delta$. Auf theoretischem Wege lässt sich die Grösse von h in folgender Weise bestimmen.

Wir denken uns das vorstehende Blechstück durch ein Gerippe lothrechter und wagrechter Streifen von der Breite dx ersetzt (Fig. 93). Die wagrechten Streifen haben die Druckkräfte $\sigma . dx . \Delta$

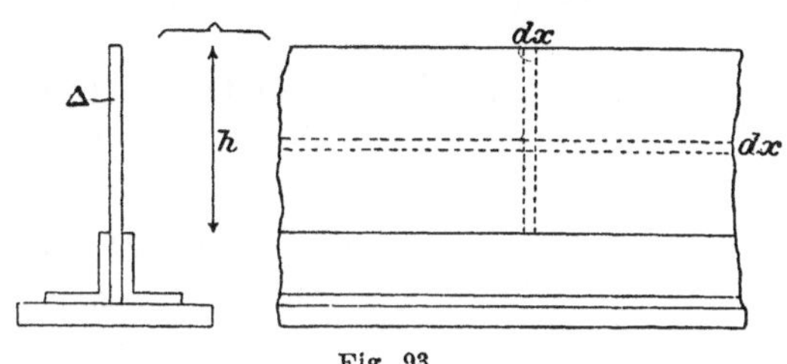

Fig. 93.

auszuhalten und werden gegen Ausknicken durch die Steifigkeit der am untern Ende eingespannten lothrechten Streifen unterstützt. Die Trägheitsmomente der Streifen sind $J = \frac{dx . \Delta^3}{12}$. Man kann nun auf vorliegenden Fall die später unter (c) entwickelten Formeln für die Knicksicherheit offener Brücken anwenden, wobei die lothrechten Streifen die Ständer, die wagrechten eine Reihe über einander liegender Druckgurtungen darstellen. Für den obersten wagrechten Streifen ist die Knickkraft

$$S_0 = \frac{A\,l^2}{\pi^2} + \frac{\pi^2\,T\,J}{l^2},$$

wo l die beim Ausknicken auftretende Wellenlänge und A das Steifigkeitsmaass der lothrechten Streifen bezeichnet. Den ungünstigsten Werth von l^2 erhält man aus

$$\frac{d\,S_0}{d\,l} = 0 \text{ zu } l^2 = \pi^2 \sqrt{\frac{T\,J}{A}}, \text{ woraus } S_0 = 2\sqrt{A\,T\,J} \text{ folgt.}$$

Der Beiwerth A ist gleich dem Verhältniss zwischen den auf einen lothrechten Streifen wirkenden Querbelastungen und der entsprechenden Durchbiegung δ (Fig. 94). Nimmt man näherungsweise die elastische Linie als Parabel an, so ist die in der Entfernung x wirkende Querbelastung $p = \frac{x^2}{h^2} p_1$, wo p_1 = Querbelastung am Ende. Man hat nun

Moment im Querschnitt x,

$$M = \int_x^h p\,x\,dx - x \int_x^h p\,dx = \int_x^h p_1 \frac{x^3}{h^2} dx - x \int_x^h p_1 \frac{x^2}{h^2} dx$$

$$= \frac{p_1}{12} \left(3 h^2 - 4 h x + \frac{x^4}{h^2}\right),$$

Durchbiegung $\delta = \int_0^h \frac{M (h - x) dx}{T J} = \frac{13 p_1 h^4}{180 T J}$,

Beiwerth $A = p_1 : \delta = \frac{180 T J}{13 h^4} = \frac{14 T J}{h^4}$,

Knickkraft $S_0 = 2 \sqrt{A T J} = 2 \sqrt{\frac{14 T J T J}{h^4}} = \frac{7{,}4 T J}{h^2}$.

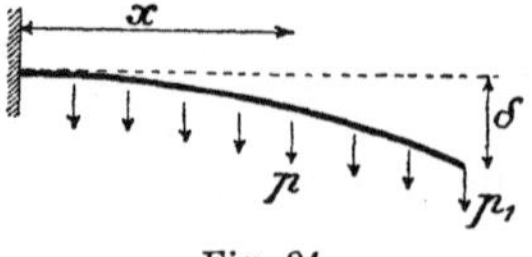

Fig. 94.

Da S_0 auch $= \sigma\,dx \cdot \Delta$ und $J = \frac{dx\,\Delta^3}{12}$, folgt aus vorstehender Gleichung

$$h = \Delta \sqrt{\frac{0{,}62\,T}{\sigma}}.$$

Hiernach ist das Verhältniss $h : \Delta$ nicht konstant; es nimmt für grosse Druckspannungen σ, bezw. für kleine Längen λ ab. An der Elasticitätsgrenze, wo $\sigma = 1500$, $T = E = 2\,000\,000$, $\lambda = 115$, ergiebt sich $h = 29\,\Delta$. Für $\lambda = 65$, $\sigma = 2350$, $T =$ ca. $1\,000\,000$ folgt $h = 16\,\Delta$. Mit Rücksicht darauf, dass die theoretischen Voraussetzungen nicht vollkommen erfüllt sind, insbesondere eine vollkommene Einspannung der lothrechten Streifen meist nicht vorhanden ist, erscheint eine Minderung der gefundenen Werthe von h angezeigt. Wir setzen

$$h = \beta \Delta \sqrt{\frac{0{,}62\,T}{\sigma}}.$$

Der Beiwerth β ist unter günstigen Verhältnissen (kräftiger Mittelkörper) etwa $= 0{,}9$ zu wählen, womit sich für $\lambda = 115$ und $\lambda = 65$ die Werthe $h = 26\,\Delta$ und $h = 15\,\Delta$ ergeben. Unter ungünstigen Verhältnissen ist β schätzungsweise geringer anzunehmen.

Was die **freie Länge** l anbelangt, so ist dieselbe bei reibungslosen Knotengelenken, l = Stablänge s. Wenn die Stäbe an den Knoten fest mit einander vernietet sind, so unterstützen sie sich gegenseitig gegen Ausknicken; es tritt i. A. eine Verringerung der freien Länge der Druckstäbe, namentlich in Folge der Steifigkeit der Zugstäbe ein. Ausserdem findet ein gewisser Ausgleich in der Widerstandsfähigkeit der einzelnen Druckstäbe statt, indem die Stäbe geringerer Steifigkeit z. Th. an dem Ueberschuss ihrer stärkeren Nachbarn theilnehmen. Die einschlägigen Verhältnisse sollen für den einfachen Fall eines geschlossenen, aus 4 Stäben bestehenden Rahmens etwas näher untersucht werden.

Die zwei Ständer, von der Länge s und dem Trägheitsmoment J, seien durch die Druckkräfte S beansprucht, und die zwei wagrechten Stäbe (s_1 J_1) zunächst frei von Grundkräften vorausgesetzt. Fig. 95 stelle den Rahmen im Augenblicke des Ausknickens dar. Die elastische Linie der Ständer ist, auf Stabmitte O bezogen, bekanntlich eine Cosinuslinie von der Gleichung

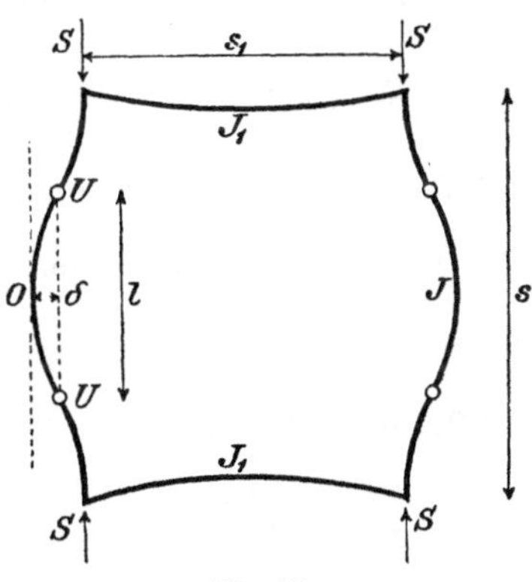

Fig. 95.

$$y = \delta \left(1 - \cos \frac{\pi x}{l}\right),$$

wo l die noch unbekannte freie Länge U U, δ den beliebig anzunehmenden kleinen Ausbiegungspfeil bezeichnet. Durch Differenziren erhält man

$$\frac{dy}{dx} = \frac{\delta \pi}{l} \sin \frac{\pi x}{l} \quad \text{und} \quad \frac{d^2 y}{dx^2} = \frac{\delta \pi^2}{l^2} \cos \frac{\pi x}{l};$$

das zugehörige Moment ist

$$M = -TJ\frac{d^2y}{dx^2}\text{*)}.$$

Für $x = \frac{s}{2}$ folgt hieraus die Grösse des Einspannungswinkels α und des Einspannungsmoments M_0 zu

$$\alpha = \frac{\delta\pi}{l}\sin\frac{\pi s}{2l} \quad \text{und} \quad M_0 = -\frac{\delta\pi^2}{l^2}\cos\frac{\pi s}{2l}\cdot TJ.$$

Für die Stäbe s_1 sind die Einspannungsmomente =

$$M_0 = -\frac{\delta\pi^2}{l^2}\cos\frac{\pi s}{2l}.\,TJ.$$

Die Stäbe nehmen unter deren Einwirkung eine konstante Krümmung $\frac{1}{\varrho} = \frac{M_0}{EJ_1}$ an; an den Endpunkten ist der Einspannungswinkel $\alpha = \frac{M_0 s_1}{2EJ_1}$. Nach Einsetzen der oben entwickelten Werthe von α und M_0 ergiebt sich hieraus

$$\text{tg}\frac{\pi s}{2l} : \frac{\pi s}{2l} = -\frac{TJs_1}{EJ_1 s} = -\frac{\tau J s_1}{J_1 s} = -\gamma.$$

Trägt man die Funktion tg : arc (= Φ) für den 2. Quadranten auf**) (Fig. 96), so erhält man den gesuchten Werth von $\frac{s}{l}$ als Abscisse des Schnittpunkts D der Linie Φ und der Geraden $y = \gamma$.

Für $J_1 = 0$, $\gamma = \infty$ folgt $\frac{s}{l} = 1$, $l = s$,

$J_1 = \infty$, $\gamma = 0$ - $\frac{s}{l} = 2$, $l = \frac{s}{2}$ (vollkommene Einspannung),

$\gamma = 1$ - $\frac{s}{l} =$ $l = 0{,}8\,s$.

*) Die Gleichung $M = -EJ\frac{d^2y}{dx^2}$ gilt nur innerhalb Elasticitätsgrenze; ausserhalb derselben muss der Elasticitätsmodul E durch den Knickmodul T ersetzt werden, falls es sich, wie im vorliegenden Falle, um kleine Ausbiegungen handelt, wobei die Biegungsspannungen gegenüber den Grundspannungen nur gering sind.

**)

arc =	1	1,1	1,2	1,3	1,4	1,5	1,6	1,7	1,8	1,9	$2\cdot\frac{\pi}{2}$
Φ =	∞	3,654	1,633	0,961	0,626	0,424	0,289	0,191	0,115	0,053	0.

Wenn bei gleichem Trägheitsmoment des Druckstabs dessen Querschnittsfläche verringert wird, nimmt die Spannung σ zu und der Knickmodul T ab; demzufolge werden τ und γ und die freie Länge l kleiner, der Grad der Einspannung wird erhöht.

Wir setzen zweitens voraus, dass die wagrechten Stäbe die Zugkräfte S_1 auszuhalten haben. Die Differentialgleichung ihrer elastischen Linie lautet in diesem Falle

$$T_1 J_1 \frac{d^2 y}{d x^2} = -M_0 + S_1 x$$

und die Integralgleichung

$$y = A e^{kx} + B e^{-kx} + \frac{M_0}{S_1}, \text{ wo } k = \sqrt{\frac{S_1}{T_1 J_1}}.$$

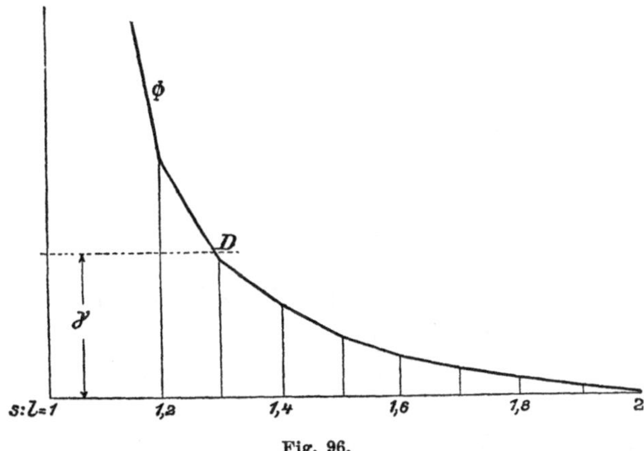

Fig. 96.

Die Konstanten A und B folgen aus den Bedingungen, dass $y = 0$ für $x = 0$ und für $x = s_1$, zu

$$A = \frac{M_0}{S_1}\left(e^{-k s_1} - 1\right) : \left(e^{k s_1} - e^{-k s_1}\right)$$

und

$$B = \frac{M_0}{S_1}\left(-e^{k s_1} + 1\right) : \left(e^{k s_1} - e^{-k s_1}\right).$$

Aus $\frac{dy}{dx} = A k e^{kx} - B k e^{-kx}$ folgt der Einspannungswinkel α für $x = 0$ zu

$$\alpha = A k - B k = \frac{k M_0}{S_1} \frac{e^{k s_1} + e^{-k s_1} - 2}{e^{k s_1} - e^{-k s_1}}.$$

Nach Einsetzen der früher für den Ständer erhaltenen Werthe von α und M_0 ergiebt sich

$$\Phi = \operatorname{tg}\frac{\pi s}{2 l} : \frac{\pi s}{2 l} = \frac{2}{s}\,\frac{T J k}{S_1}\,\frac{2 - e^{k s_1} - e^{-k s_1}}{e^{k s_1} - e^{-k s_1}} = -\gamma .$$

Hieraus kann $\frac{s}{l}$ mit Hülfe der Fig. 96 in der oben angegebenen Weise bestimmt werden.

Für $J_1 = 0$ wird $k = \infty$, $\gamma = \infty$, $l = s$,

- $J_1 = \infty$ - $k = 0$, $\gamma = 0$, $l = \frac{1}{2}s$,

- $S_1 = 0$ - $k = 0$; γ nimmt den unbestimmten Werth $\frac{0}{0}$ an.

Durch Reihenentwicklung erhält man, unter Vernachlässigung der höheren Potenzen von k

$$\frac{2 - e^{k s_1} - e^{-k s_1}}{e^{k s_1} - e^{-k s_1}} =$$

$$= \frac{2 - \left(1 + k s_1 + \frac{k^2 s_1^2}{2}\right) - \left(1 - k s_1 + \frac{k^2 s_1^2}{2}\right)}{1 + k s_1 + \frac{k^2 s_1^2}{2} - \left(1 - k s_1 + \frac{k^2 s_1^2}{2}\right)} = -\frac{k s_1}{2} .$$

Da ferner $S_1 = k^2 T_1 J_1$, wird

$$\gamma = \frac{2}{s}\,\frac{T J k}{T_1 J_1 k^2} \cdot \frac{k s_1}{2} = \frac{T J s_1}{T_1 J_1 s} \text{ oder } = \frac{T J s_1}{E J_1 s} = \frac{\tau J s_1}{J_1 s}$$

wie früher, da für $S_1 = 0$ der Knickmodul T_1 den Werth E annimmt. Mit wachsender Zugkraft S_1 nimmt der Grad der Einspannung zu bezw. die freie Länge l ab, so lange die Zugspannung $\sigma_1 = S_1 : F_1$ innerhalb Elasticitätsgrenze bleibt. Nach Ueberschreiten der letzteren kann u. U. der durch das Wachsthum von S_1 erzielte Gewinn durch die gleichzeitige Verminderung von T_1 wieder aufgezehrt werden. So kann es sich ereignen, dass die lothrechten Druckstäbe durch spannungslose wagrechte Stäbe in gleichem oder noch höherem Grade eingespannt werden als durch Zugstäbe von hoher Spannung.

Werden drittens die wagrechten Stäbe s_1 durch Druckkräfte S_1 beansprucht, so werden sie, unter der Voraussetzung, dass sie gegen Ausknicken stärker sind als die Ständer s, keine Inflexionspunkte aufweisen (siehe Fig. 97). Die Gleichung ihrer elastischen Linie lautet auf Stabmitte bezogen,

$$y = \delta_1 \left(1 - \cos \frac{\pi x}{l_1}\right),$$

wenn man unter l_1 die gedachte freie Länge versteht, welche der Bedingung

$$S_1 = \frac{\pi^2 T_1 J_1}{l_1^2}, \quad \text{bezw.} \quad l_1 = \pi \sqrt{\frac{T_1 J_1}{S_1}},$$

entspricht, und mit δ_1 den zugehörigen Biegungspfeil bezeichnet, der gleichzeitig mit dem Pfeil δ der Ständer auftritt. Für Einspannungswinkel α_1 und Einspannungsmoment M_1 folgt hieraus

$$\alpha_1 = \frac{\pi}{l_1} \delta_1 \sin \frac{\pi s_1}{2 l_1} \quad \text{und} \quad M_1 = - T_1 J_1 \delta_1 \frac{\pi^2}{l_1^2} \cos \frac{\pi s_1}{2 l_1}.$$

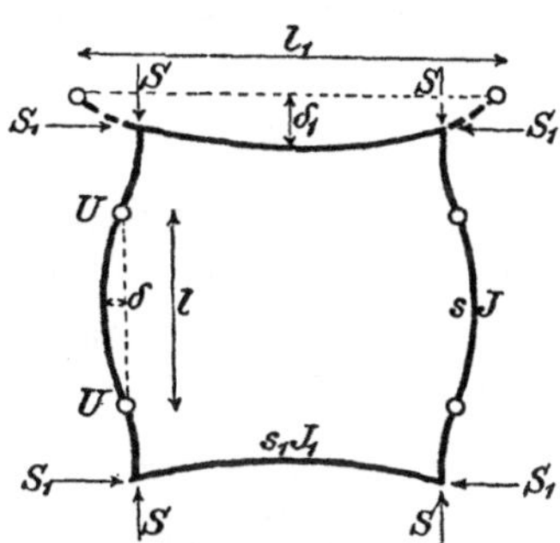

Fig. 97.

Da nun $\alpha = \alpha_1$ und $M_0 + M_1 = 0$, so erhält man

$$\frac{\delta_1}{l_1} \sin \frac{\pi s_1}{2 l_1} = \frac{\delta}{l} \sin \frac{\pi s}{2 l} \quad \text{und} \quad \frac{T J \delta}{l^2} \cos \frac{\pi s}{2 l} + \frac{T_1 J_1 \delta_1}{l_1^2} \cos \frac{\pi s_1}{2 l_1} = 0.$$

Nach Elimination von δ_1 ergiebt sich

$$\Phi = \operatorname{tg} \frac{\pi s}{2 l} : \frac{\pi s}{2 l} = - \left[\operatorname{tg} \frac{\pi s_1}{2 l_1} : \frac{\pi s_1}{2 l_1}\right] \cdot \frac{T J s_1}{T_1 J_1 s} = - \Phi_1 \frac{T J s_1}{T_1 J_1 s} = - \gamma.$$

Für $l_1 = \infty$, d. h. $J_1 = \infty$ wird $\Phi_1 = 1$, $\gamma = 0$, $l = \frac{1}{2} s$ (vollkommene Einspannung)

- $l_1 = s_1$ wird $\Phi_1 = \infty$, $\Phi = \infty$, $l = s$.

Wenn also die wagrechten Stäbe s_1 gerade für sich allein knicksicher sind und keine überschüssige Sicherheit besitzen, so können sie auch die Ständer s nicht unterstützen. Für alle Stäbe ist dann die freie Länge gleich der Stablänge; eine Einspannung findet trotz der festen Verbindung der Stäbe nicht statt. Die Richtigkeit dieses Satzes ist, auch ohne theoretischen Beweis, von vorn herein einzusehen.

Es sei viertens der obere wagrechte Stab ($s_1 J_1$) durch die Druckkraft S_1, der untere ($s_2 J_2$) durch die Zugkraft S_2 beansprucht. Fig. 98 stellt die elastischen Linien dar für den Fall, dass die

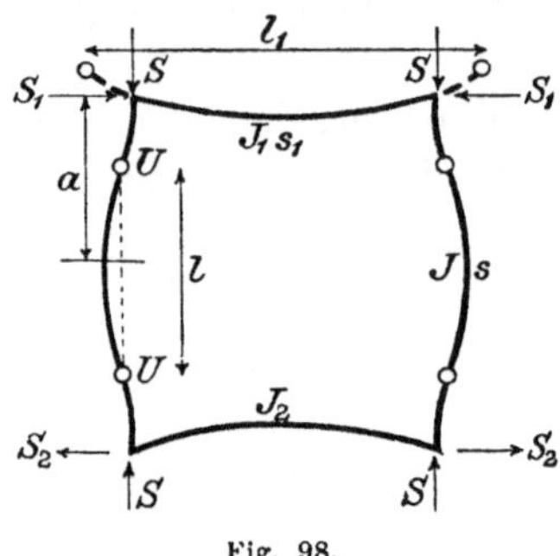

Fig. 98.

Ständer s zwei Inflexionspunkte aufweisen. Die grösste Ausbiegung δ liegt nicht mehr in Stabmitte; ihre Entfernung vom obern Stabende sei gleich a. Man kann dann genau genug, unter Berücksichtigung der bisherigen Ergebnisse, setzen

$$\operatorname{tg}\frac{\pi a}{l} : \frac{\pi a}{l} = -\frac{\Phi_1 \, T \, J \, s_1}{T_1 \, J_1 \, s} = -\gamma_1$$

$$\operatorname{tg}\pi\frac{s-a}{l} : \pi\frac{s-a}{l} = \frac{2}{s}\,\frac{T\,J\,k}{S_2}\,\frac{\left(2 - e^{k s_2} - e^{-k s_2}\right)}{\left(e^{k s_2} - e^{-k s_2}\right)} = -\gamma_2 .$$

Mit Hülfe der Fig. 96 erhält man hieraus die Werthe von $\frac{a}{l}$ und $\frac{s-a}{l}$ (= A und B), und schliesslich $l = \frac{s}{A+B}$.

Auf den vorstehend behandelten Fall eines einfachen Rahmens lassen sich näherungsweise die gewöhnlichen geraden Ständerfachwerke (Fig. 25) zurückführen, wenn man den meist sehr geringen und ausserdem noch günstig wirkenden Einfluss der Strebensteifigkeit vernachlässigt. Für J_1 und J_2 ist jeweils die Summe der Trägheitsmomente der zwei an den betrachteten Ständer anstossenden Gurtstäbe, für S_1 und S_2 die Summe der zugehörigen Gurtkräfte zu setzen. Will man den Einfluss der Streben (s_3 J_3) berücksichtigen, so kann dies näherungsweise dadurch geschehen, dass man $\Sigma \frac{J_1}{s_1} + \frac{3 J_3}{s_3}$ und $\Sigma \frac{J_2}{s_2} + \frac{3 J_3}{s_3}$ an Stelle von $\Sigma \frac{J_1}{s_1}$ und $\Sigma \frac{J_2}{s_2}$ in Rechnung führt. Die Ziffer 3 bringt hierbei den verstärkten Widerstand, den die Streben der S-förmigen Biegung entgegensetzen, zum Ausdruck.

Handelt es sich um Träger mit gekrümmten Gurtungen oder um Strebenfachwerke, so können auch hier die vorstehenden Formeln zur Bestimmung der freien Länge l näherungsweise Anwendung finden.

Wie aus den früheren Ausführungen und den Fig. 82—85 hervorgeht, bleibt die Tragfähigkeit S_I eines Fachwerkstabs stets mehr oder minder weit unterhalb der Knickkraft S_0. Eine genaue Berechnung von S_I und der in Frage kommenden Nebenspannungen ξ lässt sich nur für den einfachsten Fall ebener Stabwerke und unbeschränkter Gültigkeit des Elasticitätsgesetzes durchführen (Methode von Manderla; siehe Anmerkung S. 126); für die thatsächlich vorkommenden, meist viel verwickelteren Verhältnisse ist eine solche z. Z. nicht möglich, aber auch nicht gerade nothwendig. Es genügt für die Zwecke der Anwendung, den Nebenspannungen ξ nur summarisch in der Weise Rücksicht zu tragen, dass man die Stäbe mit ausreichender Sicherheit gegen Ausknicken versieht, und dann so verfährt, als wären nur Grundspannungen σ (bezw. bei schärferer Rechnung auch Nebenspannungen ν) vorhanden. Als Spannungszahl k darf hierbei der gleiche Werth wie bei Zugstäben eingeführt werden. Der Sicherheitsgrad n gegen Ausknicken ist den Verhältnissen des Einzelfalls anzupassen. Je stärkere Deformationen des Stabs zu befürchten sind, namentlich auch je grösser die specifische Länge λ ist, desto höher wird man denselben bemessen. Die erforderliche Knicksicherheit muss selbstverständlich bezüglich beider Hauptebenen eines Stabs vorhanden sein, für welche ausser verschiedenen Trägheitsmomenten auch verschiedene specifische Längen λ in Betracht kommen können. In den Ausnahmsfällen, wo die Hauptebenen nicht mit den Befestigungsebenen zusammenfallen (z. B. einfache ⌊-Eisen), darf die specifische Länge bezüglich der Hauptebene des kleinsten Trägheitsmoments gesetzt werden

$$\lambda = \sqrt{\lambda_1^2 \cos^2 \beta + \lambda_2^2 \sin^2 \beta},$$

wo sich λ_1 und λ_2 auf die 2 Befestigungsebenen beziehen, und β den Winkel der fraglichen Hauptebene mit der Befestigungsebene 1 bezeichnet.

Ein vom vorstehenden etwas abweichendes Näherungsverfahren, die Nebenspannungen ξ zu berücksichtigen, besteht darin, dass man für gewöhnlich nur die Grundkräfte in Rechnung zieht, und für die Druckstäbe eine geminderte Spannungszahl $k_0 = k : (1 + \eta \lambda^2)$ in Anwendung bringt. Es bezeichnet hierbei k die für Zugstäbe gültige Spannungszahl, η einen noch näher zu bestimmenden Beiwerth. Zur Ableitung des Ausdrucks von k_0 gehen wir auf die Gleichung der Knickfestigkeit K_0 S. 111, welche durch Fig. 88 veranschaulicht ist, zurück. Näherungsweise kann der aus 2 Geraden und der Euler'schen Kurve bestehende Linienzug ersetzt werden durch die Linie

$$K_0 = K : \left(1 + \frac{K \lambda^2}{\pi^2 E}\right),$$

welche für $\lambda = 0$ und $\lambda = \infty$ mit ihm zusammentrifft, für alle Zwischenwerthe aber darunter bleibt und zwar am meisten an den Eckpunkten g und q. Bei n facher Sicherheit, $n = K : k$, ist die zulässige Knickbeanspruchung

$$k_0 = k : \left(1 + \frac{K \lambda^2}{\pi^2 E}\right),$$

bei Schweisseisen $= k : (1 + 0{,}00012\, \lambda^2)$, allgemein $= k : (1 + \eta \lambda^2)$. Will man den Sicherheitsgrad mit λ zunehmen lassen, so ist der Beiwerth η entsprechend zu vergrössern. Wenn man beispielsweise $k_0 = k : (1 + 0{,}00015\, \lambda^2)$ setzt, so wird für sehr grosse λ der Sicherheitsgrad um 25 % gegenüber $\lambda = 0$ erhöht. An den Punkten g und q der Fig. 88 (Elasticitätsgrenze und Quetschgrenze) ist mit Rücksicht auf die oben erwähnten Abweichungen der Näherungskurve von K_0 der Sicherheitsgrad noch wesentlich höher, und zwar um 88 % bezw. 63 % gegenüber $\lambda = 0$ (bei Schweisseisen).

Soll ausser den Grundkräften S auch der Einfluss von Nebenmomenten M rechnungsmässig berücksichtigt werden, so kann näherungsweise gesetzt werden $F = \frac{S}{k_0} + \frac{1}{k} \Sigma \frac{M}{w}$, wo w = jeweiliger Widerstandsradius bezügl. der beim Ausknicken gefährdetsten Faser.

Anmerkung. Damit die Zwängungsspannungen ν nicht allzu hoch steigen, wird man, wie schon früher erwähnt, die Stabbreiten nicht grösser wählen, als aus sonstigen Gründen erforderlich ist (Befestigung, Belastung zwischen den Knoten, Knicksicherheit u. s. w.). Insbesondere verlangt die Rücksicht auf ein gegen Knicken ausreichendes Trägheitsmoment ein bestimmtes Maass von Breite. Dasselbe kann um so geringer sein, je mehr das Material nach aussen gelegt wird. Für den kreuzförmigen Querschnitt (Fig. 99a) ist annähernd

$$J = \frac{F h^2}{24}, \quad i = \frac{h}{\sqrt{24}},$$

für den kastenförmigen (Fig. 99b)

$$J = \frac{F h^2}{6}, \quad i = \frac{h}{\sqrt{6}}.$$

Bei einer Biegung in einer der beiden Hauptebenen I und II ist die in Betracht zu ziehende Breite für den kreuzförmigen Querschnitt $\beta = h = i\sqrt{24}$, für den kastenförmigen $\beta = h = i\sqrt{6}$, kann also

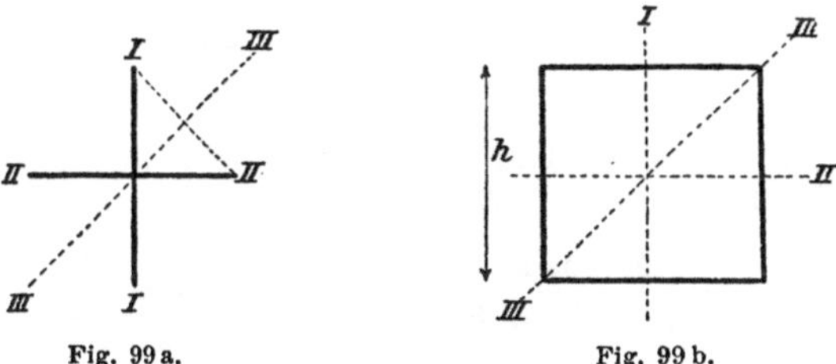

Fig. 99a. Fig. 99b.

bei gegebenem Trägheitsradius i in letzterem Falle im Verhältniss $\sqrt{6} : \sqrt{24} = 1 : 2$ kleiner gehalten werden als in ersterem. Bei einer Biegung in der Ebene III (um 45° gegen I geneigt) wird für den kreuzförmigen Querschnitt die Breite $\beta = h : \sqrt{2} = i\sqrt{24} : \sqrt{2} = i\sqrt{12}$; für den kastenförmigen Querschnitt erhält man die gleiche Breite $\beta = h \cdot \sqrt{2} = i\sqrt{6} \cdot \sqrt{2} = i\sqrt{12}$. In diesem Falle sind beide Querschnittsformen gleich günstig; in allen andern ist jedoch die Kastenform vortheilhafter. Das Gleiche gilt überall dort, wo es darauf ankommt, den Stäben ein möglichst grosses Widerstandsmoment gegenüber den nothwendigen Nebenspannungen (Kapitel 2 u. ff.) zu verschaffen. Dagegen ist die Kreuzform in solchen Fällen vorzuziehen, wo mit Rücksicht auf die Annietung eine sonst überflüssig grosse Breite ausgeführt werden muss, da sich bei dieser Form die Nebenspannungen der beiden Hauptebenen nicht addiren. Auf die Untersuchung noch weiterer Querschnittsformen, die in gleicher Weise zu führen ist, soll hier nicht näher eingegangen werden.

Anmerkung. Manderla's Methode zur Bestimmung der Nebenspannungen $\nu + \xi$. (Allgemeine Bauzeitung 1880, S. 34.)

Für einen durch die Stabkraft S beanspruchten Stab, an dessen Enden die Einspannungsmomente M_1 und M_2 wirken (Fig. 100), lautet die Differentialgleichung der elastischen Linie

$$\frac{d^2 y}{d x^2} = \mp \frac{S y}{E J} - \frac{M_1 (s - x)}{E J s} + \frac{M_2 x}{E J s}.$$

Das obere Zeichen — bezieht sich auf eine Druckkraft, das untere Zeichen + auf eine Zugkraft. Für den ersteren Fall ergiebt die Integration, wenn man den Ausdruck $\sqrt{\frac{S}{E J}}$ mit k bezeichnet, als Gleichung der elastischen Linie

$$y = A \sin k x + B \cos k x - \frac{M_1 (s - x)}{S s} + \frac{M_2 x}{S s}.$$

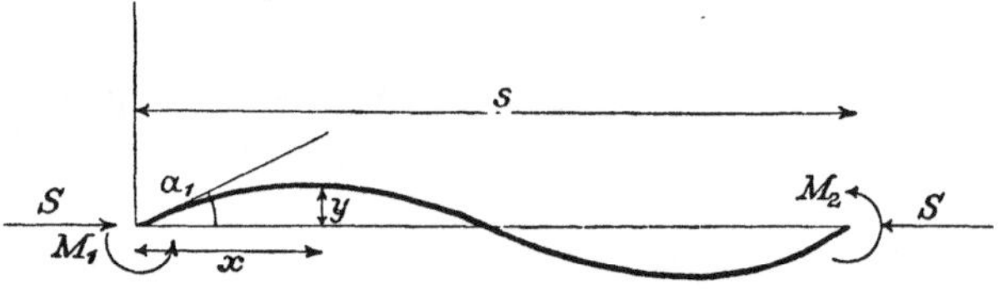

Fig. 100.

Die Integrationskonstanten A und B folgen aus den Bedingungen $y = 0$ für $x = 0$ und $y = 0$ für $x = s$ zu

$$A = - \frac{(M_1 \cos k s + M_2)}{S \sin k s} \quad \text{und} \quad B = \frac{M_1}{S}.$$

Aus $\frac{d y}{d x} = k A \cos k x - k B \sin k x + \frac{M_1 + M_2}{S s}$ erhält man für $x = 0$ den Einspannungswinkel

$$\alpha_1 = k A + \frac{M_1 + M_2}{S s} = - \frac{k}{S \sin k s} (M_1 \cos k s + M_2) + \frac{M_1 + M_2}{S s}.$$

Wenn man sin k s und cos k s in Reihen entwickelt, so kann man α_1 auch in folgender Form schreiben,

$$\alpha_1 = \frac{s}{6 E J} \left(2 m_1 M_1 - m_2 M_2\right),$$

wobei

$$m_1 = 1 + \frac{(k s)^2}{15} + \frac{2 (k s)^4}{315} + \frac{(k s)^6}{1575} + \ldots$$

$$m_2 = 1 + \frac{7\,(k\,s)^2}{60} + \frac{31\,(k\,s)^4}{2520} + \frac{127\,(k\,s)^6}{100\,800} + \ldots$$

Bei Zugkräften erhält man als Gleichung der elastischen Linie

$$y = A\,e^{k\,x} + B\,e^{-k\,x} + \frac{M_1\,(s - x)}{S\,s} - \frac{M_2\,x}{S\,s}.$$

Da für $x = 0$ und $x = s$ die Ordinate $y = 0$ sein muss, so folgt hieraus

$$A = \frac{M_1\,e^{-k\,s} + M_2}{S\,(e^{k\,s} - e^{-k\,s})} \quad \text{und} \quad B = -\frac{M_1\,e^{k\,s} + M_2}{S\,(e^{k\,s} - e^{-k\,s})}.$$

Nun ist

$$\frac{d\,y}{d\,x} = k\,A\,e^{k\,x} - k\,B\,e^{-k\,x} - \frac{M_1 + M_2}{S\,s},$$

und für $x = 0$

$$\frac{d\,y}{d\,x} = \alpha_1 = k\,(A - B) - \frac{M_1 + M_2}{S\,s} = k\,\frac{2\,M_2 + M_1\,(e^{k\,s} + e^{-k\,s})}{S\,(e^{k\,s} - e^{-k\,s})} - \frac{M_1 + M_2}{S\,s}.$$

Durch Reihenentwicklung lässt sich auch hier der Ausdruck von α_1 in die Form bringen

$$\alpha_1 = \frac{s}{6\,E\,J}\left(2\,m_1\,M_1 - m_2\,M_2\right).$$

Die Beiwerthe m_1 und m_2 sind hier

$$m_1 = 1 - \frac{(k\,s)^2}{15} + \frac{2\,(k\,s)^4}{315} - \frac{(k\,s)^6}{1575} + \ldots$$

$$m_2 = 1 - \frac{7\,(k\,s)^2}{60} + \frac{31\,(k\,s)^4}{2520} - \frac{127\,(k\,s)^6}{100\,800} + \ldots$$

Sie unterscheiden sich von den für Druckstäbe gültigen durch das negative Vorzeichen bei den Gliedern mit gerader Ordnungszahl.

Für $k = 0$, d. h. $S : J = 0$ werden m_1 und $m_2 = 1$. Man erhält dann den früher unter Vernachlässigung des Moments $S\,y$ der Stabkraft S entwickelten Ausdruck $\alpha_1 = \frac{s}{6\,E\,J}\,(2\,M_1 - M_2)$ (siehe S. 5).

Der weitere Rechnungsgang ist der gleiche wie früher (S. 5). Die Gleichungen (A) ändern sich nur in sofern, als die Einspannungsmomente M noch mit den entsprechenden Beiwerthen m_1 und m_2 zu multipliciren sind*) Die Gleichungen (B) bleiben ungeändert.

*) Da vorausgesetzt wurde, dass die Stäbe keine unmittelbaren Belastungen aufzunehmen haben, fallen diejenigen Glieder in Gleichung (A) weg, welche Belastungsmomente $\mathfrak{M}$ enthalten.

Die Werthe von m_1 und m_2 sind für die gewöhnlich vorkommenden Verhältnisse in folgender Tabelle, welche dem Werke von W. Ritter, „Anwendungen der graphischen Statik“, entnommen ist, zusammengestellt.

$k^2 s^2 = S s^2 : E J$	Zugstäbe		Druckstäbe	
	m_1	m_2	m_1	m_2
0,0	1,000	1,000	1,000	1,000
0,1	0,993	0,988	1,007	1,012
0,2	0,987	0,977	1,013	1,023
0,3	0,981	0,966	1,021	1,036
0,4	0,974	0,955	1,028	1,049
0,5	0,969	0,945	1,035	1,061
0,6	0,962	0,934	1,042	1,074
0,7	0,956	0,924	1,050	1,088
0,8	0,951	0,914	1,057	1,102
0,9	0,945	0,905	1,066	1,115
1,0	0,939	0,895	1,074	1,130
1,5	0,912	0,849	1,117	1,208
2,0	0,888	0,807	1,165	1,295
2,5	0,865	0,769	1,219	1,395
3,0	0,844	0,735	1,282	1,510

Nachdem die Momente M mit Hülfe der Gleichungen (A) und (B) bestimmt worden, ergeben sich die entsprechenden Nebenspannungen zu

$$\nu + \xi = \frac{M e}{J}.$$

Ausserhalb der Elasticitätsgrenze sind die entwickelten Ausdrücke nicht mehr gültig. Näherungswerthe erhält man, wenn man den Elasticitätsmodul E jeweils durch den der Grundspannung σ des betr. Stabs entsprechenden Knickmodul T ersetzt. Das Verfahren ist um so genauer, je mehr die Nebenspannungen hinter den Grundspannungen zurücktreten.

Für den Grenzfall $J = 0$, d. h. $k = \infty$, ergiebt sich für Zugstäbe aus den obigen Formeln $\alpha = \frac{k M}{S}$ und somit Nebenmoment

$$M = \frac{S \alpha}{k} = \alpha \sqrt{S E J}, \quad \text{da} \quad k = \sqrt{S : E J}.$$

Die zugehörige Nebenspannung ist

$$\nu + \xi = \frac{M e}{J} = \alpha e \sqrt{\frac{S E}{J}},$$

oder, wenn man $J = F i^2$ setzt,

$$\nu + \xi = \frac{\alpha\, e}{i} \sqrt{\frac{S\, E}{F}} = \frac{\alpha\, e}{i} \sqrt{\sigma\, E}\,.$$

Hieraus folgt das Verhältniss

$$\frac{(\nu + \xi)}{\sigma} \text{ zu } \frac{\alpha\, e}{i} \sqrt{\frac{E}{\sigma}} = \frac{\alpha\, e}{i} \sqrt{\frac{1}{\varepsilon}}\,,$$

wo ε die der Grundspannung σ entsprechende Dehnung bezeichnet. Für Flacheisen ist $i = e : \sqrt{3}$, somit

$$\frac{\nu + \xi}{\sigma} = \alpha \sqrt{\frac{3}{\varepsilon}}\,.$$

Nun sind die Einspannungswinkel α proportional den Dehnungen ε. Für konstante ε kann man daher setzen $\alpha = C\,\varepsilon$, somit

$$\frac{\nu + \xi}{\sigma} = C \sqrt{3\,\varepsilon}\,.$$

Für $C = 2$ folgt hieraus

$$\frac{\nu + \xi}{\sigma} = 3{,}5 \sqrt{\varepsilon}\,.$$

Hiernach nimmt das Verhältniss der Nebenspannungen zu den Hauptspannungen mit wachsendem ε, d. h. mit wachsender Hauptspannung σ zu. An der Elasticitätsgrenze ist $\varepsilon =$ ca. $0{,}00075$ und $(\nu + \xi) : \sigma =$ rund $0{,}1$.

Ausserhalb der Elasticitätsgrenze wird annähernd

$$\frac{\nu + \xi}{\sigma} = \frac{\alpha\, e}{J} \sqrt{\frac{T}{\sigma}}\,,$$

und für Flacheisen

$$\frac{\nu + \xi}{\sigma} = \alpha \sqrt{\frac{3\, T}{\sigma}}\,.$$

Auch hier wächst das Verhältniss $(\nu + \xi) : \sigma$ mit wachsendem σ, jedoch in geringerem Maasse als innerhalb Elasticitätsgrenze.

Anmerkung. Blattgelenke. Wenn die einzelnen Stäbe an ihren Enden auf eine kurze Strecke a in dünne Bleche (Blätter) von gleichem Querschnitt, aber von viel kleinerem Trägheitsmoment ($\mathfrak{J}$) als beim Mittelstück (J) übergeführt werden, so treten nur unwesentliche Einspannungsmomente (Nebenmomente) an den Knoten bezüglich der in Frage kommenden Ebene (Hauptebene I) auf; die Wirkung ist fast die gleiche wie bei reibungslosen Bolzengelenken. In der dazu senkrechten Hauptebene II ist selbstverständlich von einer Gelenkwirkung nicht die Rede.

Was nun die Verhältnisse in der Hauptebene I anbelangt, so müssen die gesammten Winkeländerungen α_1 und α_2 eines Stabs von den dünnen Blättern aufgenommen werden, weil das viel steifere Mittelstück durch die sehr schwachen Einspannungsmomente M_1 und M_2 keine merkbaren Verbiegungen erleidet. Da nun die Blattlänge a gegen die Stablänge s sehr klein, so ist das Mittelstück c annähernd parallel der Sehne 1—2 (Fig. 101) und die Biegung des Blattes 1 fast gerade so, wie wenn es sich um einen Stab von der Länge 2a und dem Trägheitsmoment $\mathfrak{J}$ handelte, der an beiden Enden unter dem Winkel α_1 eingespannt ist (Fig. 102).

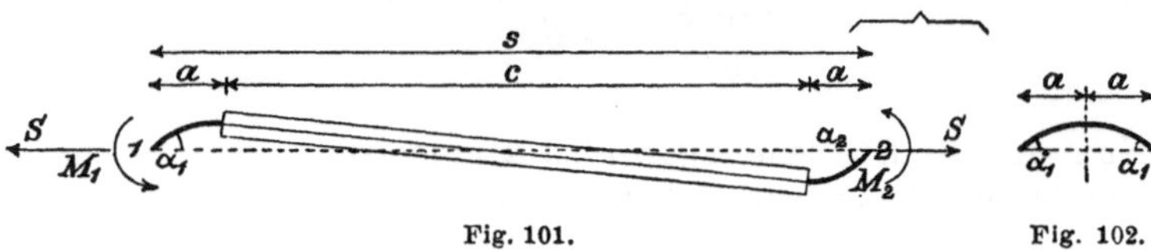

Fig. 101. Fig. 102.

Bei Druckstäben müssen nun Länge 2a und Trägheitsradius i des Blattes der Knicksicherheit wegen im gleichen Verhältniss stehen wie Stablänge s und Trägheitsradius i des Stabs. Es ist daher auch das Verhältniss von Länge zur Dicke bei den Blättern annähernd das gleiche wie beim Stabe, und somit fallen auch die Nebenspannungen $\nu + \xi$ für die Blätter annähernd so gross aus, wie sie bei der gewöhnlichen Konstruktion für den vollen Stab erhalten werden. Das Mittelstück dagegen befindet sich bezüglich der Knickgefahr in einer ungünstigeren Lage als der volle Stab, da eine Einspannung nicht stattfindet, die freie Länge somit gleich der Stablänge angenommen werden muss. Bei Druckstäben ist hiernach die Anwendung von Blattgelenken i. A. unvortheilhaft.

Bei Zugstäben ist

$$\alpha_1 = \frac{k\,M_1}{S} \frac{(-2 + e^{k2a} + e^{-k2a})}{e^{k2a} - e^{-k2a}},$$

wenn man den Verhältnissen der Fig. 102 entsprechend in der auf S. 127 entwickelten Formel statt M_2 den Werth $-M_1$ einführt.

Man erhält hieraus

$$M_1 = \frac{\alpha_1 S}{k} \frac{e^{k2a} - e^{-k2a}}{(-2 + e^{k2a} + e^{-k2a})}.$$

Mit wachsendem k a nimmt M_1 ab; im Grenzfall $k\,a = \infty$ würde $M_1 = \alpha_1 S : k$, und die zugehörige Nebenspannung des Blatts nach S. 129

$$\nu + \xi = \alpha_1 \sqrt{\frac{3}{\varepsilon}} \cdot \sigma,$$

bezw. ausserhalb Elasticitätsgrenze

$$\nu + \xi = \alpha_1 \sqrt{3\,\mathrm{T}\,\sigma}.$$

Die Beträge von $\nu + \xi$ sind bei passender Blattlänge a nur gering und können durch Verbreiterung des Blatts, wobei die Grundspannung σ abnimmt, noch weiter vermindert werden. Die Nebenspannungen des Mittelstücks sind bei dem geringen Werthe von M ohne Bedeutung.

Wenngleich hiernach durch Blattgelenke die Nebenspannungen von Zugstäben wirksam herabgemindert werden können, so wird man doch von deren Verwendung i. d. R. Abstand nehmen, theils wegen der komplicirteren Konstruktion, theils wegen der geringeren Sicherheit gegen aussergewöhnliche Ereignisse (Stösse bei Entgleisungen u. s. w.; siehe Abschnitt III B). Nur in einzelnen besondern Fällen können Blattgelenke zweckmässig sein; z. B. zur Verbindung der Querpfosten mit den Ständern, um die auf S. 49 unter (c α) behandelten Nebenspannungen der Zwischenrahmen zu verringern, wobei die Blätter durch die wagrechten Knotenbleche gebildet werden.

b) Geschlossene Brücken.

α) Bei den Grundsystemen mit 1 Längsverband und m Querverbänden (I Fig. 1) und solchen mit 2 Längsverbänden und m Querverbänden (I Fig. 40) sind unter normalen Verhältnissen die einzelnen Knotenpunkte gegenseitig derart festgehalten, dass sie bezüglich des Ausknickens der Druckstäbe als vollkommene Festpunkte angesehen werden dürfen*). Es können hierfür unmittelbar die unter (a) angestellten Betrachtungen über die freie Länge l der Druckstäbe Anwendung finden, wobei zu beachten ist, dass die Grösse von l nicht nur durch die feste Verbindung des betr. Stabs mit den anstossenden Zugstäben gemindert wird, sondern auch durch die Verbindung mit benachbarten Druckstäben, sofern letztere für den fraglichen Belastungsfall nicht voll beansprucht sind, sondern überschüssige Knicksicherheit besitzen. So werden beispielsweise die mittleren Streben, die bei hälftiger Belastung ihre grösste Druck-

*) Theoretisch ist allerdings der Fall denkbar, dass die Querstreben so geringe Querschnitte haben, dass sie das Ausknicken der oberen Gurtungen nicht verhüten können; praktisch kann dies jedoch nicht vorkommen, mit Rücksicht auf die zu übertragenden Windkräfte. Die Mindestwerthe, welche die Strebenquerschnitte zur Verhütung des Ausknickens der oberen Gurtungen besitzen müssen, können in ähnlicher Weise, wie später bezüglich der offenen Brücken dargelegt, ermittelt werden.

kraft erhalten, durch die feste Verbindung mit der hierbei nicht voll beanspruchten Druckgurtung wesentlich verstärkt. Doch empfiehlt es sich im Interesse der Sicherheit, diesen günstigen Umstand nur mit Vorsicht in Anrechnung zu bringen. Man kann, vorbehaltlich eingehenderer Untersuchungen, für gewöhnlich folgende Annahmen machen:

Gurtstäbe. Unter Vernachlässigung des günstigen, aber meist geringen Einflusses der Strebensteifigkeit kann man die freie Länge l gleich der Stablänge s setzen und zwar bezüglich beider Hauptebenen (Ebene des Hauptträgers und Ebene des Längsverbands).

Ständer. 1. Hauptebene (Ebene des Hauptträgers): In Trägermitte ist l etwas grösser als 0,5 s, etwa = 0,6 s; am Trägerende l = s. 2. Hauptebene (Ebene des Querverbands): Bei wenig steifen Querpfosten ist l = s; wenn der eine Querpfosten sehr steif ist (Querträger), kann l = 0,8 s gesetzt werden; bei grosser Steifigkeit beider Querpfosten l etwa = 0,6 s. Hierbei ist vorausgesetzt, dass Ständer und Querpfosten einen wirklichen Rahmen bilden, der auch an den Eckpunkten Biegungsmomente aufnehmen kann. Es gehört hierzu, dass entweder die Querschnitte von Ständer und Querpfosten vollkommen in einander übergeführt, oder dass kräftige Eckversteifungen angeordnet sind.

Querpfosten. Die Verhältnisse liegen hier analog wie bei den Ständern.

Streben. 1. Hauptebene (Ebene des Hauptträgers bezw. des Längsverbands): Wie bei den Ständern ist in Trägermitte l = 0,6 s, an den Trägerenden l = s anzunehmen. Bezüglich der 2. Hauptebene ist gewöhnlich l = s zu setzen, indem die Streben meist in sehr unvollkommener Verbindung mit den Querpfosten stehen, eine wesentliche Einwirkung der letzteren daher kaum erwartet werden kann.

Kreuzstreben mit Vernietung am Kreuzungspunkt (Fig. 27). Erste Hauptebene: in Trägermitte l = 0,4 s, an den Trägerenden l = 0,5 s. In der zweiten Hauptebene (senkrecht zur Trägerebene) ist l = 0,5 s, falls die Zugstrebe eine gleiche oder stärkere Kraft auszuhalten hat als die Druckstrebe (Fahrbahn unten, gekrümmte Gurtung, Fig. 108), weil dann die Druckstrebe am Kreuzungspunkt stets durch die Zugstrebe in der ursprünglichen Lage festgehalten wird. Bei überwiegender Druckkraft (Fahrbahn oben und Parallelträger) ist der Kreuzungspunkt nicht als vollkommener Festpunkt zu betrachten und l etwa nur = 0,6—0,7 s anzunehmen.

Gitterstreben engmaschigen Systems mit gegenseitiger Vernietung. Erste Hauptebene: l = Entfernung zwischen 2 Kreuzungspunkten = a. Für die zweite Hauptebene könnte l ebenfalls = a gesetzt werden, wenn die kreuzenden Zugkräfte durchgehends gleich oder grösser als die Druckkraft der betrachteten Strebe wären. Nun sind aber auf der einen Hälfte der Druckstrebe die kreuzenden Zugkräfte kleiner; man wird deshalb $l > a$, mindestens $= 2a$ wählen, namentlich bei oben liegender Fahrbahn, wo die Druckkräfte etwas überwiegen.

Anmerkung. In Folge der Vernietung beider Kreuzstreben wird die Knicksicherheit erhöht und werden die Nebenspannungen ξ verringert, während andererseits die Nebenspannungen ν eine Verstärkung erfahren. Bei schwachen Stäben überwiegt der Vortheil; doch ist für eine ausreichende Vernietung Sorge zu tragen, da sonst die Nieten erfahrungsgemäss leicht gelockert werden.

Eine Vernietung beider Kreuzstreben ist besonders dann von Nutzen, wenn die Streben einseitig an die Gurten befestigt sind (vgl. No. 7 S. 100); die Nebenmomente senkrecht zur Trägerebene und die entsprechenden Nebenspannungen, $\nu + \xi$, werden hierdurch wesentlich gemindert. Für die Untersuchung der einschlägigen Verhältnisse*) sei ein Parallelträger vorausgesetzt. Die Excentricität der Druckstrebe sei = a, die der Zugstrebe so klein, dass sie vernachlässigt werden kann (etwas zu ungünstige Voraussetzung); die Streben seien an den Enden drehbar befestigt.

Bei unverbundenen Streben biegt sich die Druckstrebe unter der Wirkung der Druckkraft D in der Mitte aus um

$$f_0 = a \left[\sec \left(\frac{s}{2} \sqrt{\frac{D}{EJ}} \right) - 1 \right].$$

Das zugehörige Moment ist $M = D(f_0 + a)$, die gesammte Nebenspannung

$$\nu + \xi = \frac{Me}{J} \cdot$$

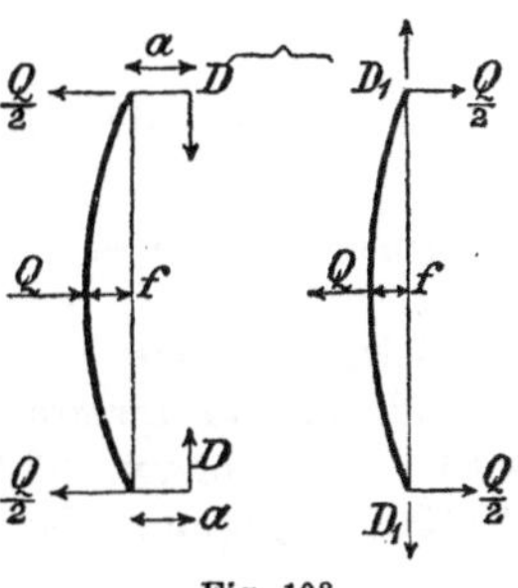

Fig. 103.

In Folge der Verbindung beider Streben tritt an der Verbindungsstelle eine Querkraft Q auf (Fig. 103), welche die Ausbiegung der Druckstrebe vermindert und die der Zugstrebe auf das gleiche Maass (= f) erhöht.

---

*) Siehe Brik, Zeitschrift des Oester. Ing.- u. Arch.-Vereins 1891, S. 76.

Mit Hülfe der Gleichung der elastischen Linie erhält man

für die Druckstrebe

$$f = f_0 + \frac{Q\,s}{4\,D} - \frac{Q}{2\,D}\sqrt{\frac{E\,J}{D}}\,\mathrm{tg}\left(\frac{s}{2}\sqrt{\frac{D}{E\,J}}\right),$$

und für die Zugstrebe

$$f = \frac{Q\,s}{4\,D_1} - \frac{Q}{2\,D_1}\sqrt{\frac{E\,J_1}{D_1}}\,\frac{e^{ks}-1}{e^{ks}+1}, \quad \text{wo } k = \sqrt{\frac{D_1}{E\,J_1}},$$

D_1 = Zugkraft, J_1 = Trägheitsmoment der Zugstrebe. Für die weitere Entwicklung soll $D_1 = D$ angenommen werden. Ferner ist nahezu

$$\frac{e^{ks}-1}{e^{ks}+1} = 1.$$

Durch Elimination von Q erhält man

$$\frac{f}{f_0} = \frac{\frac{s}{2}\sqrt{\frac{D}{E\,J}} - \sqrt{\frac{J_1}{J}}}{\mathrm{tg}\left(\frac{s}{2}\sqrt{\frac{D}{E\,J}}\right) - \sqrt{\frac{J_1}{J}}}$$

und sodann

$$Q = \frac{2\,D\,f}{\frac{s}{2} - \sqrt{\frac{E\,J_1}{D}}}.$$

Schliesslich ist das Nebenmoment $M = D\,(f + a) - \frac{Q\,s}{4}$, und die Nebenspannung $\nu + \xi = \frac{M\,e}{J}$.

Beispielsweise sei $D = 14864$ kg, $a = 2{,}19$ cm, $J = 59{,}38$ cm^4, $e = 4{,}21$ cm (Zugseite) bezw. $e = 1{,}79$ cm (Druckseite), somit $J : e = 14{,}1$ cm^3 bezw. $33{,}2$ cm^3; $J_1 = 0{,}469$ cm^4, $s = 140$ cm, $E = 2000000$ klg/qcm. Es ergiebt sich sodann

bei unverbundenen Streben

$$f_0 = 0{,}85 \text{ cm}, \quad M = 14864\ (2{,}19 + 0{,}85) = 45186 \text{ klg. cm.}$$

$$\nu + \xi = \frac{45186}{14{,}1} = 3200 \text{ klg/qcm (Zug)},$$

$$\text{bezw. } \nu + \xi = \frac{45186}{33{,}2} = 1360 \text{ klg (Druck)}.$$

Für verbundene Streben ist

$$f = 0{,}65,\ Q = 311,\ M = 14864\,(2{,}19 + 0{,}65) - \frac{311 \,.\, 140}{4} = 31328,$$

$$\nu + \xi = \frac{31328}{14{,}1} = 2220 \text{ (Zug)},$$

$$\text{bezw. } \nu + \xi = \frac{31328}{33{,}2} = 944 \text{ (Druck)}.$$

Nebenmoment und Nebenspannungen sind somit durch die Verbindung beider Streben um ca. 30 % verringert worden. Dabei ist zu bemerken, dass im vorliegenden Falle die Ergebnisse in sofern nur annähernde sind, als die Spannungen z. Th. die Elasticitätsgrenze überschreiten, und somit die Voraussetzung der entwickelten Formeln ($\sigma = E\,\varepsilon$) nicht mehr vollständig erfüllt ist.

Was den Sicherheitsgrad n anbelangt, der gegen Ausknicken mindestens vorhanden sein sollte, so kann man für ruhende Last unter günstigen Verhältnissen setzen:

Bei kleinen Längen, d. h. specifischen Längen $\lambda \leqq 65$, Sicherheitsgrad $n = 2{,}4$.

Für Schweisseisen ist in diesem Falle $K_0 = Q = 2350$ klg/qcm (siehe S. 112), somit zulässige Spannung $k_0 = 2350 : 2{,}4 =$ rund 1000 klg, d. h. ebenso hoch wie bei Zugbeanspruchungen, $k_0 = k$.

Bei grossen Längen, $\lambda \geqq 100$, Sicherheitsgrad $n = 4$. Für Zwischenfälle ist entsprechend zu interpoliren.

Für bewegte Last ist der Sicherheitsgrad grösser, etwa $= 4$ bezw. 7 anzunehmen, falls nicht, wie bei statischen Berechnungen vielfach üblich, die bewegte Last durch Multiplikation mit einem Beiwerth auf ruhende zurückgeführt wird, wo dann selbstverständlich die obigen Zahlen beibehalten werden (siehe Abschnitt III).

In solchen Fällen, wo besonders hohe Nebenspannungen ξ zu erwarten sind, ist n schätzungsweise zu erhöhen; desgl. bei Wechsel von Zug und Druck.

Bei Gebrauch der vorstehenden Zahlen, die sich einer vielfach verbreiteten Uebung*) anschliessen, fällt die Sicherheit der Druck-

*) Vielfach wird die Euler'sche Formel $k_0 = \frac{\pi^2 E}{n\,\lambda^2}$, in Verbindung mit $k_0 = k$ für kurze Stäbe, angewendet. Der Sicherheitsgrad n wird durchweg, für ruhende wie für bewegte Last, gleich 5 gesetzt. Mit Rücksicht darauf, dass die Euler'sche Formel ausserhalb der Elasticitätsgrenze zu günstige Ergebnisse liefert, stimmen die erhaltenen Werthe trotz des nominellen höheren Sicherheitsgrads im Mittel mit denen des oben angegebenen Verfahrens überein.

stäbe etwas geringer aus als die der Zugstäbe, insofern letztere auch nach Ueberschreitung der Streckgrenze ($Q = 2350$ klg) noch Sicherheit gegen Bruch bieten, während dies bei den Druckstäben i. A. nicht mehr der Fall ist. Diese Ungleichheit könnte durch Erhöhung der Ziffer n, bei kurzen Stäben von 2,4 auf 3 bis 3,5, gehoben werden. Die zulässige Druckspannung k_0 liegt dann stets unterhalb der zulässigen Zugspannung k; bei kurzen Stäben wird $k_0 = 700$ bis 800 gegenüber $k = 1000$.

Für den praktischen Gebrauch ist es meist bequemer, die früher auf S. 124 angegebene Formel $k_0 = k : (1 + 0{,}00015\,\lambda^2)$ anzuwenden, die wenigstens für die gewöhnlichen Längen λ eine ausreichende Erhöhung der Sicherheit bietet. Eine weitere Erhöhung derselben ergiebt sich, wenn, wie üblich, die Nietlochverschwächung auch bei den Druckstäben berücksichtigt wird, da ja die Tragfähigkeit von Druckstäben durch diese Verschwächung nicht wesentlich verringert wird.

Bei gleichzeitigem Vorhandensein grösserer Nebenmomente M ist das auf S. 124 angegebene Verfahren anzuwenden.

β) Bei Grundsystemen mit 2 Längsverbänden und 2 Endquerverbänden (I, Fig. 5) sind die Zwischenknotenpunkte der oberen Gurtungen nicht unter allen Umständen vollkommene Festpunkte. Es liegt in gewissen Fällen die Möglichkeit vor, dass der obere Längsverband (Gurtungen + Streben) unter der Wirkung der auftretenden Druckkräfte als Ganzes seitlich ausknickt. Ausser der unter (α) betrachteten Sicherung der einzelnen Druckstäbe muss hier auch noch die Sicherung des gesammten oberen Längsverbands in's Auge gefasst werden. Es handelt sich um einen Fachwerksbalken, welcher unter der Wirkung der von Feld zu Feld sich sprungweise ändernden Druckkräfte 2 S steht. Bei Parallelträgern erhält man auf folgende Weise einen Näherungswerth für die Widerstandsfähigkeit gegen Ausknicken.

Wir setzen zunächst statt des Fachwerkbalkens einen Vollbalken voraus, dessen Druckkräfte kontinuirlich von Null an den Enden bis auf P ($= 2\,S_m$) in der Mitte anwachsen. Einer gleichmässigen Brückenbelastung p entsprechend erfolgt der Zuwachs, welcher der jeweiligen Querkraft Q proportional ist, geradlinig, und zwar ist $\frac{dP}{dx} = \frac{Q}{h} = \frac{px}{h}$, wo $h =$ Trägerhöhe und $x =$ Abscisse auf die Balkenmitte bezogen.

Sind nun für eine beliebige kleine Durchbiegung δ (Fig. 104) die inneren und äusseren Kräfte im Gleichgewicht, so muss für den mittleren Querschnitt sein

$$\frac{T J}{\varrho} = \int y \, d P.$$

Näherungsweise kann die elastische Linie als Parabel angesehen werden. Es ist dann $y = \frac{4 x^2}{L^2} \delta$ und $\varrho = \frac{L^2}{8}$, somit

$$\frac{8 T J \delta}{L^2} = \int_0^{\frac{L}{2}} \frac{4 x^2 \delta}{L^2} \cdot \frac{p x}{h} d x = \frac{p L^2 \delta}{16 h} = \frac{P \delta}{2}$$

$$\text{und } P = \frac{16 T J}{L^2}.$$

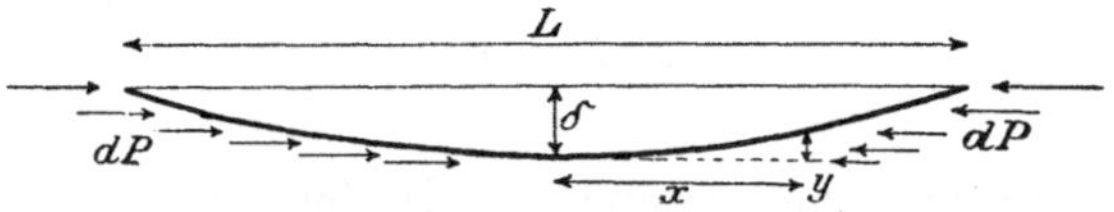

Fig. 104.

Dieser Werth ist doppelt so gross wie derjenige, welcher unter der gleichen Voraussetzung (elastische Linie = Parabel) für eine konstante Druckkraft P_0 erhalten wird. Genau genug kann das für Vollbalken abgeleitete Ergebniss auch für Fachwerkbalken als gültig angesehen werden. Berechnet man daher mit Hülfe der Formeln auf S. 112 die Knickkraft P_0 eines Balkens, dessen Trägheitsmoment konstant gleich dem in der Mitte, so ist die Knickkraft des entsprechenden Längsverbands $P = 2 P_0$, d. h. die Gurtkraft in Trägermitte $S_m (= 0{,}5 P)$ darf bis auf P_0 steigen, ehe ein seitliches Ausknicken des Längsverbands zu befürchten steht.

Bei vorstehenden Entwicklungen war stillschweigend angenommen worden, dass ausser den Längskräften keine weiteren Kräfte auf den Längsverband einwirken, was für den Fall, dass sämmtliche lothrechten Lasten in den unteren Knotenpunkten angreifen, zutrifft. Wenn jedoch die Belastung zum Theil ($= p_1$ f. d. Meter Brücke) in den oberen Knotenpunkten angebracht ist, so treten bei der geringsten Ausbauchung des Längsverbands noch wagrechte Komponenten derselben auf, welche die Knickgefahr des Längsverbands vermehren (Fig. 105).

Unter Annahme einer parabelförmigen elastischen Linie ist die wagrechte Komponente von p_1 im Abstand x von der Mitte

$$w = p_1 \frac{\delta - y}{h} = \frac{p_1 \delta}{h}\left(1 - \frac{4x^2}{L^2}\right),$$

und das Moment aller w der einen Brückenhälfte bezüglich der Mitte

$$M_1 = \int w\left(\frac{L}{2} - x\right) dx = \int \frac{p_1 \delta}{h}\left(1 - \frac{4x^2}{L^2}\right)\left(\frac{L}{2} - x\right) dx$$

$$= \frac{5}{48}\,\frac{p_1 \delta L^2}{h} = \frac{5}{6} P_1 \delta,$$

wo P_1 die der Belastung p_1 entsprechende Druckkraft in Brückenmitte bezeichnet. Das gesammte Knickmoment ist nun

$$= \frac{P\delta}{2} + \frac{5}{6} P_1 \delta = P\delta\left(\frac{1}{2} + \frac{5}{6}\beta\right),$$

wenn $\beta = P_1 : P = p_1 : p$ gesetzt wird; im Augenblick des Ausknickens muss dasselbe gleich dem widerstehenden Moment des

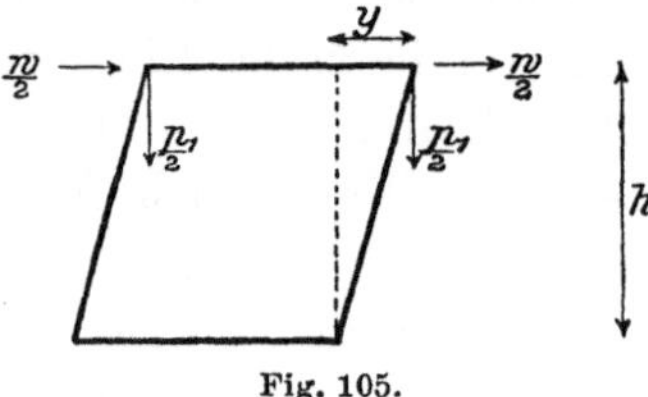

Fig. 105.

mittleren Querschnitts $= \frac{8TJ\delta}{L^2} = P_0 \delta$ sein, woraus die Knickkraft des oberen Längsverbands erhalten wird zu

$$P = P_0 : \left(\frac{1}{2} + \frac{5}{6}\beta\right).$$

Für $\beta = 1$, d. h. wenn alle Lasten oben angreifen, wird $P = \frac{3}{4} P_0$, also kleiner als die normale Knickkraft P_0 eines geraden Stabs.

Die vorstehenden Formeln beruhen auf der Voraussetzung reibungsloser Gelenkknoten. Bei genieteten Knoten wird der obere Längsverband durch die Wandstäbe gegen Knicken unterstützt; doch kann dieser günstige Einfluss i. d. R. als unwesentlich vernachlässigt werden.

In der Anwendung verlangt die Rücksicht auf die Querbelastungen (Winddruck) wohl immer derartige Abmessungen des Längsverbands, namentlich eine derartige Gurtentfernung, dass von einem seitlichen Ausknicken des Längsverbands unter normalen Verhältnissen nicht die Rede sein kann. Dies gilt in gleicher Weise für ebene wie für gekrümmte Längsverbände.

γ) Wenn die Endquerverbände, mit Rücksicht auf die unten liegende Fahrbahn, ohne Streben als einfache Rahmen ausgeführt werden müssen, so können auch die oberen Endknoten nicht unter allen Umständen als vollkommene Festpunkte angesehen werden. Je nach den besonderen Verhältnissen sind seitliche Ausweichungen derselben unter dem Einfluss der in den oberen Gurtungen wirkenden Druckkräfte möglich. Der obere Längsverband sei nach (β) mit ausreichender Knicksicherheit ausgeführt. Seine seitlichen

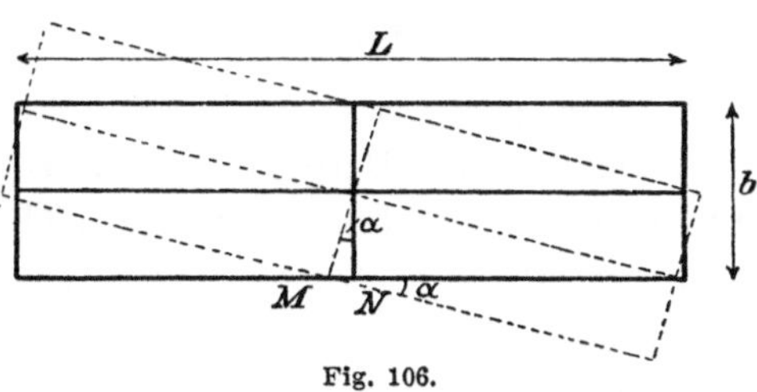

Fig. 106.

Deformationen sind dann so gering, dass sie gegenüber denen, die bei ausknickenden Stäben auftreten, als unwesentlich vernachlässigt werden dürfen. Unter dieser Voraussetzung ist eine Drehung des oberen Verbands um eine lothrechte Mittelachse nicht möglich, da hierbei eine Längsverschiebung der oberen Gurtungen $= MN = \alpha \frac{b}{2}$ (siehe Fig. 106) erforderlich wäre, die jedoch durch die Streben der Hauptträger wirksam verhindert wird. Eine Formänderung des Gesammtsystems in Folge Nachgebens der Endrahmen kann somit nur in der Weise vor sich gehen, dass sich der obere Verband in der Querrichtung parallel verschiebt. Eine solche Verschiebung ($= \delta$) ist jedoch nur bei oben befindlicher Belastung p_1 möglich (selbstverständlich von dem Einfluss wagrechter Belastungen abgesehen). Greift dagegen die Belastung unten an, so treten keinerlei Kräfte auf, die eine Seitenverschiebung bewirken könnten, vorausgesetzt, dass jeder einzelne Druckstab für sich nach (α) knicksicher ist. Um nun diejenige Belastung p_1 für den Meter zu bestimmen, welche in den oberen Knoten angebracht eine Verschiebung des oberen Verbands bezw. ein seitliches Ausknicken der Querrahmen bewirken kann, denken wir uns letztere um die beliebige kleine Grösse δ ausgebogen und stellen die Gleichgewichtsbedingung zwischen den angreifenden und widerstehenden Kräften auf. Wir erhalten für Parallelträger $p_1 L \cdot \frac{\delta}{h} = 2 A \delta$ oder $p_1 \frac{L}{2h} = A$ (siehe Fig. 107).

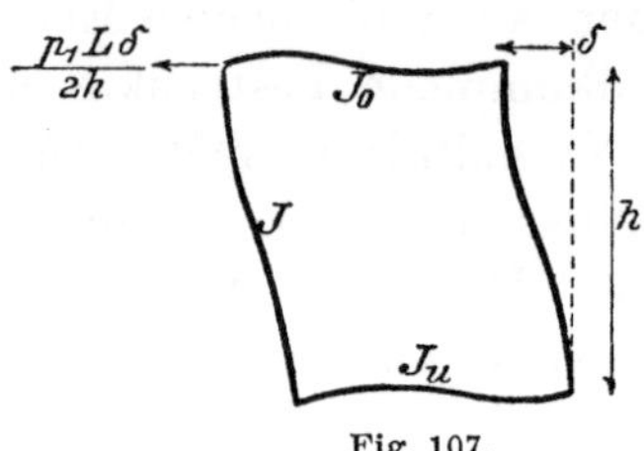

Fig. 107.

Die Grösse A bezeichnet hierbei diejenige wagrechte Kraft, welche den Querrahmen um den Betrag $\delta = 1$ auszubiegen vermag; sie ergiebt sich unter Benutzung des auf S. 61, I. Th., angegebenen Ausdrucks von γ $(= \delta : h)$ zu

$$A = \frac{12\,E}{h^2}\left(\frac{b}{J_0} + \frac{6\,h}{J} + \frac{b}{J_u}\right) : \left[\frac{b}{J_0}\left(\frac{2\,h}{J} + \frac{b}{J_u}\right) + \frac{h}{J}\left(\frac{3\,h}{J} + \frac{2\,b}{J_u}\right)\right].$$

Mit Hülfe der aufgestellten Gleichung kann bei gegebenen Trägheitsmomenten die Knickbelastung p_1 bestimmt werden. Hierbei ist jedoch mit Rücksicht auf die Ständerkräfte V noch eine Korrektur erforderlich; annähernd kann dieselbe dadurch bewirkt werden, dass man als Trägheitsmoment der Ständer nur den Betrag $J - J_1$ einführt, wo J_1 das nach (α) zur Aufnahme der Druckkraft V erforderliche Trägheitsmoment bezeichnet. Umgekehrt kann bei gegebener Belastung p_1 und Sicherheitsziffer n das hierfür erforderliche Trägheitsmoment J der Ständer ermittelt werden; das Gesammtträgheitsmoment ist schliesslich $= J + J_1$ zu setzen.

Für $J_0 = 0$ und $J_u = 0$ liefert die aufgestellte Gleichung den Werth $p_1 = 0$, d. h. schon die geringste oben aufgebrachte Belastung würde die Querrahmen umknicken, wie kräftig man auch die Ständer ausführen möge.

Sind ausser den Endrahmen noch Zwischenrahmen vorhanden, so wird die Widerstandsfähigkeit gegen Ausknicken vermehrt; es ist dann in der obigen Grundgleichung ΣA statt $2A$ einzuführen.

Anmerkung. Bei Längsverbänden mit flachen Kreuzstreben biegen letztere, wie in Theil I S. 72 erwähnt, in Folge der Zusammendrückung der Gurtungen aus; die Gurtungen können dementsprechend kleine, von einander unabhängige Bewegungen ausführen. Grössere Bewegungen sind jedoch ausgeschlossen, da alsdann die eine Hälfte der Streben sich wieder gerade streckt und die Gurtungen wieder in feste Verbindung bringt. Gegen seitliches Ausknicken wirkt daher ein solcher Längsverband trotz der flachen Streben wie ein festgefügtes Ganzes in der unter (β) und (γ) beschriebenen Weise; nur sind die Deformationen und somit auch die Nebenspannungen etwas grösser als bei Längsverbänden mit steifen Streben.

c) Offene Brücken.

Bei offenen Brücken liegen die Verhältnisse wesentlich ungünstiger als bei geschlossenen Brücken, da die oberen Gurtungen nicht gegenseitig abgesteift sind, und somit jede für sich allein dem Ausknicken Widerstand leisten muss. Hierbei können die oberen Knotenpunkte nicht als unbedingte Festpunkte angesehen werden, da sie nur in unvollkommener Weise durch die Querverbände festgehalten sind. Letztere sind offene Rahmen, die i. d. R. aus den Ständern und den damit fest verbundenen Querträgern bestehen (Fig. 110). Bisweilen werden die Querträger durch besondere steife Querpfosten ersetzt; sie selbst erhalten dann eine bewegliche Auflagerung, damit die Rahmen keine Formänderungen durch die lothrechten Belastungen erleiden (Fig. 44). Bei Strebenfachwerken treten naturgemäss die Streben an die Stelle der Ständer. (Siehe z. B. die Kipperbrücke der sächsischen Schmalspurbahnen, Civ. Ing. 1886 S. 62.)

Je schwächer die Querrahmen sind, desto stärker müssen die Gurtungen ausgeführt werden und umgekehrt. Die grössten Stärken für die Querrahmen erhält man unter der Annahme, dass die Gurtungen nicht kontinuirlich durchlaufen, sondern durch Kugelgelenke an die Rahmen angeschlossen sind; die kleinsten Stärken ergeben sich bei durchlaufenden Gurtungen von unendlich grosser Seitensteifigkeit. Beide Grenzfälle lassen eine vollkommen exakte Behandlung zu und mögen nachstehend zuerst untersucht werden. In den zwischenliegenden Fällen kann die Aufgabe nur unter gewissen vereinfachenden Voraussetzungen genau gelöst werden; für die verwickelteren Fälle der Anwendung muss man sich mit Näherungsverfahren begnügen.

α) Gurtungen mit Kugelgelenken*).

Die untere Gurtung der Hauptträger sei gerade, die obere beliebig geformt; in der Ebene der untern Gurtungen liege ein kräftiger Längsverband. Die Stabkräfte der obern Gurtungen, der Streben und Ständer werden mit O, D, V und die entsprechenden Stablängen mit o, d, v bezeichnet (Fig. 108).

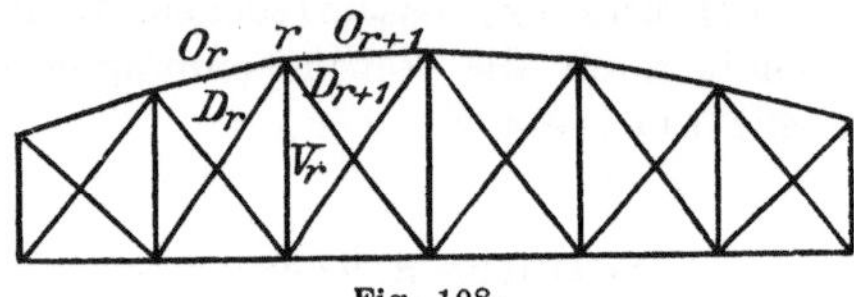

Fig. 108.

In Fig. 109 sei der Grundriss einer obern Gurtung im Augenblick des Ausknickens dargestellt; die wagrechten Verschiebungen der Knotenpunkte gegen die ursprüngliche Lage werden mit δ (positiv nach innen) bezeichnet. Die wagrechten Verschiebungen der untern Gurtknoten können mit Rücksicht auf den Längsverband gleich Null gesetzt werden. Um alle störenden Nebeneinflüsse auszuschalten, setzen wir die früher erwähnte Anordnung der Querrahmen mit steifen Querpfosten voraus, bei welchen die lothrechten Belastungen unabhängig von den Querrahmen durch besondere, frei gelagerte Querträger auf die Hauptträger übertragen werden.

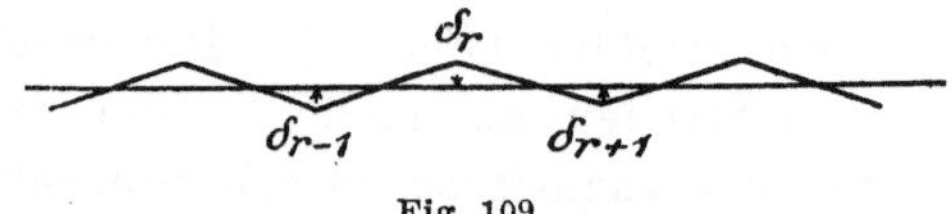

Fig. 109.

Das Gleichgewicht der wagrechten Kräfte am r^{ten} obern Knotenpunkte (Fig. 108) erfordert nun

$$O_r \frac{\delta_r - \delta_{r-1}}{o_r} + O_{r+1} \frac{\delta_r - \delta_{r+1}}{o_{r+1}} + D_r \frac{\delta_r}{d_r} + D_{r+1} \frac{\delta_r}{d_{r+1}} + V \frac{\delta_r}{v_r} = A_r \delta_r,$$

wobei Druckkräfte als positiv angenommen wurden. Das Glied $A_r \delta_r$ stellt die Reaktionskraft des oben um δ_r ausgebogenen Rahmens

*) Siehe Centralblatt der Bauverwaltung 1892, S. 349.

dar, wobei der Beiwerth A_r von den Abmessungen des betreffenden Rahmens abhängt und dessen Steifigkeitsmaass darstellt.

Denkt man sich auf die zwei obern Endpunkte des Rahmens zwei gleiche und entgegengesetzte wagrechte Kräfte H einwirken, welche erstere je um $\delta = 1$ verschieben (Fig. 110), so ist deren Grösse gleich dem Beiwerth A des betreffenden Rahmens. Hiermit kann, bei gegebenen Abmessungen des Rahmens, der Werth von A leicht bestimmt werden. Bei konstantem Trägheitsmoment von Ständer und Querpfosten (J und Y) erhält man

$$A = 1 : \left(\frac{h^2 b}{2 E Y} + \frac{h^3}{3 E J}\right) \text{*)},$$

wo b = Hauptträgerentfernung,
h = freie Länge (siehe Fig. 110).

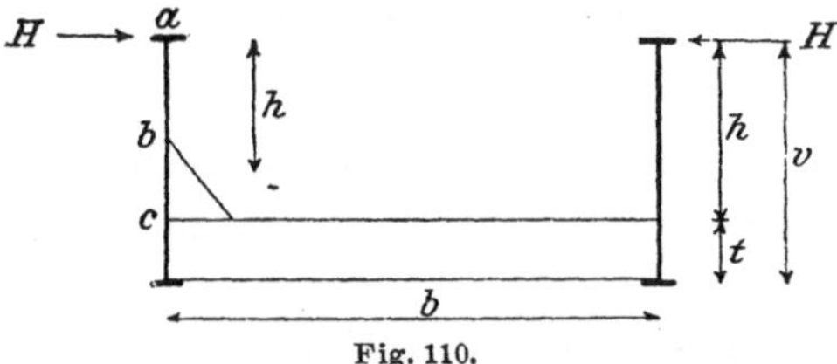

Fig. 110.

Vernachlässigt man die Höhe t des Querpfostens, so wird h = v. Bei Anordnung von Eckblechen (Fig. 110 links) ist für h ein Mittelwerth zwischen a b und a c einzuführen. Wenn das Trägheitsmoment des Ständers von dem Anfangswerth = 0 am Kopfe bis zu seinem Endwerth J am Fusse geradlinig zunimmt, so wird

$$A = 1 : \left(\frac{h^2 b}{2 E Y} + \frac{h^3}{2 E J}\right).$$

Ist der Rahmen in Fachwerk ausgeführt (Fig. 111), so wird

$$A = 1 : \frac{1}{2} \Sigma \frac{s\, a^2}{E F m^2},$$

wo F = Querschnitt eines einzelnen Stabs,
s = dessen Länge,
m = Normale vom Gegenpunkt G auf den zugehörigen Stab,
a = Normale von G auf die Kraft H.

Es genügt, in die Summe nur die Randstäbe einzubeziehen.

*) Siehe S. 60. Im 1. Glied des Nenners bedeutet h streng genommen die Höhe von H über der Querträgerachse; siehe Fig. 47.

Die obige Gleichung für das Gleichgewicht der wagrechten Kräfte kann für jeden der z obern Knotenpunkte, d. h. ebenso oft, als Unbekannte δ vorhanden sind, aufgestellt werden. Da jedoch jedes Glied der Gleichung ein δ als Faktor enthält, so können nicht die z Absolutwerthe der δ, sondern nur die z — 1 Verhältnisswerde der δ, die mit τ bezeichnet werden mögen, bestimmt werden. Nach Elimination der z — 1 Werthe τ bleibt dann eine Schlussgleichung zwischen sämmtlichen Kräften und Rahmenmaassen übrig, die erfüllt

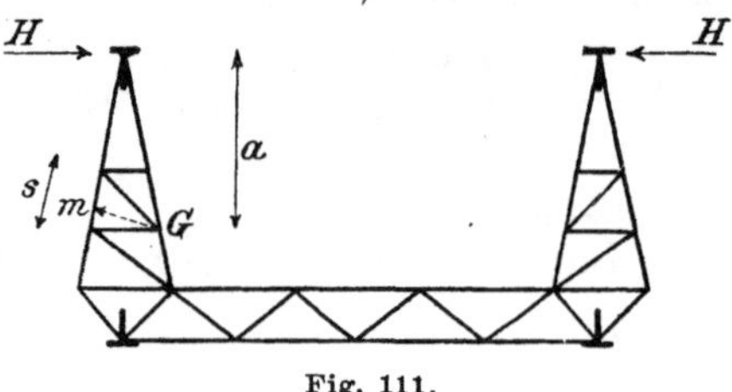

Fig. 111.

sein muss, wenn der in Fig. 109 vorausgesetzte Zustand des Ausknickens möglich sein soll. Setzt man statt der wirklichen Stabkräfte S deren Vielfache n S, wo n = Sicherheitsgrad, so liefert die Schlussgleichung bei gegebenen Rahmenmaassen den Werth von n, oder bei gegebenem n den kleinsten zulässigen Werth von A.

Bei Parallelträgern heben sich die in die Querrichtung fallenden Komponenten der Wandstabkräfte annähernd auf*); die Gleichung für den r^{ten} Knotenpunkt geht dann über in

$$\frac{O_r}{c}\left(\delta_r - \delta_{r-1}\right) + \frac{O_{r+1}}{c}\left(\delta_r - \delta_{r+1}\right) = A_r \, \delta_r \,,$$

wo c = Feldweite.

Für die Trägermitte und symmetrische Verhältnisse wird $O_r = O_{r+1} = O_m$, $\delta_{r-1} = \delta_{r+1} = \delta_{m-1}$; man erhält hierfür

$$\frac{2\,O_m}{c}\left(\delta_m - \delta_{m-1}\right) = A_m \, \delta_m \,.$$

Am Endständer wird $O_r = 0$, $O_{r+1} = O_1$, und somit

$$\frac{O_1}{c}(\delta_0 - \delta_1) = A_0 \, \delta_0.$$

*) Es wird hierbei der äusserst geringe Einfluss des in den obern Knotenpunkten angreifenden Eigengewichts vernachlässigt.

Bei gleichmässig belasteten Parabelträgern ergiebt sich, unter Vernachlässigung des geringen Einflusses der Ständer,

$$\frac{H}{c}(2\,\delta_r - \delta_{r-1} - \delta_{r+1}) = A_r\,\delta_r\,,$$

wo H die wagrechte Komponente der obern Gurtstäbe bezeichnet.

Setzt man näherungsweise für die Trägermitte $\delta_{m-1} = -\delta_m = \delta_{m+1}$, so erhält man für die erforderliche Steifigkeit des mittleren Querrahmens $A_m = \frac{4\,O_m}{c}$ bezw. $= \frac{4\,O_m\,n}{c}$.

Für $A_m = E : \left(\frac{h^2\,b}{2\,Y} + \frac{h^3}{3\,J_m}\right)$ ergiebt sich als Näherungswerth für das Trägheitsmoment des mittleren Ständers

$$J_m = 1 : \left[\frac{0{,}75\,E\,c}{n\,O_m\,h^3} - \frac{1{,}5\,b}{Y\,h}\right].$$

Ist das Trägheitsmoment Y des Querträgers sehr gross, sodass $1 : Y = 0$ gesetzt werden kann, so geht vorstehende Gleichung über in

$$J_m = \frac{4\,O_m\,h^3\,n}{3\,E\,c}.$$

Als untern Grenzwerth der Querträgersteifigkeit erhält man für $J_m = \infty$,

$$Y = \frac{2\,n\,O_m\,b\,h^2}{E\,c}.$$

Gewöhnlich ist die Steifigkeit der Querrahmen gleich gross oder wächst nach den Trägerenden hin. Dann ist $\delta_{m-1} < -\delta_m$; die aufgestellten Näherungsgleichungen liefern etwas zu grosse Werthe von J_m. Im Grenzfall, wenn alle Rahmen mit Ausnahme des mittleren unendlich steif sind, wird $\delta_{m-1} = \delta_{m+1} = 0$,

$$A_m = \frac{2\,O_m}{c} \text{ bezw. } = \frac{2\,O_m\,n}{c}\,;$$

der mittlere Rahmen bedarf somit in diesem Falle nur der halben Steifigkeit wie früher.

Bei halb offenen Brücken (Fig. 112), wo auf der mittleren Strecke k k ein oberer Längsverband vorhanden, ist die Gleichung für das Gleichgewicht der wagrechten Kräfte für die Knotenpunkte

0 — k aufzustellen. Der Beiwerth A_k kann gesetzt werden $A_k = \frac{1}{2} \sum_k^k A_l$, wo A_l die entsprechenden Beiwerthe der geschlossenen Rahmen auf der mittleren Strecke k k bezeichnet (siehe S. 140). In den meisten Fällen wird $A_k = \infty$, also $\delta_k = 0$ angenommen werden dürfen.

Bis jetzt war stillschweigend vorausgesetzt worden, dass die Ständer keine nennenswerthen Druckkräfte auszuhalten haben (was z. B. bei Kreuzstreben, Fig. 27, oder auch für den mittleren Ständer bei einfachem System annähernd zutrifft), dass somit das gesammte Trägheitsmoment J der Ständer zu Gunsten der Standfestigkeit der obern Gurtung ausgenutzt werden könne. Im

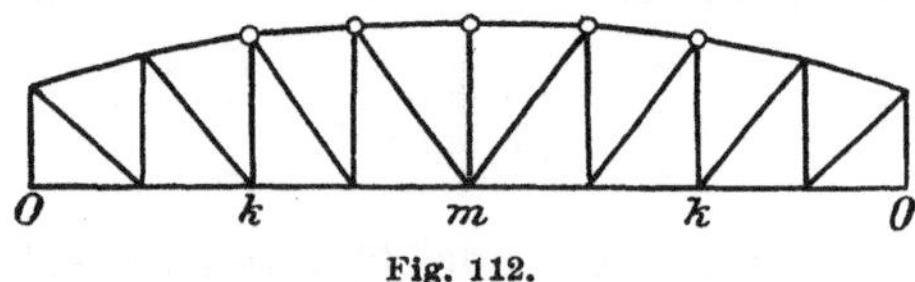

Fig. 112.

Allgemeinen ist dies jedoch nicht der Fall. Bezeichnet man mit J_l das zur Aufnahme der Ständerkraft V (Druck) erforderliche Trägheitsmoment, so kann man ohne wesentlichen Fehler in den früheren Formeln $J - J_l$ statt J einführen. J_l kann genau genug gesetzt werden $J_l = \frac{V v^2}{\pi^2 E}$ bezw. $= \frac{n V v^2}{\pi^2 E}$ (siehe auch Centralblatt der Bauverwaltung 1885, S. 71). Haben die Ständer Zugkräfte auszuhalten (z. B. bei Parabelträgern), so erhöht sich die Steifigkeit der Querrahmen, d. h. es dürfte streng genommen ein vergrösserter Werth von J in Rechnung gestellt werden; praktisch ist dieser Umstand ohne Bedeutung.

Es ist zu bemerken, dass die seitliche Standfestigkeit der Hauptträger wesentlich durch das Vorhandensein eines untern Längsverbands, welcher die Querrahmen gegenüber den wagrechten Querkräften festhält, bedingt wird. Fehlt der Längsverband, so sind schon die bei der kleinsten lothrechten Belastung auftretenden Druckkräfte im Stande, die Rahmen seitlich zu verschieben und die Hauptträger seitlich auszuknicken. Nur bei unendlich steifen Rahmen ist ein unbestimmter Gleichgewichtszustand möglich, da sich hier stets die in die Querrichtung fallenden Komponenten der Druckkräfte und der gleich grossen Zugkräfte aufheben.

Ueberschreitet die Grundspannung des Ständers ($\sigma = V : F$) die Elasticitätsgrenze, so liefern die vorstehenden Formeln zu günstige Ergebnisse. Man muss in diesem Falle in dem Ausdruck von A das Produkt EJ durch TJ und in dem von J_1 den Elasticitätsmodul E durch den Knickmodul T ersetzen. Dieser Umstand muss auch bei Bemessung des Sicherheitsgrads n berücksichtigt werden, falls die Spannung bei n facher Last, $\sigma = n V : F$, die Elasticitätsgrenze überschreitet. Am günstigsten verhalten sich in dieser Beziehung die Kreuzstrebensysteme mit Hülfsständern (Fig. 27), da die Grundspannungen σ der letzteren meist nur gering sind und auch bei n facher Last noch innerhalb der Elasticitätsgrenze bleiben.

Anmerkung. Wenn die Querrahmen unmittelbar belastet oder ungleich erwärmt werden, so erleiden ihre oberen Endpunkte Verschiebungen, die mit ϑ bezeichnet werden mögen. Für den r^{ten} Knotenpunkt lautet dann die Gleichung

$$O_r \frac{\delta_r - \delta_{r-1}}{o_r} + O_{r+1} \frac{\delta_r - \delta_{r+1}}{o_{r+1}} + D_r \frac{\delta_r}{d_r} + D_{r+1} \frac{\delta_r}{d_{r+1}}$$

$$+ V \frac{\delta_r}{v_r} = A_r (\delta_r - \vartheta_r).$$

Aus z derartigen Gleichungen lassen sich die z Unbekannten δ bestimmen. Es treten also hier schon bei den geringsten Belastungen, bezw. Stabkräften S, Ausbiegungen δ auf, die mit wachsenden S zunehmen und für bestimmte Werthe derselben unendlich gross werden. Die Bedingungsgleichung für diesen Grenzfall stimmt genau mit der früher erwähnten Schlussgleichung überein, da für sehr grosse δ die Werthe von ϑ daneben vernachlässigt werden dürfen. Der Zeitpunkt des Ausknickens wird daher durch die Deformationen ϑ theoretisch nicht beeinflusst. Doch ist hierbei Folgendes zu beachten.

Wenn die grössten Spannungen der Querträger (bei n facher Sicherheit) die Elasticitätsgrenze überschreiten, so muss in dem Ausdrucke von A auch bezüglich des von dem Querträger abhängigen Gliedes eine Korrektur vorgenommen werden. Wollte man, wie bei den Ständern, einfach E durch das zu max. σ gehörige T ersetzen, so erhielte man ein zu ungünstiges Ergebniss, da max. σ nicht in sämmtlichen Theilen des Querträgers auftritt. Man wird am besten, da eine genaue Rechnung unthunlich, schätzungsweise einen Mittelwerth zwischen E und T in die Formel einführen.

β) Durchlaufende Gurtungen von unendlich grossem Trägheitsmoment.

Setzen wir zunächst Parallelträger voraus, so ist ein seitliches Ausknicken der Tragwände nur dadurch möglich, dass sich die obere Gurtung gegenüber der unteren dreht, und zwar befindet sich der Drehpunkt bei symmetrischen Verhältnissen in Gurtungsmitte (M der Fig. 113). An der um den kleinen Winkel α gedrehten

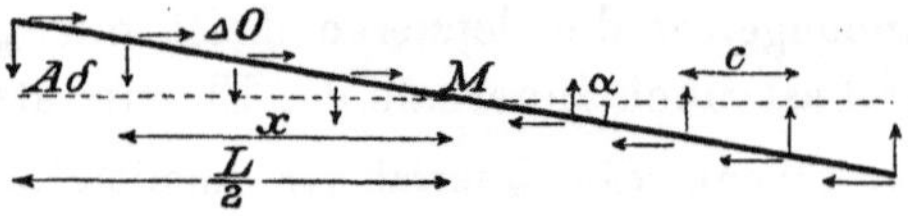

Fig. 113.

oberen Gurtung wirken nun die Rahmenreaktionen $A\,\delta$ (quer zur Achse) und die Kräfte der Wandstäbe D und V. Die lothrechten Komponenten der letzteren heben sich auf; es bleiben nur ihre wagrechten Komponenten (parallel zur ursprünglichen Achsrichtung), die für jeden Knotenpunkt $= \Delta O =$ Zuwachs der Gurtkraft sind. Das Gleichgewicht gegen Drehung um Punkt M erfordert $\Sigma A\,\delta x = \Sigma \Delta O \,.\, \delta$, oder da $\delta = \alpha x$, $\Sigma A x^2 = \Sigma \Delta O \,.\, x$.

Für n fache Sicherheit wird $\Sigma A x^2 = n\,\Sigma \Delta O \,.\, x$.

Annähernd kann man bei gleichmässiger Belastung mit p für den Meter setzen:

$$\Sigma \Delta O \,.\, x = \int x \,.\, d\,O = \int_0^{\frac{L}{2}} x \frac{p\,x}{v}\,dx = \frac{p\,L^3}{24\,v}, \quad \text{wo } v = \text{Trägerhöhe.}$$

$\Sigma A x^2$ wird bei konstantem A annähernd

$$= \int_0^{\frac{L}{2}} \frac{A}{c}\,x^2\,dx = \frac{A\,L^3}{24\,c}.$$

Man erhält hiermit $A = \dfrac{n\,p\,c}{v}$.

Darf die Steifigkeit der Zwischenrahmen gegen die der Endrahmen vernachlässigt werden, so wird $\Sigma A x^2 = A_0 \dfrac{L^2}{4}$ und $A_0 = \dfrac{4\,n}{2}\,\Sigma x \,.\, \Delta O$, angenähert $= \dfrac{n\,p\,L}{6\,v}$.

Für $A = \frac{3EJ}{h^3}$ (unendlich steife Querträger) folgt aus $A = \frac{n p c}{v}$ als erforderliches Trägheitsmoment der Ständer $J = \frac{n p c h^3}{3 E v}$, angenähert $= \frac{n p c h^2}{3 E}$.

Bei gekrümmten Gurtungen kann sowohl wie vorstehend eine Drehung um eine lothrechte Achse als auch eine solche um eine wagrechte Längsachse stattfinden. Letztere erfordert bei den üblichen Höhenverhältnissen grössere Kräfte und kann somit hier ausser Betracht bleiben. Bezüglich der ersteren kommen folgende Kräfte zur Wirkung:

Die Rahmenreaktionen $A\delta$ (quer zur Achse) und die wagrechten Komponenten der Wandstabkräfte $D\,D_1$ und V (siehe Fig. 108), und zwar $\frac{D\delta}{d}$, $\frac{D_1\delta}{d_1}$, $\frac{V\delta}{v}$ quer zur Achse und $\frac{D c}{d}$, $-\frac{D_1 c}{d_1}$ parallel der Achse. Bei n facher Sicherheit erfordert das Gleichgewicht gegen Drehen

$$\Sigma A \delta x = n \Sigma \left(\frac{D\delta}{d} x + \frac{D_1 \delta x}{d_1} + \frac{V \delta x}{v}\right)$$
$$+ n \Sigma \left(\frac{D c}{d} \delta - \frac{D_1 c}{d_1} \delta\right).$$

Ersetzt man hierin δ durch αx, so erhält man schliesslich

$$\Sigma A x^2 = n \Sigma \left(\frac{D x^2}{d} + \frac{D_1 x^2}{d_1} + \frac{V x^2}{v}\right)$$
$$+ n \Sigma \left(\frac{D c x}{d} - \frac{D_1 c x}{d_1}\right),$$

woraus entweder n oder $\Sigma A x^2$ bestimmt werden kann.

In vorstehender Gleichung sind Druckkräfte als positiv, Zugkräfte als negativ einzuführen.

γ) Durchlaufende Gurtungen von endlichem Trägheitsmoment ($\mathfrak{J}$)*).

Die Aufgabe lässt sich unter folgenden Voraussetzungen genau lösen:

Die Gurtung ist gerade, ihre Endpunkte werden unverrückbar festgehalten; die Grundkräfte O und die Trägheitsmomente $\mathfrak{J}$ sind für alle Gurtstäbe gleich gross. An Stelle der in den einzelnen Knoten angreifenden Rahmenreaktionen A δ_x wirken die Reaktionen kontinuirlich auf jedes Längendifferential dx, im Betrage

$$dR = \frac{A}{c} dx . \delta_x ,$$

wobei A konstant. Die Wandstäbe sind mit Gelenken an die Gurten angeschlossen.

Unter diesen Voraussetzungen nimmt die Gurtungsachse im Augenblicke des Ausknickens die Gestalt einer Wellenlinie an

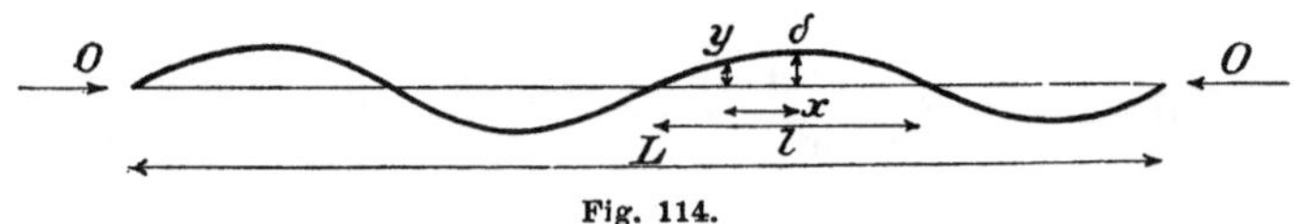

Fig. 114.

(Fig. 114). Die einzelnen Wellen sind einander kongruent; ihre Grenzpunkte (Inflexionspunkte) fallen in die ursprüngliche Achse. Es genügt daher, die Verhältnisse einer Einzelwelle zu untersuchen. Dieselbe hat die Form einer Cosinuslinie von der Gleichung $y = \delta \cos \frac{\pi x}{l}$, wo δ = Pfeil, l = Länge der Welle, x = Abscisse von Wellenmitte aus gerechnet. An den Endpunkten der Welle wirken die Kräfte O bezw. n O in der Achsrichtung, und

$$R = \int_0^{\frac{l}{2}} dR$$

in der Querrichtung; an den Zwischenpunkten greifen die Kräfte dR an (Fig. 115). Für die Wellenmitte lautet die Bedingung des Gleichgewichts zwischen den äusseren und inneren Kräften

*) Siehe Centralblatt der Bauverwaltung 1884 S. 415.

$$\mathrm{n\,O}\,\delta - \mathrm{R}\,\frac{\mathrm{l}}{2} + \int_0^{\frac{\mathrm{l}}{2}} \mathrm{d\,R}\,.\,\mathrm{x} = -\,\mathrm{E}\,\mathfrak{J}\,\frac{\mathrm{d}^2\mathrm{y}}{\mathrm{d\,x}^2} = \frac{\mathrm{E}\,\mathfrak{J}\,\pi^2}{\mathrm{l}^2}\,\delta.$$

Nach Einführung des Werths von dR erhält man durch Integration

$$\mathrm{n\,O} = \frac{\mathrm{A\,l}^2}{\pi^2\mathrm{c}} + \frac{\pi^2\mathrm{E}\,\mathfrak{J}}{\mathrm{l}^2}\,.$$

Die Knickkraft nO wird zum Minimum für

$$\frac{\mathrm{A\,l}^2}{\pi^2\mathrm{c}} = \frac{\pi^2\,\mathrm{E}\,\mathfrak{J}}{\mathrm{l}^2}, \quad \text{oder} \quad \mathrm{l} = \pi\sqrt[4]{\frac{\mathrm{E}\,\mathfrak{J}\,\mathrm{c}}{\mathrm{A}}},$$

und hat den Werth $\mathrm{n\,O} = \frac{2\,\pi^2\,\mathrm{E}\,\mathfrak{J}}{\mathrm{l}^2}$, d. h. sie ist doppelt so gross wie bei einem gewöhnlichen Stabe von der gleichen Länge l, der durch keine Rahmenreaktionen unterstützt wird.

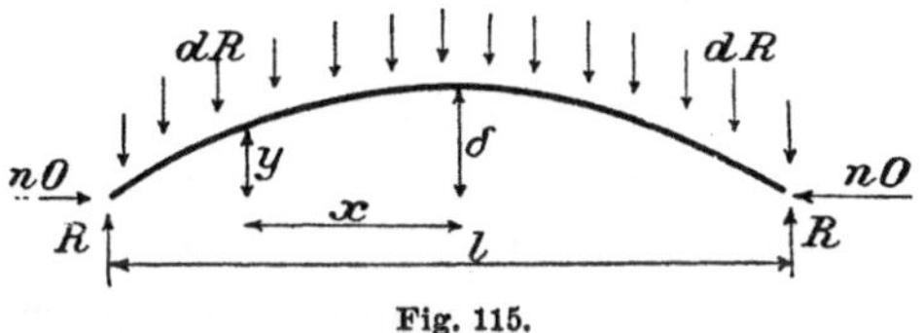

Fig. 115.

Stellt die gefundene Wellenlänge l nicht einen aliquoten Theil der Gurtlänge L dar, so bildet sich in Wirklichkeit eine etwas abweichende Wellenlänge, die dieser Bedingung genügt. Die Knickkraft n O fällt dann um ein Geringes anders aus, als oben berechnet, wovon jedoch für die Folge abgesehen werden kann.

Nach Einsetzen des oben berechneten Werths von l in den Ausdruck für die Knickkraft erhält man

$$\mathrm{n\,O} = 2\sqrt{\frac{\mathrm{E}\,\mathfrak{J}\,\mathrm{A}}{\mathrm{c}}}.$$

Hieraus folgt der Sicherheitsgrad

$$\mathrm{n} = \frac{2}{\mathrm{O}}\sqrt{\frac{\mathrm{E}\mathfrak{J}\mathrm{A}}{\mathrm{c}}}$$

und die erforderliche Rahmensteifigkeit

$$\mathrm{A} = \frac{\mathrm{n}^2\,\mathrm{O}^2\,\mathrm{c}}{4\,\mathrm{E}\,\mathfrak{J}}.$$

Für Rahmen mit konstanten Ständer- und Querpfostenquerschnitten ist nach (α) $A = 1 : \left(\frac{h^2 b}{2 E Y} + \frac{h^3}{3 E J}\right)$. Hieraus ergiebt sich das Trägheitsmoment der Ständer zu

$$J = \frac{2 A Y h^3}{6 E Y - 3 A h^2 b} = \frac{n^2 O^2 c Y h^3}{12 E^2 \mathfrak{J} Y - 1{,}5 n^2 O^2 c h^2 b}.$$

Für sehr steife Querträger, d. h. $Y = \infty$, wird $J = \frac{n^2 O^2 c h^3}{12 E^2 \mathfrak{J}}$. Haben die Ständer noch besondere Druckkräfte V auszuhalten, so ist in vorstehenden Formeln, wie unter (α) näher ausgeführt, $J - J_1$ statt J einzuführen, wo $J_1 = \frac{n V v^2}{\pi^2 E}$.

Wenn die den n fachen Stabkräften n O entsprechenden Spannungen die Elasticitätsgrenze überschreiten, so ist in den auf die Gurtung bezüglichen Werthen der Elasticitätsmodul E durch den zu σ gehörigen Knickmodul T zu ersetzen. Das Gleiche ist bezüglich der Ständer der Fall.

Die vorstehenden Formeln haben zunächst nur unter den angegebenen einfachen Voraussetzungen Geltung. Es ist nunmehr zu untersuchen, inwieweit sie auch auf wirkliche Träger angewendet werden dürfen, bezw. welche Abänderungen hierbei erforderlich werden.

1. In Wirklichkeit greifen die Rahmenreaktionen nicht kontinuirlich*), sondern in den Knotenpunkten koncentrirt an, wobei A i. A. verschieden gross sein kann. Das Trägheitsmoment der Gurtungen $\mathfrak{J}$ muss daher mindestens so gross sein, als der Fachlänge c entspricht, $\mathfrak{J} \geqq \frac{n O c^2}{\pi^2 T}$, während nach den früheren Formeln $\mathfrak{J}$ beliebig gewählt werden konnte. Die einzelnen Wellen werden i. A. einander nicht mehr kongruent sein; auch werden die Endpunkte nicht mehr genau in die ursprüngliche Achse fallen. Wir sehen von diesem Umstande ab und betrachten als ungünstigsten Fall eine Welle, deren Mitte mit einer Fachmitte zusammenfällt (Fig. 116). Das Gleichgewicht für Wellenmitte verlangt

$$n O \delta - \left[R_1 \frac{l - c}{2} + R_2 \frac{l - 3c}{2} + \ldots\right] = \frac{\pi^2 T \mathfrak{J}}{l^2} \delta.$$

---

*) Siehe auch M. am Ende, Engineer 1891.

Die Gleichung der Wellenlinie kann annähernd wie früher $y = \delta \cos \frac{\pi x}{l}$ gesetzt werden, somit $R = A\,y = A\,\delta \cos \frac{\pi x}{l}$. Nach Einführung dieses Ausdrucks geht obige Gleichung über in

$$n\,O = A \cdot \left[\frac{l-c}{2} \cos \frac{\pi\,0{,}5\,c}{l} + \frac{l-3c}{2} \cos \frac{\pi\,1{,}5\,c}{l} + \ldots\right] + \frac{\pi^2 T J}{l^2},$$

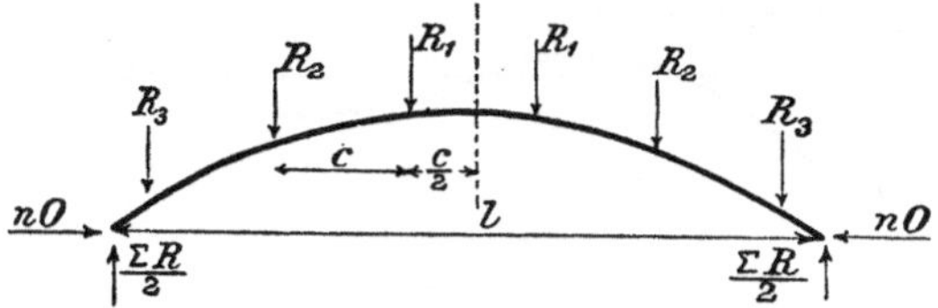

Fig. 116.

wobei A auf Wellenlänge konstant angenommen wurde. Um die ungünstigste Wellenlänge und die zugehörige kleinste Knickkraft $n\,O$ zu erhalten, trage man die Werthe von $n\,O$ als Ordinaten zu l als Abscissen auf und bestimme durch Ziehen einer wagrechten Tangente den tiefsten Punkt dieser Kurve (II in Fig. 117). Wie aus

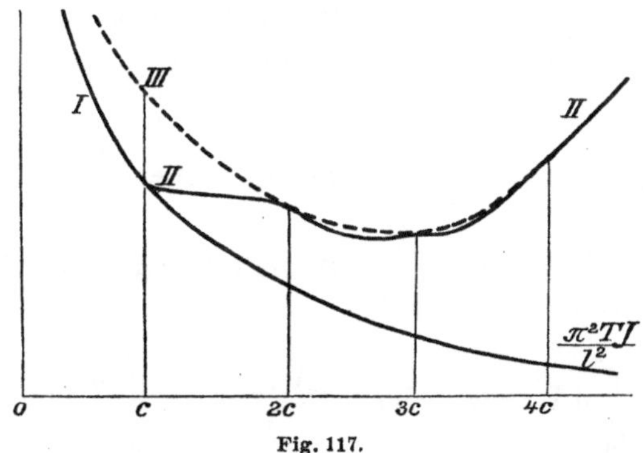

Fig. 117.

der Figur hervorgeht, bildet Kurve II eine Schlangenlinie, die sich etwa von $l = 1{,}8\,c$ an genau genug an Kurve III (in Fig. 117 gestrichelt) anschliesst, welche einer kontinuirlichen Wirkung der Rahmenreaktionen entspricht. Sobald also das Trägheitsmoment $\mathfrak{J}$ der Gurtung so gross ist, dass die Wellenlänge l mindestens gleich dem 1,8fachen der Fachlänge c wird, kann Kurve III, d. h. das früher entwickelte einfache Verfahren benutzt werden. In den Fällen der Anwendung wird dies wohl immer zutreffen.

2. Wenn die Endpunkte der Gurtung nicht vollkommen festgehalten werden, so bildet sich im Augenblick des Ausknickens eine unregelmässige Wellenlinie (Fig. 118). Insbesondere zeigen die zwei äussersten Halbwellen a eine von den übrigen abweichende Gestalt, die eine besondere Untersuchung erfordert, während für die mittleren Wellen genau genug die früheren Formeln beibehalten werden können.

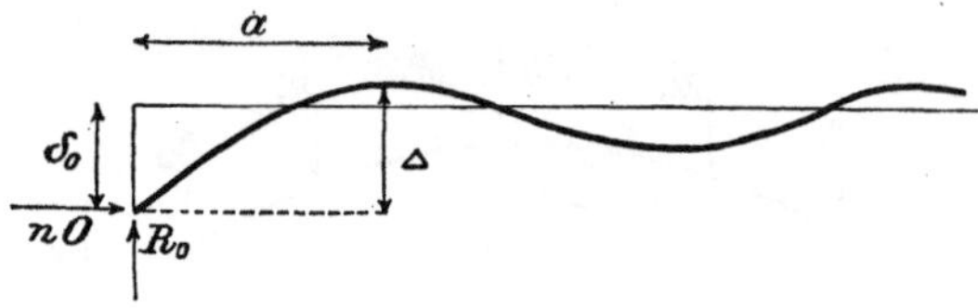

Fig. 118.

Wenn die Steifigkeit der Endrahmen gerade halb so gross ist wie die der Zwischenrahmen, d. h. $A_0 = 0{,}5\,A$, so kann die frühere Voraussetzung gleichmässig wirkender Rahmenreaktionen auch hier eingeführt werden. Für $A_0 > 0{,}5\,A$ ist der Ueberschuss $R_0 = (A_0 - 0{,}5\,A)\,\delta_0$ als koncentrirte Reaktion des Endrahmens noch besonders in Rechnung zu stellen. Bezeichnet man mit c_0 diejenige gedachte Länge, auf welcher die kontinuirlich wirkenden Rahmenreaktionen zusammen eben so gross sind wie R_0, so muss sein

$$\frac{A}{c}\,c_0\,\delta_0 = R_0 = (A_0 - 0{,}5\,A)\,\delta_0; \quad c_0 = \frac{(A_0 - 0{,}5\,A)\,c}{A}.$$

Die Endausbiegung δ_0 ergiebt sich aus dem Gleichgewicht der wagrechten Kräfte

$$R_0 + \int_0^a d\,R = 0 \quad \text{oder} \quad \frac{A\,c_0\,\delta_0}{c} + \int_0^a \frac{A}{c}(\delta_0 - y) = 0.$$

Nach Einsetzen von $y = \Delta \cos\frac{\pi x}{2\,a}$, wo Δ = Wellenpfeil, folgt

$$\delta_0 = \frac{2\,\Delta}{\pi} : \left(1 + \frac{c_0}{a}\right).$$

Das Gleichgewicht der Momente bezüglich der Wellenmitte erfordert

$$n\,O\,\Delta = R_0\,a + \int_0^a x\,d\,R + \frac{\pi^2\,T\,\mathfrak{J}\,\Delta}{4\,a^2} =$$

$$= \frac{A}{c}\,c_0\,\delta_0\,a + \int_0^a x\,\frac{A}{c}\,(\delta_0 - y) + \frac{\pi^2\,T\,\mathfrak{J}\,\Delta}{4\,a^2}, \quad \text{woraus}$$

$$n\,O = \frac{A}{c}\,\frac{2\,a^2}{\pi}\left[\frac{c_0}{a + c_0} + \frac{a}{2\,(a + c_0)} + \frac{2}{\pi} - 1\right] + \frac{\pi^2\,T\,\mathfrak{J}}{4\,a^2}.$$

Für $c_0 = 0$, d. h. $A_0 = 0{,}5\,A$, wird

$$n\,O = \frac{A}{c}\left(\frac{4\,a^2}{\pi^2} - \frac{a^2}{\pi}\right) + \frac{\pi^2\,T\,\mathfrak{J}}{4\,a^2}.$$

Die Knickkraft $n\,O$ erreicht hierbei ihren niedersten Betrag, wenn

$$a^2 = \frac{\pi^2}{4}\sqrt{\frac{T\,\mathfrak{J}\,c}{A\,(1 - 0{,}25\,\pi)}},$$

und zwar wird

$$n\,O = 2\sqrt{\frac{A\,T\,\mathfrak{J}}{c}}\sqrt{1 - \frac{\pi}{4}}.$$

Für $A_0 > 0{,}5\,A$ wird der Kleinstwerth von $n\,O$ und die zugehörige Länge a am besten graphisch bestimmt, indem man die Linie $n\,O$ für variables a aufträgt und die wagrechte Tangente daran zieht.

3. Die Grundkräfte O und Trägheitsmomente $\mathfrak{J}$ sind zwar in Wirklichkeit nicht für alle Gurtstäbe gleich gross, doch kann man wenigstens für jede einzelne Welle diese Annahme näherungsweise beibehalten und jeweils O und $\mathfrak{J}$ konstant, gleich einem mittleren Werthe, einführen. Gewöhnlich handelt es sich darum, bei gegebenen Gurtquerschnitten die erforderliche Steifigkeit der einzelnen Rahmen zu bestimmen. Für O und $\mathfrak{J}$ sind dann jeweils die Mittelwerthe der zwei Gurtstäbe, welche an den betreffenden Rahmen anstossen, einzusetzen.

4. Bei gekrümmten Gurten kommt ausser der Verbiegung auch noch eine Verwindung der Stäbe in Betracht. Denken wir uns bei A (Fig. 119) senkrecht zur Bildebene eine Kraft H auf die

Gurtung wirken, so entsteht bei B ein Biegungsmoment $M = H\xi$ und ein Verwindungsmoment $W = H\eta$. In Folge der hierdurch bedingten Deformation des Elements B C ($= ds$) verschiebt sich der Punkt A senkrecht zur Bildfläche um

$$y = \frac{ds\,M\,\xi}{E\mathfrak{J}} + \frac{ds\,W\,\eta}{G\Theta} = ds\,H\left(\frac{\xi^2}{E\mathfrak{J}} + \frac{\eta^2}{G\Theta}\right).$$

Hierin bedeutet G den Schubelasticitätsmodul, Θ eine Funktion des Querschnitts, die für kreis- und ringförmige Querschnitte mit dem polaren Trägheitsmoment Π übereinstimmt; allgemein kann

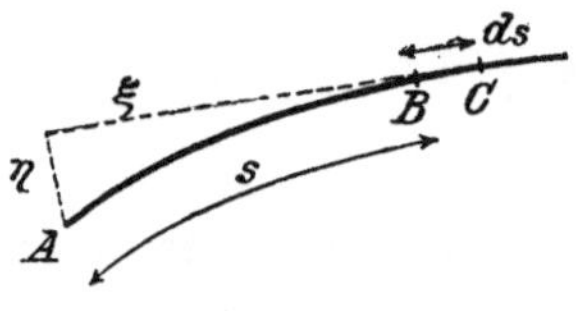

Fig. 119.

man bei kompakten Querschnitten (Kreis, Ellipse, Rechteck, Kreissektor, Ringe) setzen $\Theta = F^4 : \psi\,\Pi$, wo der Beiwerth ψ im Mittel $= 40$. (Siehe Bach, Zeitschr. des Vereins Deutscher Ingenieure, 1889, S. 137.)

Für $E\mathfrak{J} = G\Theta$ wird $y = \frac{ds\,H}{E\mathfrak{J}}(\xi^2 + \eta^2)$, annähernd $= \frac{ds\,H\,s^2}{E\mathfrak{J}}$, d. h. ebenso gross, wie bei einem geraden Stab für die Länge s. Diese Voraussetzung wird nun in der Anwendung selten erfüllt sein; am nächsten bei geschlossenen Querschnittsformen (Röhren von rechteckiger oder kreisförmiger Gestalt), dann bei halb offenen Formen (Kastengurten mit Vergitterung auf der vierten Seite). Man kann in den genannten Fällen die oben aufgestellten Formeln benutzen, wenn man $\mathfrak{J}$ schätzungsweise erniedrigt und die Fachlänge c durch den Mittelwerth der Gurtstablängen 0 ersetzt. Die Rahmensteifigkeit A und die Rahmenhöhe h sind auf Wellenlänge konstant anzunehmen und zwar gleich dem Werth des gerade in Frage stehenden Rahmens.

Ist Θ sehr klein, wie bei T- und Kreuzformen, so fällt die Verschiebung y sehr gross aus; der Widerstand der Gurtung gegen seitliche Formänderungen ist dann ohne wesentliche Bedeutung. Es empfiehlt sich daher, in diesem Falle die unter (α) entwickelten Formeln, die von einer Mithülfe der Gurtung absehen, anzuwenden.

5. In Folge der festen Verbindung der Rahmen mit den Gurtungen treten Verwindungswiderstände auf, welche die Deformation verringern und dadurch die Knickfestigkeit erhöhen. In der Anwendung kann dieser günstig wirkende Umstand wegen seiner Geringfügigkeit ausser Betracht bleiben.

In der Ausführung wird man die Gurtungen möglichst steif herstellen und das Trägheitsmoment $\mathfrak{J}$ mindestens so gross, als einer freien Länge = 2 c entspricht, wählen. Die Steifigkeit der Rahmen ist sodann i. A. nach den unter (γ) aufgestellten Formeln zu bemessen. Bezüglich der Wahl des Sicherheitsgrads n ist zu beachten, dass bei der gewöhnlichen Anordnung „belasteter" Rahmen grössere Deformationen und somit auch grössere Nebenspannungen ν und ξ auftreten; insbesondere ist dies der Fall bei niederen Fahrbahnträgern und bei hohen Ständern. Bei Eisenbahnbrücken kommen noch die Schwingungen der oberen Gurtungen (Abschnitt III) und die hierdurch bedingten Vergrösserungen der Deformationen und Nebenspannungen hinzu. Dem Gesagten entsprechend ist n schätzungsweise über das sonst normale Maass hinaus zu erhöhen, u. U. bis auf den doppelten Betrag. Bei der besonderen Anordnung, wo die Rahmen keine lothrechten Lasten aufzunehmen haben (Kipperbrücke), bedarf es entweder gar keiner oder doch nur einer geringen Erhöhung des normalen Sicherheitsgrads, mit Rücksicht darauf, dass die Grundlagen der Formeln nicht völlig der Wirklichkeit entsprechen.

Bedient man sich zur Bestimmung von A der Formeln unter (α), so erhält man i. A. eine überschüssige Sicherheit gegen seitliches Ausknicken.

Knotenspannungen.

Bei den bisherigen Entwicklungen war die Frage, in welcher Weise sich die Stabspannungen an den Knoten mit einander in's Gleichgewicht setzen, nicht näher berührt worden. Die Untersuchungen wurden so geführt, als ob die einzelnen Stäbe mit ihren vollen Querschnitten bis zu den Knotenpunkten reichten, wo dann die verschiedenen berechneten Spannungen ohne weiteres zum Ausgleich gelangten. Eine solche Anordnung ist in Wirklichkeit nur im einfachsten Falle, beim stumpfen Stoss zweier Druckstäbe möglich; in allen anderen Fällen finden entweder Kreuzungen und Durchdringungen der Stäbe an den Knoten statt, oder es werden daselbst besondere Glieder zur Spannungsvermittlung (Bolzen, Kasten, Knotenbleche) zwischen den Stäben eingeschaltet. Der Kraftübergang von einem Stab zum anderen oder zum Knotenglied kann nur bei Druck unmittelbar erfolgen; bei Zug ist stets eine Umleitung der Kraft und Umsetzung in Druck erforderlich (vgl. z. B. Augenstäbe). In Folge der genannten Umstände treten ausser den bisher behandelten Nebenspannungen noch besondere Spannungen (Knotenspannungen) auf, welche nachstehend kurz besprochen werden sollen, ohne dass jedoch hierbei näher auf die (als bekannt vorausgesetzte) Theorie der Niet- und Bolzenverbindungen eingegangen wird.

a) Stumpfer Stoss. Derselbe ist nur bei Druckkräften möglich. Entweder stossen die Stäbe unmittelbar aneinander (Fig. 120), wobei dann u. U. einzelne Stäbe von Druckkräften quer durchsetzt

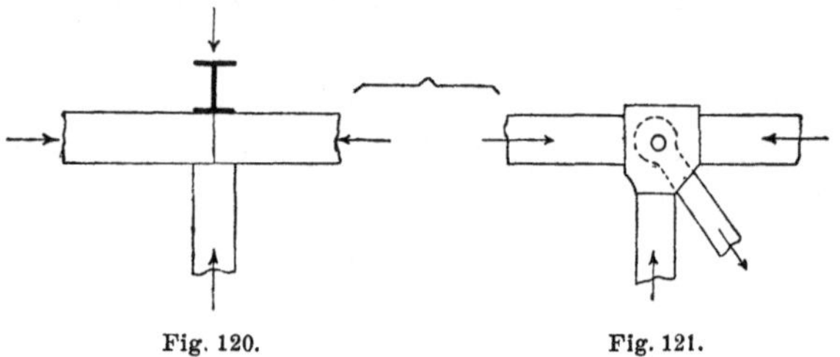

Fig. 120. Fig. 121.

werden, oder es werden Knotenkasten K (Fig. 121) eingeschaltet, die zur Aufnahme von Zugstäben einen Bolzen in sich fassen. Der Uebergang der Druckkräfte erfolgt bei guter Ausführung in einfachster und zweckmässiger Weise durch unmittelbare Berührung von Glied zu Glied. Treten neben den Grundspannungen stärkere Biegungsspannungen auf, so wird die Kraftübertragung unvollkommen, sobald für den einen Stabrand sich die rechnungsmässige Gesammtspannung $\sigma + \nu + \xi$ als Zugspannung ergiebt.

Da die gewählte Stossverbindung keine Zugspannungen übertragen kann, so tritt ein Theil der Querschnittsflächen ausser Berührung bezw. ausser Wirkung, während sich in dem übrigen Theil erhöhte Druckspannungen einstellen. Unter sehr ungünstigen Umständen kann sich der wirksame Querschnittstheil auf einen schmalen

Randstreifen herabmindern, woselbst dann bis zur Bruchgrenze reichende Druckspannungen auftreten. Man kann diesen Missstand dadurch verhüten, dass man die Brücke derart montirt, dass die einzelnen Glieder erst bei ungünstigster Belastung ihre planmässige Gestalt annehmen (siehe S. 27). Die Nebenspannungen werden dann für diesen Belastungsfall gleich Null, während andererseits für den unbelasteten Zustand negative Nebenspannungen auftreten. U. U. wird es zweckmässig sein, der planmässigen Gestalt eine mittlere Belastung anstatt der ungünstigsten zu Grunde zu legen, um den Absolutwerth der Nebenspannungen auf die Hälfte zurückzuführen.

Selbstverständlich bedarf der stumpfe Stoss noch einer Sicherung gegen zufällige seitliche Kräfte durch Zapfen, Rippen oder Seitenlaschen.

Die in den Knotenkasten beim Kräfteausgleich auftretenden Spannungen lassen sich theoretisch kaum verfolgen; die Dimensionirung muss in der Hauptsache der Erfahrung oder dem Versuch überlassen bleiben. Neuerdings werden die (aus Gusseisen gebildeten) Knotenkasten auch in ihrem Mutterlande Amerika nicht mehr angewendet; man zieht es vor, die Gurtstäbe unmittelbar stumpf zu stossen und den Anschluss der Wandstäbe durch einen Bolzen, der den Stoss durchsetzt, zu bewerkstelligen, falls nicht überhaupt eine vollständige Bolzenverbindung zur Ausführung gelangt.

b) Bolzengelenke. Die Stäbe werden bei der amerikanischen Bauweise mit Augen an einen gemeinsamen Bolzen angeschlossen, in welchem der Kräfteausgleich erfolgt. Der Bolzen muss stark genug sein, die auf seine Oberfläche einwirkenden Stab-

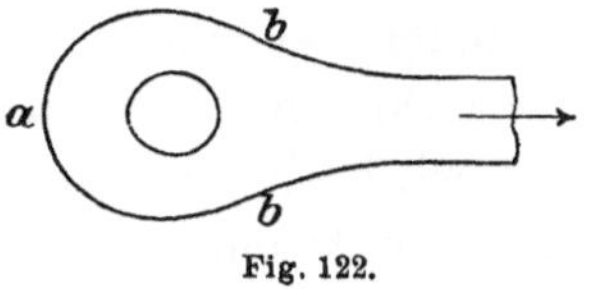

Fig. 122.

kräfte aufzunehmen und sodann durch Biegungs- und Schubspannungen mit einander in Verbindung zu setzen. Die Stabaugen werden namentlich bei Zugstäben durch Nebenspannungen in Anspruch genommen, da die Stabkräfte um den Bolzen herum auf dessen Rückseite geleitet werden müssen, wo sie dann als Druckkräfte eintreten. Die grössten Nebenmomente treten bei a und b (Fig. 122) auf, ihre Grösse lässt sich theoretisch schwer genau bestimmen. Am sichersten ist es jedenfalls, die erforderlichen Abmessungen des Auges durch Versuche festzustellen, wie dies auch von den amerikanischen Brückenbauanstalten in umfangreicher Weise geschehen ist (siehe hierüber Steiner, im Handbuch der Ingenieurwissenschaften II. Band, 2. Abth., und Barkhausen, Ztschr. des Vereins Deutsch. Ing. 1889 S. 909).

In Folge der besonderen Herstellungsart der Stabaugen (Anschweissen und Anpressen) ist es möglich, dieselben beliebig stark, jedenfalls so stark wie den vollen Stab zu machen, wobei dann eine weitere Rücksichtnahme auf die betr. Knotenspannungen entfällt*). Dagegen liegt die Gefahr vor, dass in Folge ungenauer Ausführung und der Durchbiegung der langen Gelenkbolzen ungleiche Spannungen in den zu einem Gurtstab gehörigen Einzelstäben auftreten. Hinsichtlich des zulässigen Leibungsdrucks hat die Erfahrung bei amerikanischen Brücken gezeigt, dass derselbe i. A. nicht höher als die zulässige Zugspannung gewählt werden sollte.

Bei den starken Bolzen der amerikanischen Brücken ist in Folge der Reibung eine Drehung der Stäbe unter der Belastung kaum möglich; es treten die gleichen Nebenspannungen wie bei steifen Knoten auf (siehe S. 26). Nur die Montirungsspannungen in Folge falscher Länge oder Richtung der Fachwerkstäbe können hierbei vermieden werden. Mehrfach wird zu Gunsten der Gelenkbolzen noch geltend gemacht, dass durch die Erschütterungen des Betriebs kleine Drehungen eintreten, so dass nach einiger Zeit die Nebenspannungen des Eigengewichts wegfallen und nur die der Verkehrslast übrig bleiben. Es dürfte dies jedoch, auch wenn man derartige Drehbewegungen zugiebt, mit Rücksicht auf die Wärmeschwankungen nicht zutreffend sein. Handelt es sich beispielsweise um einen Träger mit untenliegender Fahrbahn, dessen obere Gurtung durch die Sonne stärker erwärmt wird als die untere, so krümmt sich der Träger nach oben, und es entstehen hierbei negative Nebenspannungen. Werden letztere im Laufe des Tags durch die Betriebserschütterungen aufgehoben, so treten nach der am Abend erfolgten Rückbiegung des Trägers positive Nebenspannungen auf, welche

*) Es ist hierbei zu beachten, dass die Schweissstellen nur bei der sorgfältigsten Arbeit auf die Dauer die gleiche specifische Festigkeit bieten wie die übrigen Stabquerschnitte.

die normalen Nebenspannungen des Eigengewichts sogar noch übersteigen können.

Selbstverständlich können bei Bolzenverbindungen nur in der Trägerebene Drehungen stattfinden; bezüglich der Kräftewirkungen in der Querrichtung verhalten sich die fraglichen Verbindungen ähnlich wie genietete Verbindungen, nur meist noch ungünstiger (siehe S. 70).

Die Gerber'schen Gelenkknoten zeigen hinsichtlich der Knotenspannungen das gleiche Verhalten wie die amerikanischen Anordnungen. Bezüglich der übrigen Punkte (Drehbarkeit, Nebenspannungen in der Querrichtung) wirken sie jedoch wesentlich günstiger, da die Bolzen kürzer und schwächer, und noch besondere Versteifungsbleche in der Querrichtung angeordnet sind (siehe Ztschr. für Baukunde 1883 S. 541). Die Spannungen in den Versteifungsblechen sind auf theoretischem Wege schwer genau zu bestimmen; es wäre hierbei ähnlich, wie auf Seite 129 bezüglich der Blattgelenke angegeben, zu verfahren.

Anmerkung. Die Druckstäbe amerikanischer Brücken sind neuerdings in gleicher Weise wie die der europäischen aus einzelnen Profileisen zusammengesetzt; an den Enden sind die zum Anschluss an die Bolzen erforderlichen Augenstücke angenietet. Ausser den Knotenspannungen der letzteren treten hier noch weitere Nebenspannungen auf, hervorgerufen durch die Ueberführung der Einzelkräfte in die Augenstücke. Auch hier werden die erforderlichen Abmessungen der Augenstücke und der Vernietungen am besten durch Versuche festgestellt.

c) Genietete Knotenverbindungen. Die theoretisch beste Art der Verbindung ist auch hier die Einschaltung eines besonderen Glieds zum Kräfteausgleich, des Knotenblechs, an welches die

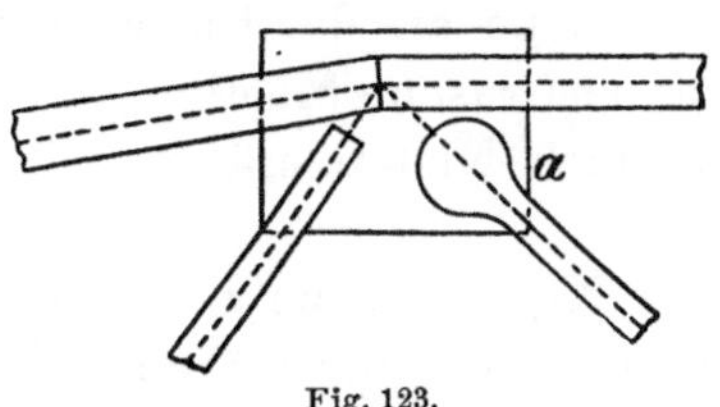

Fig. 123.

einzelnen Stäbe angenietet werden (Fig. 123). Die Stärke des Knotenblechs wird empirisch bestimmt; unter normalen Verhältnissen dürfte es genügen, hierfür die Metallstärke des stärksten Stabs anzunehmen. Die an den Stabenden auftretenden Knotenspannungen haben i. A. zweierlei Ursachen. Es müssen erstens die Stabkräfte aus dem Innern nach dem Umfang, an die „Nietebene" geleitet werden; sie müssen dann zweitens auf die Nieten und durch deren Vermittlung in das Knotenblech übergeführt werden. Die Knotenspannungen der ersten Art sind bei Flacheisen nahezu gleich Null; bei L- und T-Eisen sind sie etwas grösser, am stärksten bei zusammengesetzten Stäben, deren Querdimension gross gegenüber der Länge der Nietebene ist, weil hier die Kräfte eine rasche Richtungsänderung erleiden. Die Knotenspannungen der zweiten Art treten erst nach Ueberwindung der Nietreibung auf. Sie sind bei Zugstäben grösser als bei Druckstäben, da bei ersteren eine Umleitung der Kräfte um die Nieten und Umsetzung in Druck erforderlich wird. Die genannten Spannungen lassen sich theoretisch schwer bestimmen; die übliche Niettheorie sieht daher von denselben vollständig ab und zieht bei Berechnung der Tragfähigkeit nur die einfache Nietlochverschwächung in Betracht. Die erhaltenen Ergebnisse sind dementsprechend i. A. zu günstig. Leider fehlt es z. Z. noch an genügenden Versuchen, um das Maass der wirklichen Verschwächung sicher feststellen zu können.

Wie früher erwähnt, treten die grössten Zwängungsspannungen an den Stabenden auf, so dass die Stäbe durch die Vernietung gerade an den gefährdetsten Stellen geschwächt werden. Die Knoten müssen daher, bei der üblichen Bauweise, als die schwächsten Punkte der Konstruktion bezeichnet werden. Es wäre übrigens in den meisten Fällen wohl möglich, die Stabenden entsprechend zu verstärken, entweder durch Zufügung besonderer Endstücke oder durch eine den amerikanischen Augenstäben analoge Anordnung (Fig. 123 Stab a).

Die Befestigung der Stäbe an das Knotenblech kann in solchen Fällen, wo auf einfache und rasche Montirung gesehen werden muss, durch Schrauben statt durch Nieten erfolgen, allerdings auf Kosten der Solidität.

Statt alle Stäbe am Knotenbleche zu stossen, kann man auch die Gurtstäbe zusammenhängend durchführen (Fig. 124). Die Zahl der Nieten zwischen Gurtung und Knotenblech muss dann mindestens der Resultirenden R der Wandstäbe D entsprechen, wozu die Länge a erforderlich sein möge. Bilden nun die beiden Gurtstäbe einen Winkel γ mit einander, so muss auf die Länge a ein vermittelnder Bogen eingelegt werden, dessen Radius $r = a : \gamma$.

Etwaige Stösse einzelner Gurtlamellen (z. B. der Winkeleisen bei Schwedlergurten) müssen strenggenommen ausserhalb der Abrundung erfolgen; andernfalls treten erhöhte Knotenspannungen auf.

Vielfach stehen die Knotenbleche nicht mit sämmtlichen Lamellen der Stäbe, insbesondere der Gurtstäbe, in unmittelbarer Verbindung. Der in die entfernten Gurtlamellen übergehende Theil der Resultanten R muss dann auf seinem Wege die nächstgelegenen Lamellen passiren (Fig. 125). Es liegt die Gefahr vor, dass letztere hierbei überanstrengt werden, falls nicht das betr. Knotenblech lang

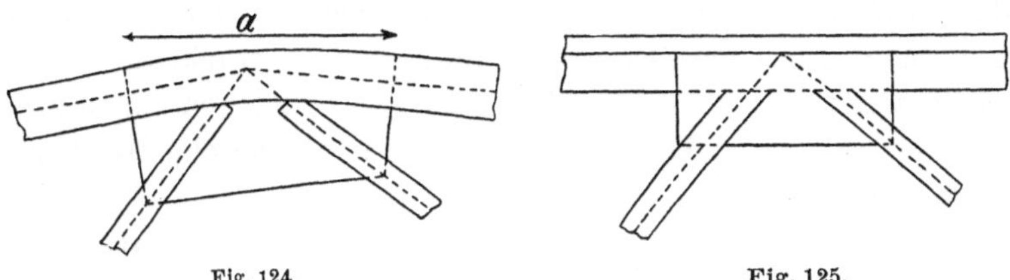

Fig. 124. Fig. 125.

genug gemacht wird, um dieselben so weit, als sie zum Durchgangsort der neu hinzukommenden Kräfte dienen, von den alten ausreichend zu entlasten. Die Länge des Knotenblechs ist ähnlich wie die der Stossplatte beim verdeckten Stoss zu bestimmen. Ferner ist zu beachten, dass die Schwerpunktsachse der Heftnieten des Knotenblechs meist nicht mit der Resultirenden R der Wandstäbe zusammengelegt werden kann. Es tritt in Folge dessen ein Kräftemoment auf, das von den Heftnieten aufgenommen werden muss, wodurch eine entsprechende Erhöhung der Nietzahl bedingt wird.

Vielfach behilft man sich vollständig ohne Knotenblech, indem man die Wandstäbe unmittelbar an den Gurtsteg (bei **T**- und Kasten-

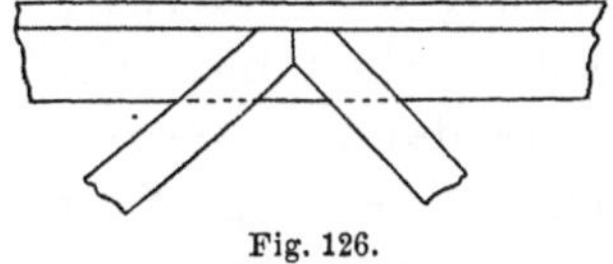

Fig. 126.

gurten) annietet (Fig. 126). Der Steg dient hier stets als Durchgangsort für den in die übrigen Gurtlamellen übergehenden Theil der Resultirenden R der Strebenkräfte. Ferner hat der Steg ausser den gewöhnlichen Längsspannungen auch noch Querspannungen in der Richtung der Strebenkräfte auszuhalten, was insbesondere bei Schweisseisen (Universaleisen statt Blech) von Nachtheil sein kann.

Ausser der direkten Wirkung der Querspannungen σ_1 findet auch noch eine Beeinflussung der Längsspannungen σ bezw. der Widerstandsfähigkeit der Längsfasern statt. Mit Rücksicht darauf, dass die Gesammtdehnung der Längsfaser $\varepsilon = (\sigma - \alpha \sigma_1) : E$ beträgt, wo $\alpha = 1 : 3$ bis $1 : 4$, nimmt die übliche Theorie eine ideelle Beanspruchung der Längsfaser $= \sigma - \alpha \sigma_1$ an, die bei negativem σ_1 den Werth von σ übersteigt. Im Gegensatz hierzu lassen die Versuche von Wehage (Mittheilungen aus den kgl. techn. Versuchsanstalten zu Berlin 1888, 3. Heft, und Zeitschr. Deutsch. Ing. 1890, S. 312) darauf schliessen, dass der Zugwiderstand einer Längsfaser bei gleichzeitiger Quer-Zugbeanspruchung nicht erhöht sondern geschwächt wird. Nach beiden Theorien wird hiernach an einzelnen Stellen die Widerstandsfähigkeit des Gurtstegs durch die Strebenkräfte gemindert.

In Folge der erwähnten Verhältnisse tritt stets eine erhöhte Beanspruchung des Stegs auf, die jedoch u. U. ohne besonderen Nachtheil sein kann, falls nämlich an der betreffenden Stelle überschüssiger Querschnitt oder Nebenspannungen entgegengesetzten Vorzeichens vorhanden, und falls die Strebenkräfte verhältnissmässig klein sind (mehrfache Strebensysteme, Träger mit gekrümmten Gurten). In solchen Fällen verdient die fragliche einfache Bauweise vielfach den Vorzug vor der Anordnung von Knotenblechen, namentlich dann, wenn es sich um kleine Spannweiten handelt.

An solchen Knotenpunkten, wo das Auflegen einer weiteren Gurtplatte erforderlich wird, lässt man, zur Verstärkung gegenüber den Knotenspannungen, die neue Platte entsprechend weit über den Knotenpunkt hinaus in das Nachbarfeld ragen. In ähnlicher Weise erscheint auch an den mittleren Knotenpunkten, wo sich die Strebenkräfte nur durch Vermittlung der Gurtstege in Verbindung setzen können (Fig. 24, 25, untere Gurtung, Fig. 27 obere und untere Gurtung), eine Verstärkung durch Auflegen eines Plattenstücks angezeigt. Die untere Gurtung der Fig. 25 erhält hierdurch auf eine kurze Strecke den gleichen Querschnitt wie die obere Gurtung in den zwei Mittelfeldern.

Was die Stösse einzelner Stablamellen ausserhalb der Knoten anbelangt, so treten daselbst Nebenspannungen ähnlicher Art wie die Knotenspannungen auf. Durch sorgfältige Anordnung der Stossverbindung können dieselben, namentlich bei Druckstäben, in engen Grenzen gehalten werden.

Anmerkung. Bei excentrischen Knoten (S. 67) haben die zwei benachbarten Gurtstäbe entgegengesetzte Nebenmomente (M_1 und M_2) auszuhalten. Es findet somit hier eine plötzliche Aenderung der Nebenmomente statt, und es treten in Verbindung damit starke Schubkräfte in den Längsfugen der Gurtstäbe auf, die proportional der Momentendifferenz $\Delta M = M_1 - M_2$ sind. Beispielsweise sind für einen doppel-T-förmigen Gurt von der Höhe t die in der Fuge zwischen Steg und Saumwinkel auftretenden Schubkräfte $T =$ ca. $\Delta M : t$. Diese Schubkräfte müssen durch die am Knoten koncentrirten Nieten aufgenommen werden.

Da die Knoten räumlichen Systemen angehören, so sind i. A. Annietungen, bezw. Knotenbleche nach 3 Hauptebenen erforderlich. Für die zwei parallel den Gurtstäben gelegenen Knotenbleche gelten die bisherigen Ausführungen. Das dritte, senkrecht zur Gurtung stehende Knotenblech kann in der Hauptsache nur durch Vermittlung der Nietköpfe mit den Gurtstäben verbunden werden, wobei Zugkräfte durch Längsspannungen der Nietschäfte übertragen werden müssen. Hierbei sind leicht Lockerungen der Nieten und unzureichende Kraftübertragungen zu gewärtigen, weshalb man entweder die Nietzahl stark erhöhen (mindestens auf das Doppelte wie bei normaler Schubbeanspruchung) oder kräftige Eckversteifungen einziehen muss, die mit thunlichster Umgehung der Gurtungen einen unmittelbaren Kräfteausgleich zwischen den in Frage kommenden Stäben der Querverbände ermöglichen. (Vgl. u. A. die verschiedenen von Schwedler und Gerber ausgeführten Brücken.)

Anmerkung. Die auf S. 129 erwähnten Blattgelenke gehören bezüglich der Knotenspannungen gleichfalls zu den genieteten Knotenverbindungen, da sie mittels Nieten an die benachbarten Glieder angeschlossen sind. Mit Rücksicht darauf, dass die Nebenmomente nahezu gleich Null sind, werden jedoch hier die Nietverbindungen weniger stark beansprucht als bei den gebräuchlichen steifen Anschlüssen.

III. Dynamische und aussergewöhnliche Einwirkungen.

A. Dynamische Wirkungen der Verkehrslast und des Windes.

Die Zusatzkräfte und Nebenspannungen wurden in den vorstehenden Kapiteln, wie auch bei den Hauptkräften allgemein üblich, unter der Voraussetzung ruhender Belastungen ermittelt (statische Spannungen). In Wirklichkeit liegen jedoch hinsichtlich der in Bewegung befindlichen Verkehrslast und des Windes die Verhältnisse wesentlich anders; unsere bisherigen Ergebnisse bedürfen daher für den praktischen Gebrauch noch einer entsprechenden Korrektur. Es sind hierbei folgende Punkte in Betracht zu ziehen:

1. Lothrechte Centrifugalkräfte der Verkehrslast.
2. Rasche Einwirkung der Verkehrslast und des Windes (Momentanwirkung).
3. Stosswirkungen der Verkehrslast.
4. Wiederholung der Lastimpulse während einer Belastungsperiode.
5. Oftmaliges Eintreten der Belastung.

1. Lothrechte Centrifugalkräfte.

Es handelt sich hier ausschliesslich um Eisenbahnbrücken. Die Centrifugalkraft einer Last P von der Geschwindigkeit v ist

$$C = \frac{P\,v^2}{g\,r} = \frac{P\,v^2}{9{,}8\,r}\,.$$

Der Krümmungsradius r der Bahn kann genau genug gesetzt werden $r = 1 : \frac{d^2 y}{d x^2}$, wo y = Ordinate der Bahn von P (in der lothrechten Ebene). Die Ordinate y setzt sich zusammen aus der Ordinate η der Bahn im unbelasteten Zustand (meist $= 0$) und der jeweiligen Senkung δ im Lastpunkt. δ wird gebildet aus den Senkungen der einzelnen Brückentheile, $\delta = \delta_1 + \delta_2 + \delta_3 + \delta_4 + \delta_5$, wo sich die Einzelsenkungen auf Hauptträger, Querträger, Längsträger, Schwellen und Schienen beziehen. δ_3 und δ_5 stellen Wellenlinien dar, die sich an die parabelähnliche Form der übrigen Senkungslinien ansetzen. Die ursprüngliche Bahnlinie η kann derart gewählt werden, dass y $(= \eta + \delta)$ und somit auch die Centrifugalkraft C negativ ausfällt oder nahezu gleich Null wird. Aber auch dann, wenn die ursprüngliche Bahn gerade, d. h. $\eta = 0$ ist, spielt die Centrifugalkraft nur bei sehr kleinen Trägern, die gewöhnlich als Vollträger ausgeführt werden, eine Rolle. Nimmt man näherungsweise die Bahnlinie als Kreislinie an, deren Pfeil $f = l : n$, so wird $r = l^2 : 8f = l\,n : 8$. Für $n = 2000$ wird $r = 250\,l$,

$$C = \frac{P\,v^2}{2500\,l} = \frac{0{,}16}{l} P \text{ für } v = 20 \text{ m}.$$

Man erhält für $l = 1 \quad 2 \quad 5 \quad 10$ m
$C : P = 0{,}16 \quad 0{,}08 \quad 0{,}03 \quad 0{,}016$.

2. Momentanwirkungen.

Wenn ein Stab plötzlich durch Kräfte ergriffen wird, so geräth er in Schwingungen um die der ruhenden Belastung entsprechende Gleichgewichtslage. Es treten hierbei naturgemäss vergrösserte*) Dehnungen und Spannungen auf, welche im theoretischen Grenzfall vollständiger Momentanwirkung doppelt so hoch wie die statischen Dehnungen und Spannungen steigen. Je rascher die Belastung erfolgt, desto mehr nähern sich die Verhältnisse diesem theoretischen Grenzzustand**). Das Problem ist in Wirklichkeit sehr verwickelt und kaum einer exakten Behandlung fähig, da es sich nicht nur um die immerwährend und rasch sich ändernden Laststellungen handelt, sondern auch um die Aenderungen der Lastgrössen in Folge der Schwankungen der Fahrzeuge, der Kreuzkopfdrücke und

*) Vorausgesetzt, dass die Lasteinwirkung nicht allzu kurz dauert, so dass sich die Deformationen auch vollständig ausbilden können.

**) Siehe auch Glauser in Glaser's Annalen 1891 No. 342, und Zimmermann, Centralblatt d. Bauverwaltung 1892, S. 215.

der Centrifugalkräfte der Gegengewichte der Lokomotiven. Der letztgenannte Umstand kann bei sehr grossen Geschwindigkeiten innerhalb einer Zehntelsekunde Schwankungen der Radbelastungen zwischen 0 und 2 P verursachen.

Am ungünstigsten liegen die Verhältnisse bei kleinen Brücken, dann auch bei grösseren Brücken hinsichtlich der Streben, wo sich der Uebergang von positiven zu negativen Spannungen sehr rasch vollziehen kann.

Bei Strassenbrücken kommt eine Momentanwirkung der Verkehrslast nicht wohl in Betracht. Dagegen tritt die Windbelastung vielfach plötzlich ein und ruft erhöhte dynamische Spannungen hervor.

3. Stosswirkungen.

In Folge der Arbeitsleistung der Motoren sowie in Folge von Mängeln der Bahn und der Fahrzeuge treten Stosswirkungen auf; die entsprechende Arbeit wird theils von den Federn der Fahrzeuge, theils von der Brückenkonstruktion aufgenommen. Wie gross dieser letztgenannte Theil ausfällt, in welcher Weise die Umsetzung in innere Arbeit vor sich geht, wie weit sich der Einfluss der Stosswirkung erstreckt, das lässt sich schwer mit Bestimmtheit angeben*). Es können hier nur Schätzungen und Betrachtungen allgemeiner Natur über diejenigen Punkte, die auf Grösse und Wirkung der Stösse von Einfluss sind, angestellt werden.

Bei Eisenbahnbrücken ist in erster Linie für eine gute Konstruktion, Ausführung und Instandhaltung der Fahrzeuge und des Gleises zu sorgen; Schienen, Schwellen und insbesondere die Schienenstösse müssen sich im besten Zustand befinden; Schienen von grosser Länge sind vortheilhaft; dem Uebergang vom Damm auf die Brücke muss besondere Sorgfalt zugewendet werden, namentlich hinsichtlich einer unverändert bleibenden Höhenlage des Damms. Gut ist es, wenn sich die Brücke in einer Geraden befindet, und wenn auch in nächster Nähe auf der freien Strecke keine Krümmungen vorkommen.

Die Wirkung der Stösse auf das Eisenwerk wird gemildert durch Einschiebung elastischer Körper (Holzschwellen, Schotterbett), die zunächst die Stösse aufnehmen. Des Weiteren werden die

*) Siehe auch Weyrich, Deutsche Bauzeitung 1889, S. 348.

Fahrbahnträger getroffen, welche hierbei gleichfalls einen Theil der Stossarbeit aufnehmen und die Hauptträger entsprechend entlasten. Von besonders ungünstiger Wirkung sind die Stösse auf die Verbindungsstellen der Fahrbahnträger, namentlich bei unmittelbarer Schienenauflagerung, weshalb in solchen Fällen eine besonders sorgfältige Anordnung der Verbindung geboten erscheint, um Lockerungen der Nieten hintanzuhalten. Wenn die Fahrbahn unmittelbar auf die Hauptträger aufgelagert ist, so werden diese ungünstiger beansprucht als bei Ausführung besonderer Fahrbahnträger, und zwar am meisten die belasteten Gurtungen und dann die Wandstäbe.

Bei Strassenbrücken handelt es sich um die Stosswirkungen der Tritte von Menschen und Thieren, dann um die Stösse der Fahrzeuge in Folge von Unregelmässigkeiten der Bahn (Steinpflaster, schlechte Schotterbahn u. s. w.). Andrerseits wird die Wirkung der Stösse abgeschwächt durch eine elastische Fahrbahnkonstruktion (Holzpflaster, Schotterdecke u. s. w.)

Der Einfluss der Stösse fällt i. A. um so geringer aus, je grössere Masse die Brücke besitzt, also je schwerer die Fahrbahn und je grösser die Spannweite ist. Im Besondern kommt dann noch die Masse der zunächst vom Stoss getroffenen Eisentheile in Betracht; zum Tragen der Fahrbahn sind daher kräftige Vollträger, namentlich Walzträger, mehr zu empfehlen (insbesondere bei Eisenbahnbrücken) als leichte Fachwerkträger.

Anmerkung. Zur Aufnahme von Stössen ist weiches Eisen von grosser Arbeitsfähigkeit am geeignetsten; dasselbe wird daher bei kleinen Brücken und überhaupt bei allen zunächst den Stössen ausgesetzten Theilen in erster Linie Verwendung finden. In Amerika wird für die Fahrbahnträger Schweisseisen als zuverlässiger gegen Stösse dem Flusseisen vorgezogen. Je grösser die Spannweite, desto härteres bezw. festeres Material kann für die Hauptträger verwendet werden, ein Vortheil, der mit der gehörigen Vorsicht im Interesse einer billigen Konstruktion ausgenutzt werden sollte. Am leichtesten ist dies bei Draht (Hängbrücken) durchführbar, da hier jede Bearbeitung wegfällt, und somit die entsprechenden gefährlichen Eigenschaften sehr harten Materials nicht zum Ausdruck gelangen können.

4. Wiederholung der Lastimpulse.

In Folge der unter (b) und (c) behandelten Lastimpulse treten Schwingungen in der Brückenkonstruktion ein und zwar sowohl Längs- und Querschwingungen der einzelnen Stäbe als auch Querschwingungen (wagrecht und lothrecht) der ganzen Brücke. Die Schwingungen der einzelnen Stäbe wirken gegenseitig auf einander ein, so dass die Stäbe i. A. anders schwingen, als wenn sie von einander unabhängig wären; es finden mehr oder minder starke Beeinflussungen, namentlich hinsichtlich der Schwingungsdauer statt. Unter besondern Umständen gleichen sich die Schwingungsdauern aus, sämmtliche Stäbe schwingen isochron, die Brücke schwingt als Gesammtsystem. In der Regel werden allerdings die Schwingungsdauern verschieden bleiben; die Wirkungen der Einzelschwingungen heben sich dann im Gesammtergebniss zum grössten Theile auf, so dass eine Vergrösserung der Brückendurchbiegung gegenüber ruhender Belastung nicht beobachtet werden kann.

Wenn nun die Lastimpulse vielmals in regelmässigen Zeiträumen wiederkehren und stets mit den positiven Ausschwingungen eines Stabs bezw. des Gesammtsystems zusammentreffen, wobei eine mathematisch genaue Uebereinstimmung zwischen den Perioden der Lastimpulse und der Schwingungen nicht erforderlich ist, so tritt eine Vergrösserung der Schwingungsweiten bezw. der Dehnungen und somit auch der Spannungen ein*). Theoretisch ist die Möglichkeit denkbar, dass auf diesem Wege unter bestimmten Voraussetzungen jede Brücke zerstört werden kann. In Wirklichkeit sind jedoch die erforderlichen Vorbedingungen bei richtiger Konstruktion der Brücke nicht vorhanden, indem die Lastimpulse meist unregelmässig oder zeitlich nicht zusammenstimmend, sowie in ungenügender Zahl und Stärke auf die Brücke einwirken. Ausserdem treten verschiedene hemmende Einflüsse auf. Es kommt hier zunächst die Arbeit der unter I S. 36 erwähnten Reibungskräfte der Auflager in Betracht, deren Wirkung mit der Grösse und dem Gewicht der Brücke zunimmt; ferner bei beweglicher Fahrbahnlagerung (S. 43 und 58) und bei Bolzengelenken die entsprechende Reibungsarbeit, sodann die Deformationsarbeit bei unelastischen Formänderungen und schliesslich der Luftwiderstand. Hiernach können überhaupt nur Lastimpulse von einer bestimmten, dem Einzelfall entsprechenden Grösse ständig wachsende Schwingungen hervorrufen. Die einzigen Fälle, wo Brückeneinstürze in Folge stetig grösser werdender Schwingungen beobachtet wurden, kamen bei unversteiften Hängbrücken durch taktmässig marschirende Kolonnen vor. Die betreffen-

*) Siehe auch Steiner, Zeitschr. des österr. Ing.- und Arch.-Vereins 1892, S. 605.

den Bauten waren, da besondere Versteifungsträger fehlten, von durchaus ungenügender Steifigkeit. Es konnten sich in der Fahrbahnkonstruktion Schwingungsknoten bilden, derart dass sich die Schwingungsdauer der Theilstrecken genau dem Marschtempo anbequemte. Derartige Verhältnisse sind bei Balkenbrücken von den üblichen Höhen- und Breitendimensionen so gut wie ausgeschlossen (siehe auch die folgende Anmerkung). Dagegen werden in den meisten Fällen mehr oder minder grosse Verstärkungen der Schwingungen bezw. der Spannungen auftreten. Am ungünstigsten können hierdurch die Ständer und Druckstreben betroffen werden, indem bei Querschwingungen der Längs- und Querverbände (Querrahmen) diese Stäbe verbogen werden, und in Folge dessen die Druckkräfte an vergrösserten Hebelsarmen wirken und verstärkte Nebenspannungen ξ hervorrufen; namentlich dann, wenn sich in den oberen Knotenpunkten grössere Lasten befinden, und bei offenen Brücken. Bei schiefen Brücken treten derartige Querschwingungen wegen der ungleichartigen Durchbiegung der Hauptträger in erhöhtem Maasse auf.

Um Weite und Dauer dieser Schwingungen möglichst herabzumindern, empfiehlt es sich, ausser der Gesammtkonstruktion auch die einzelnen Stäbe und Rahmen möglichst steif herzustellen. Auch die Anwendung mehrfacher Systeme mit Vernietung der sich kreuzenden Stäbe kann in Frage kommen. Hierher gehören ferner die bei amerikanischen Brücken öfters angeordneten Zwischengurten, welche die Mitten der langen Hauptträgerstreben verbinden und hierdurch die Querschwingungen derselben verringern (siehe z. B. Zeitschrift des Vereins Deutscher Ingenieure 1889, S. 939).

Bei schlaff gewordenen Streben (Gegenstreben von Parabelträgern, Streben des oberen Längsverbands) liegt die Möglichkeit vor, dass die benachbarten starken Gurtstäbe innerhalb des gestatteten Spielraums zu schwingen beginnen und dann beim Rückschwung die plötzlich angespannten schwachen Streben abreissen. Durch künstliche Anspannung oder durch steife Querschnittsformen kann diesem Missstand vorgebeugt werden. Die Ausführung steifer Zugstäbe ist ausserdem noch überall dort am Platze, wo in Folge der Schwingungen, namentlich beim Rückschwung, Druckkräfte auftreten können (z. B. Hängstangen).

Anmerkung. Die Schwingungsdauer T (Hin- und Hergang) eines durch ein Gewicht P auf Zug oder Druck (Fig. 127) oder auf Biegung (Fig. 128, 129) beanspruchten elastischen Stabs beträgt, wenn man die hemmenden Einflüsse vernachlässigt und vom Eigengewicht absehen kann, $T = 2\pi\sqrt{\frac{y}{g}}$ = rund $2\sqrt{y}$ *), wo y = Durchbiegung durch die ruhende Last P an der Laststelle in Meter. Der Einfluss des Eigengewichts lässt sich annähernd dadurch berücksichtigen, dass man die Hälfte desselben zu P schlägt. Für einen symmetrisch durch

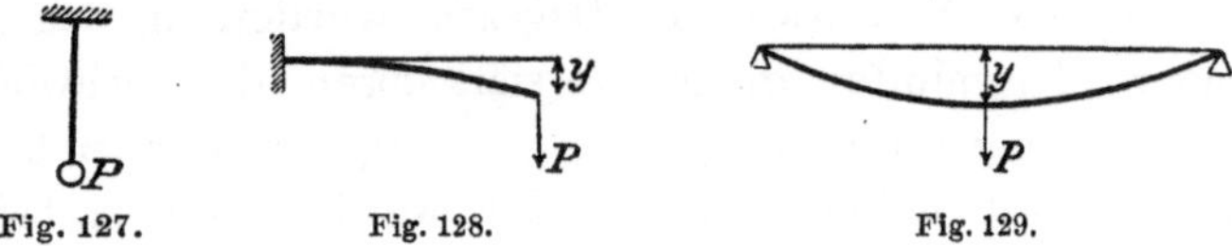

Fig. 127. Fig. 128. Fig. 129.

zwei Lasten P belasteten gewichtslosen Balken (Fig. 130) ist in gleicher Weise $T = 2\sqrt{y}$. Bei beliebiger symmetrischer Belastung durch eine Reihe von Lastpaaren P ist annähernd $T = 2\sqrt{\Sigma y}$, wo Σy die Summe der durch die einzelnen Lastpaare P an ihren Aufhängepunkten hervorgerufenen Durchbiegungen bezeichnet. Eine andere, meist etwas weniger genaue Annäherung giebt die Formel $T = 2\sqrt{z}$. Hierbei denkt man sich die Lasten jeder Brückenhälfte zu ihren Resultanten vereinigt und führt dann die Durchbiegung an

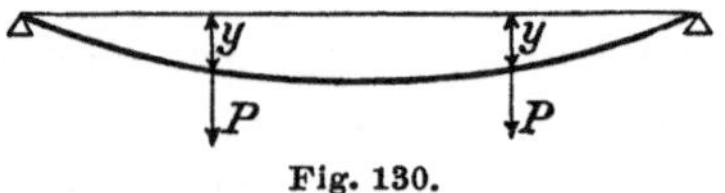

Fig. 130.

deren Angriffsstelle (= z) in die Gleichung ein. Beispielsweise kann für eine gleichmässig belastete Brücke im Mittel z = l : 1600 gesetzt werden; dies ergiebt $T = 2\sqrt{\frac{l}{1600}} = \frac{\sqrt{l}}{20}$. Für l = 64 m, 100 m, 144 m wird T = 0,4, 0,5, 0,6 Sekunden. Da die Schrittdauer beim Marschiren etwa 0,5 bis 0,6 Sekunden beträgt, so liegt hiernach die kritische Spannweite etwa bei 100 bis 140 m. Bei so grossen Brücken kann jedoch mit Rücksicht auf das hohe Eigengewicht sowie auf die zeitliche Schrittverschiebung, die sich der Geschwindigkeit des Schalls (= 334 m) anschliesst, von einer Gefährdung nicht die Rede sein. Eine marschirende Kolonne zeigt das Bild einer wogenden Welle von 334 m Wellenlänge. Alle 334 m herrscht der gleiche Tritt, alle 167 m der entgegengesetzte. Bei 100 bis 140 m Brückenlänge müssen sich daher die Schrittimpulse zum grossen Theil aufheben.

---

*) Siehe Zeitschr. des Oestr. Ing.- und Arch.-Vereins 1892, S. 387. Ferner Köpke, Deutsche Bauzeitung 1886, S. 549 und Melan, Handbuch der Ingenieurwissenschaften. II. Bd. 4. Abth.

5. Oftmaliges Eintreten der Belastung.

Durch oftmalige Belastungen wird das Material bekanntlich schon bei Beanspruchungen zerstört, die unterhalb der gewöhnlichen Festigkeitsgrenze liegen. Die Grösse dieser sogenannten Arbeitsfestigkeit A (zum Unterschied von der Tragfestigkeit K bei einmaliger ruhender Belastung) hängt von der Grösse der Spannungswechsel ab; sie ist um so kleiner, je grösser der Spannungswechsel, und erreicht ihren niedersten Werth für gleichmässigen Wechsel zwischen Zug und Druck. Im letzteren Falle sinkt sie unter die ursprüngliche Elasticitätsgrenze, während sie letztere bei einseitiger Beanspruchung überschreitet*).

Hiernach müssen die unter den normalen, stets wiederkehrenden Verhältnissen auftretenden Spannungen jedenfalls unterhalb der entsprechenden Arbeitsfestigkeit bleiben. Dagegen können unter aussergewöhnlichen Verhältnissen (siehe III B) hie und da Ueberschreitungen dieser Grenze erfolgen, ohne den Bestand der Brücke zu gefährden.

Bezüglich der Verwendung von Flusseisen und Flussstahl ist zu bemerken, dass das Material vollkommen fehlerfrei sein muss; andernfalls sinkt die Arbeitsfestigkeit wesentlich unter das normale Maass. Der Bruch kann u. U. schon durch wenige Beanspruchungen, die nicht einmal die gewöhnliche Elasticitätsgrenze vollkommen erreichen, hervorgerufen werden. Bei Flussmaterial (insbesondere bei Flussstahl) erscheint hiernach ein höherer Sicherheitsgrad als bei Schweisseisen angezeigt.

Um nun die vorstehend besprochenen **dynamischen Einflüsse** der Verkehrslast zu berücksichtigen, wird man am besten dieselbe mit schätzungsweise erhöhtem Betrag in Rechnung stellen. Hierbei sind Eisenbahnbrücken und Strassenbrücken verschieden zu behandeln, da bei letzteren die Punkte (1) und (2) keine Rolle spielen. Die folgenden Angaben beziehen sich auf Schweisseisen.

---

*) Sichere Angaben über die Grösse von A bei Brückenkonstruktionen sind nicht bekannt. Die einschlägigen Versuche von Wöhler und Bauschinger wurden unter Verhältnissen angestellt, die mit den bei Brücken obwaltenden nur wenig übereinstimmen. Insbesondere kommt in Betracht, dass zwischen je zwei Brückenbelastungen eine längere Ruhepause verstreicht, während die Beanspruchungen der Probestäbe einem steten, raschen Wechsel unterlagen.

Eisenbahnbrücken. Bei Stäben, die von der Verkehrslast stets nur in einem Sinne beansprucht werden (Gurtstäbe), wird die Verkehrslast mit ihrem ψfachen Betrage eingeführt. Die Grösse von ψ hängt ab von der Fahrbahnanordnung und von der Spannweite, bezw. von der Belastungslänge. Bei gewöhnlicher Fahrbahnanordnung (ohne Schotterbett) kann man setzen

$$\text{für } l < 20\,\text{m},\ \psi = 1^2/_3 + \frac{(20 - l)^2}{1000};\ \text{für } l > 20\,\text{m},\ \psi = 1^2/_3.$$

Bei Hinüberführung des Schotterbetts

$$\text{für } l < 20\,\text{m},\ \psi = 1{,}5 + \frac{(20 - l)^2}{1200};\ \text{für } l > 20\,\text{m},\ \psi = 1{,}5,$$

l bezeichnet die Spannweite, bezw. die gleich grosse Belastungslänge.

Liegt die Fahrbahn unmittelbar auf den Hauptträgergurten, wobei letztere gleichzeitig noch als Fahrbahnträger dienen müssen, so ist bei Berechnung der entsprechenden Biegungsspannungen ν derjenige Beiwerth ψ einzuführen, der zu $l = c$ (Stablänge) gehört. Bezüglich der anschliessenden Wandstäbe kann der Einfluss der unmittelbaren Auflagerung dadurch berücksichtigt werden, dass derjenige Theil der Stabkraft, der von der nächstgelegenen Knotenlast herrührt, mit dem angegebenen erhöhten Werthe von ψ (für $l = c$) multiplicirt wird.

Wenn bei der Querschnittsbestimmung nur die Grundkräfte durch Eigengewicht (E) und Verkehrslast (V), einschliesslich der Centrifugalkräfte u. s. w., in Betracht gezogen werden, so erhält man nach vorstehendem den Querschnitt $F = \frac{E + \psi V}{k}$, wo k = Spannungszahl bei ruhender Belastung (siehe hierüber im Schlusskapitel). Ein analoges Verfahren ist einzuschlagen, falls auch die Nebenmomente berücksichtigt werden sollen.

Bei den Streben, die durch die Verkehrslast abwechselnd auf Zug und Druck beansprucht werden, ist wegen des raschen Spannungswechsels nicht nur die grösste positive, sondern auch die grösste negative Stabkraft zu berücksichtigen, und zwar wird erstere mit dem ψfachen, letztere mit dem $^1/_3\psi$fachen Betrag ihres Absolutwerths eingeführt. Stellt man nur die Grundkräfte in Rechnung, so ergiebt sich hiernach

$$F = \frac{E + \psi V_1 + {}^1\!/_3 \psi V_2}{k},$$

wo V_1 und V_2 die Absolutwerthe der grössten positiven und negativen Grundkräfte durch die Verkehrslast bezeichnen. Bei Bestimmung der Werthe von ψ ist für l die jeweilige Belastungslänge einzuführen.

Die Seitenstösse der Verkehrslast wurden bereits früher unter I S. 25 als besondere Belastungen angeführt und sind erforderlichen Falls in V_1 und V_2 mit zu berücksichtigen*).

Für Lokalbahnen genügt es, den Werth von ψ um 10% geringer anzunehmen, als vorstehend für Hauptbahnen angegeben.

In den angeführten Werthen von ψ ist der Einfluss momentaner Steigerungen einzelner Achsbelastungen (in Folge Schwankens der Fahrzeuge, der Bremswirkung, der Centrifugalkräfte der Gegengewichte u. s. w.), welcher bei sehr kleinen Spannweiten (einschliesslich Fahrbahnträger) von grösserer Bedeutung ist, nicht voll berücksichtigt. Es ist für diesen Zweck am einfachsten, eine der Achsen mit einem um etwa 30% erhöhten Gewichte in Rechnung zu führen. Die Berücksichtigung der gleichzeitig eintretenden Gewichtsverminderung anderer Achsen kann dabei ausser Acht bleiben.

Strassenbrücken. Für die Gurtungen ist wie bei Eisenbahnbrücken $F = \frac{E + \psi V}{k}$. Unter gewöhnlichen Verhältnissen ist für $l < 10$ m, $\psi = 1{,}5 + \frac{(10 - l)^2}{300}$ und für $l > 10$ m, $\psi = 1{,}5$. Bei Holzpflaster und Asphalt kann ψ um 10% verringert werden. Für die Streben giebt die bei Eisenbahnbrücken gültige Formel etwas zu ungünstige Werthe, da ein plötzlicher Wechsel von Zug und Druck nicht eintritt; doch wird sie vielfach auch hier angewandt.

Es dürfte genügen, $F = \frac{E + \psi V_1}{k}$ zu setzen, oder, um dem unter Pos. 5 angeführten Umstande voll Rechnung zu tragen,

*) Als Nachtrag zu I S. 25 sei bemerkt, dass bei Belastung der Brücke durch einen vollständigen Lokomotivzug das grösste wagrechte Moment im Querschnitt x entsteht, wenn die links befindlichen Lokomotiven (m Stück) positive, und die rechts befindlichen (n Stück) negative Stossmomente T e ausüben. Man erhält $M = Tem(l - x) : l + Tenx : l$; für $m = n = 1$ wird $M = Te$, wie auf S. 26 angegeben. Für $m = 0$, $n = 2$ wird $M = 2Tex : l = Te$ für $x = l : 2$.

$$F = \frac{E + \psi V_1 + {}^1\!/_3\, \psi (V_2 - E)}{k},$$

wobei das dritte Glied nur in solchen Fällen eingeführt wird, wo $V_2 > E$, d. h. wo die Gesammtspannung $E - V_2$ negativ ist.

Winddruck. Wenn ausser dem Eigengewicht nur noch Winddruck (W) als Belastung wirkt, ist zu setzen

$$F = \frac{E + \varphi W_1 + {}^1\!/_3\, \varphi (W_2 - E)}{k},$$

wo das dritte Glied nur für $W_2 > E$ in Betracht kommt, und $\varphi = 1{,}2$ bis 1 angenommen werden kann.

Bei gleichzeitigem Auftreten von Verkehrslast genügt es, nur den positiven Grösstwerth W_1 zu berücksichtigen und zu setzen

$$F = \frac{E + \psi V_1 + {}^1\!/_3\, \psi V_2 + \varphi W_1}{k} \quad \text{(Eisenbahnbrücken)},$$

$$F = \frac{E + \psi V_1 + {}^1\!/_3\, \psi (V_2 - E) + \varphi W_1}{k} \quad \text{(Strassenbrücken)}.$$

Temperaturkräfte T sind wegen ihrer sanften Wirkungsweise, des seltenen Wechsels zwischen den positiven und negativen Grösstwerthen, und wegen ihres ausserhalb der Elasticitätsgrenze verminderten Einflusses (siehe I S. 40) von verhältnissmässig geringerer Bedeutung. Es wird genügen, sie in gleicher Weise wie die Kräfte des Eigengewichts zu behandeln und betreffenden Falls denjenigen Höchstwerth von T, der mit dem Gesammthöchstwerth gleichen Sinnes ist, mit E vereint in die obigen Formeln einzuführen.

B. Aussergewöhnliche Einwirkungen.

Es können sowohl Einwirkungen normaler Art aber von aussergewöhnlicher Grösse als auch aussergewöhnliche Arten der äusseren Einwirkungen in Betracht kommen.

1. Belastungen von aussergewöhnlicher Grösse.

In erster Linie handelt es sich um solche Belastungen, die nicht im gewöhnlichen Betriebe, sondern nur in Ausnahmsfällen eintreten. Hierher gehören u. A. Belastungen durch vollständige Lokomotivzüge (im Kriegsfall), durch aussergewöhnliche Transporte (Panzerplatten, Marinegeschütze u. s. w.) oder durch stockendes Menschengedränge (bis zu 600 k auf d. qm). Nachstehend ist das Lastschema eines Geschütztransportwagens von 16 Achsen zu je 14 Tonnen Gewicht dargestellt.

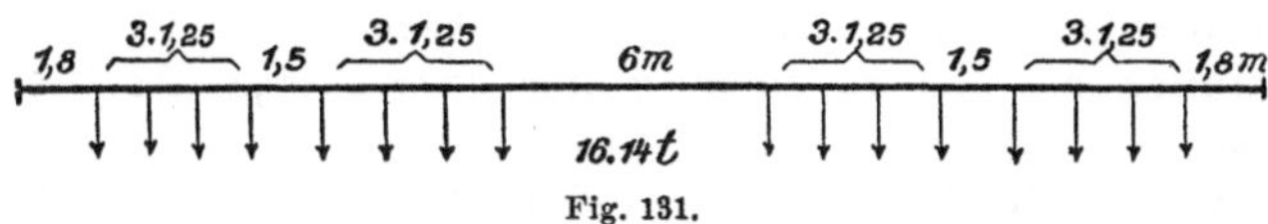

Fig. 131.

Ferner ist das Zusammentreffen der gleichzeitig möglichen ungünstigsten Einwirkungen (Verkehrslast, Winddruck, Temperatureinflüsse) in's Auge zu fassen. Wenn dasselbe auch äusserst unwahrscheinlich ist, so muss ihm doch in so weit Rechnung getragen werden, dass Brüche oder schädliche Deformationen hierbei nicht eintreten können, während Ueberschreitungen der Elasticitätsgrenze u. U. zugelassen werden dürfen.

Das zweckmässigste Verfahren, die vorstehend erwähnten aussergewöhnlichen Belastungen bei der Querschnittsbildung zu berücksichtigen, besteht darin, dieselben mit ihren wirklichen oder abgeschätzten Grössen in Rechnung zu führen und dann die zulässigen Spannungen entsprechend hoch, u. U. oberhalb der Elasticitätsgrenze, festzusetzen; nebenher geht selbstverständlich die normale Berechnung mit den normalen Spannungszahlen. Das ungünstigere der beiden Ergebnisse ist für die Ausführung maassgebend. (Siehe hierüber auch das Schlusskapitel). Meistens begnügt man sich in der Anwendung mit einer Rechnung für normale oder etwas erhöhte Belastungen; dann müssen jedoch die normalen Spannungszahlen derart bemessen sein, dass die ermittelten Querschnitte auch für die aussergewöhnlichen Belastungen noch ausreichen. Es ist hierbei zu beachten, dass nicht alle Stabkräfte proportional den Gesammtlasten zunehmen, sondern z. Th. viel rascher. Hierher gehören die Kräfte der Gegenstreben, welche gleich dem Unterschied der durch Verkehrslast und Eigengewicht hervorgerufenen Stabkräfte sind; ferner die Mindestwerthe der Strebenkräfte, d. h. deren Druckmaxima. Will man für solche Fälle unbedingte Sicherheit erzielen, so bleibt nichts übrig, als das erstgenannte Verfahren, Rechnung mit den aussergewöhnlichen Lasten, anzuwenden. Namentlich dürfte dies auch bei der Berechnung von Schwedlerträgern zu empfehlen sein.

Anmerkung. Nicht sowohl zu den aussergewöhnlichen als zu den normalen Belastungen gehören diejenigen Belastungen, welche zwar zur Zeit noch nicht vorkommen, die aber in nicht allzu ferner Zukunft für den normalen Betrieb zu erwarten sind. Derartige verstärkte Belastungen, welche namentlich bei Eisenbahnbrücken in Betracht kommen, müssen bei der Berechnung berücksichtigt werden, falls man sich nicht der Gefahr aussetzen will, in absehbarer Zeit unzulängliche Konstruktionen zu erhalten oder in der Entwicklung des Betriebs beschränkt zu werden.

Wie weit in fraglicher Beziehung gegangen werden soll, bedarf einer sorgfältigen Erwägung und wird am besten durch gemeinsame Berathungen von Bauingenieuren und Betriebstechnikern allgemein geregelt. Die nachstehenden Angaben mögen als Vorschläge in dieser Richtung (für Hauptlinien) angesehen werden, die auch sehr weitgehenden Anforderungen genügen dürften.

Die Berechnung der Momente und Querkräfte der Verkehrslast erfolgt bei einfachen Balkenbrücken am zweckmässigsten mit Hülfe von Belastungsgleichwerthen, da es auf diese Weise möglich wird, sich von den Besonderheiten eines bestimmten Lastzugs unabhängig zu machen und auf einfachem Wege Ergebnisse zu erhalten, welche allen möglichen Sonderfällen Genüge leisten. Als Grundlage für die Bestimmung der Belastungsgleichwerthe dient ein Normalzug, bestehend aus 2 Lokomotiven von nachstehenden Verhältnissen mit darauf folgenden Güterwagen. Das Gewicht der Güterwagen beträgt 5,5 Tonnen für d. Meter Gleis. Zur Berücksichtigung der namentlich bei kleinen Trägern bedeutsamen Schwankungen in den Achsbelastungen wird entsprechend den Ausführungen auf S. 175 jeweils die einflussreichste Achse mit einem erhöhten Gewicht von 24 t in Rechnung gestellt.

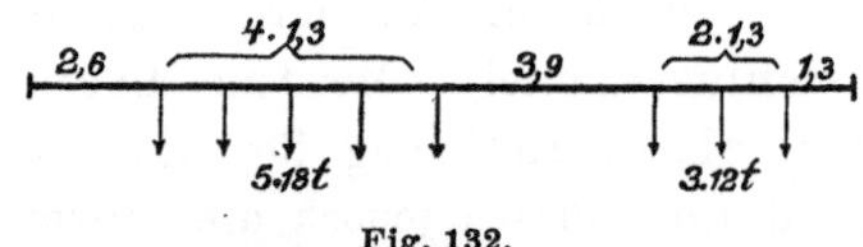

Fig. 132.

Die für den Normalzug ausgerechneten Belastungsgleichwerthe werden sodann schätzungsweise derart regulirt, dass die in den besondern Annahmen begründeten Unregelmässigkeiten ausgemerzt und eine gleichmässig verlaufende Linie erhalten wird, die auch für andere Züge von ähnlichem Gewicht, aber abweichendem Achsenschema ausreicht. Hiernach ergiebt sich folgende Tabelle:

$l =$	10	15	20	25	30	40	50	60	70	80	90	100 m
$p_m =$	13,2	10,4	9,5	9,1	8,8	8,4	7,95	7,5	7,05	6,6	6,4	6,2 t f. 1 Gl.
$p_x =$	14,7	11,9	11,0	10,4	10,0	9,5	9,05	8,6	8,15	7,7	7,5	7,3 t -

Es bezeichnet:

l die Belastungslänge (die bezüglich der Momente gleich der Spannweite L ist),

p_m diejenige gleichmässig vertheilte Last für 1 m Gleis, welche, über die ganze Brücke ausgebreitet, das gleiche Moment M_m in Brückenmitte hervorruft wie der Belastungszug;

p_x diejenige gleichförmig vertheilte Last, welche, vom Querschnitt x bis zu einem der Auflager ausgebreitet, die gleiche Querkraft Q_x im Querschnitt hervorruft, wie der die gleiche Strecke l überdeckende Belastungszug; die Grösse L der Spannweite kommt hierbei nicht in Betracht.

Die Kurve der grössten Momente ist bekanntlich keine vollständige Parabel, sondern eine etwas stärker ausgebauchte Kurve. Man kann diesem Umstand in der Anwendung ausreichend dadurch Rechnung tragen, dass man die Momentenkurve durch ein gerades Mittelstück von der Länge 2 a und daran anschliessende Parabelstücke darstellt (siehe Fig. 133), wo $2\,a = L\,\frac{p_0 - p_m}{p_0}$ und $p_0 = p_x$ für $x = 0$, bezw. $l = L$.

Die Kurven der grössten positiven und negativen Querkräfte sind einander kongruent (Fig. 134); man erhält die positive Kurve, indem man für beliebig viele Querschnitte x die Ordinaten $Q_x = p_x\,l^2 : 2\,L$ aufträgt, wobei $l = L - x$, und p_x entsprechend der Tabelle einzusetzen ist. In den meisten Fällen genügt es, sich auf $x = 0$, $0{,}25\,L$, $0{,}5\,L$ und $0{,}75\,L$ zu beschränken. Man kann dann die betreffenden Werthe von Q für die verschiedenen Spannweiten L in einer Tabelle zusammenstellen; das Gleiche ist auch bezüglich der Werthe von M_m zweckmässig.

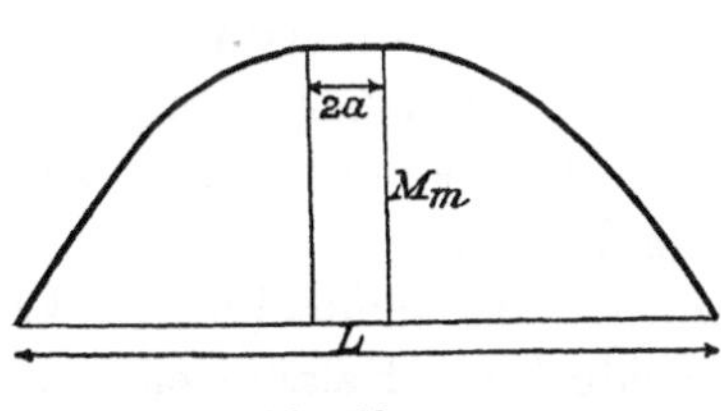

Fig. 133.

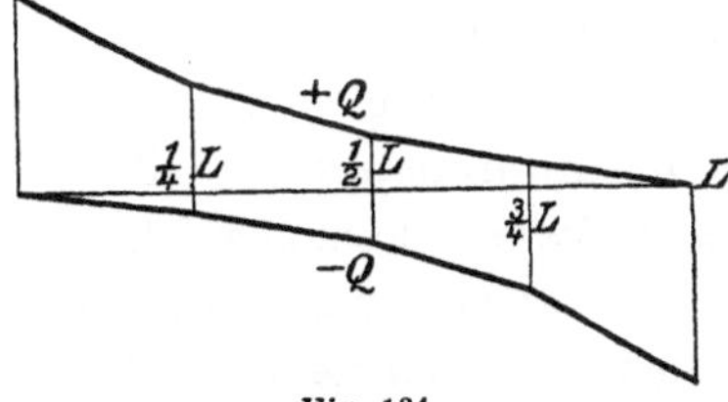

Fig. 134.

Für die Berechnung der bei Brücken in Bahnkurven auftretenden Centrifugalkräfte sind Geschwindigkeiten von 18 m in der Sekunde bei Güterzügen und von 35 m bei Schnellzügen in Betracht zu ziehen. In der Regel werden sämmtliche Stäbe der Längsverbände durch Schnellzüge stärker beansprucht als durch Güterzüge; für diesen Fall sind folgende Belastungsgleichwerthe einzuführen:

$l =$	10	15	20	25	30	40	50	60	70	80	90	100 m
$p_m =$	9,6	8,3	7,6	7,3	7,1	6,6	6,3	6,0	5,7	5,4	5,1	4,8 t
$p_x =$	11,2	9,4	8,6	8,3	8,0	7,4	6,8	6,5	6,2	5,9	5,6	5,3 t

Es wurden hierbei zwei vierachsige Lokomotiven mit zwei Triebachsen von je 22 t und zwei Laufachsen von je 18 t Gewicht in Rechnung gestellt.

Der Bestimmung der Bremskräfte ist ein Zug, dessen sämmtliche Achsen gebremst sind, zu Grunde zu legen. Die Bremskraft für d. Meter Gleis ist dann genau genug $q = \frac{1}{7} p_x$.

Bei Strassenbrücken sind i. A. Erhöhungen der normalen Belastungen selten in Betracht zu ziehen. Es wird sich hier meistens um solche Fälle handeln, wo spätere Aenderungen, z. B. Herstellung eines Strassenbahngleises, Ueberführen einer Wasserleitung u. s. w. zu erwarten sind. Unter Umständen ist auch auf die spätere Einführung von Dampfstrassenwalzen Bedacht zu nehmen.

2. Aussergewöhnliche Arten der äusseren Einwirkungen.

a) Entgleisungen.

Die entgleisten Fahrzeuge nähern sich dem einen Hauptträger und vermehren hierdurch dessen Belastung; ferner stossen sie an einzelne Stäbe und rufen in Folge dessen neue, abnormale Beanspruchungen hervor. Die Grösse der erstgenannten Einwirkung kann leicht ermittelt werden, die der zweiten lässt sich dagegen kaum auch nur einigermaassen genau bestimmen.

Es kann keineswegs die Aufgabe sein, eine Brücke gegen sämmtliche derartige Einwirkungen vollkommen sicher herzustellen; doch ist zu erstreben, dass die Folgen einer Entgleisung durch die Brücke nicht noch vergrössert werden, dass daher wenigstens ein Zusammensturz der Brücke zu vermeiden gesucht wird. Für diesen Zweck kommen folgende Mittel in Betracht:

1. Herstellung einer festen, dichten Fahrbahndecke (starke Bohlen auf enggelegten Schwellen, dichtgelegte Belageisen, am besten Bettung auf Eisendecke), um ein Durchbrechen der entgleisten Fahrzeuge zu verhüten.

2. Anordnung von Sicherheitsschwellen, welche die entgleisten Räder von den Hauptträgern abhalten, oder Lagerung der Schienen in trogförmigen Längsträgern (Forthbrücke).

3. Alle Glieder, welche den Stössen der Fahrzeuge unmittelbar ausgesetzt sind oder hierbei in Mitleidenschaft gezogen werden, sind möglichst widerstandsfähig, u. U. mit besonderem Materialaufwand, herzustellen. Es ist für diesen Zweck vortheilhaft, den betreffenden

Stäben grosses Widerstandsmoment und Trägheitsmoment zu geben, vollwandige Stäbe statt gegliederter und getheilter Stäbe auszuführen, steife Knotenverbindungen herzustellen. Besondere Sorgfalt ist einer kräftigen Ausbildung der Querverbände und der Endständer zuzuwenden, und zwar sowohl gegen Querstösse als auch gegen Längsstösse, denen die Endständer in erster Linie ausgesetzt sind. Gegen derartige Längsstösse bieten gemauerte Portale oder hohe Brüstungen einen ausgezeichneten Schutz, der an Wirksamkeit die amerikanischen Unfallsteifen (siehe z. B. Zeitschr. des Vereins Deutscher Ingenieure 1888 S. 1141 und 1889 S. 910, Fig. 1) weit übertrifft.

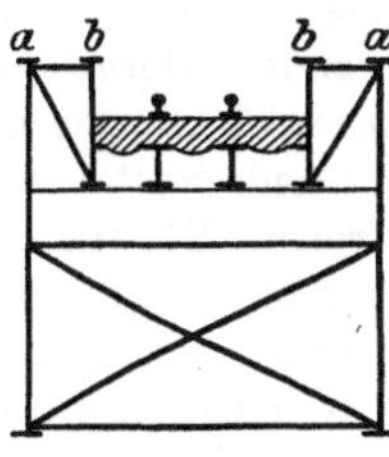

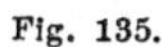

Fig. 135.

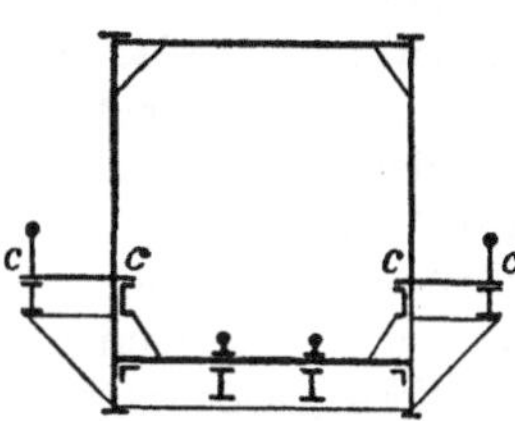

Fig. 136.

Besondere Anordnungen zur Aufnahme der Stösse entgleister Fahrzeuge sind in den Fig. 135 und 136 dargestellt; es werden besondere wagrechte Fachwerkträger (Stossträger) in geeigneter Höhenlage zur Ausführung gebracht. Die Gurtungen derselben werden bei „Fahrbahn oben“ durch die Gurtungen des Hauptträgers (a) und des Längsträgers (b), bei „Fahrbahn unten“ durch die Längsträger (c) der entsprechend hochgelegten Fusswege gebildet. Die inneren Gurtungen, welche die Stösse unmittelbar aufnehmen, werden u. U. durch aufgeschraubte Holzbalken armirt.

4. Da es sich bei den Stössen um dynamische Wirkungen handelt, so verdient für die in Frage kommenden Stäbe zähes Material, welches hohe Arbeitsgrössen ohne zu brechen aufnehmen kann, den Vorzug vor sprödem, wenn auch weit festerem Materiale; die Verwendung von Schweisseisen oder weichem Flusseisen ist daher hier besonders angezeigt.

Anmerkung. Es ist klar, dass die Sicherung der Brücken gegen Zusammensturz bei Entgleisungen nur eine halbe Maassregel wäre, wenn nicht gleichzeitig verhütet würde, dass der Zug für sich allein herabstürze. Bei Fahrbahn oben sind für diesen Zweck besondere Maassregeln erforderlich, die allerdings bei uns nur selten angewendet werden. Es kommt hier zunächst die Anordnung seitlicher Sicherheitsschwellen in Betracht, am besten unter gleichzeitiger Ueberführung der Gleisbettung. Ein weiteres Mittel besteht darin, die Hauptträger soweit über die Fahrbahn emporragen zu lassen, dass sie die Fahrzeuge vor dem Herabstürzen bewahren. Durch eine derartige Anordnung wurde im Jahre 1880 auf der Baseler Rheinbrücke (Verbindungsbahn zwischen dem Badischen und dem Schweizer Bahnhof) ein entgleister Güterzug vom Hinabstürzen zurückgehalten. Die Beschädigungen der Eisentheile waren äusserst gering, so dass die Brücke mit Leichtigkeit wieder vollkommen betriebssicher hergestellt werden konnte.

Anmerkung. Zur Minderung der Entgleisungsgefahr werden vielfach, namentlich auf amerikanischen Bahnen, Zwangschienen, z. Th. mit Eingleisungsvorrichtungen an den Enden (siehe Post, Org. f. d. Fortschr. des Eisenbahnwesens 1891, S. 25), angewandt. Derartige Vorrichtungen sind zweifellos geeignet, gegenüber einem Theile der ungünstigen Zufälle einen sichernden Einfluss auszuüben; andrerseits wird jedoch eine neue Gefahr geschaffen, insofern sich fremde Körper in die enge Spurrille einklemmen können. Wohl aus letzterem Grunde hat man sich bis jetzt auf den deutschen Bahnen ablehnend gegen die Anbringung von Zwangschienen verhalten, um so mehr, als hier bei der bisherigen Uebung Entgleisungen auf Brücken zu den grössten Seltenheiten gehören.

b) Stösse schwimmender Gegenstände.

Bei niedriger Lage der Brücke können vom Hochwasser mitgerissene Gegenstände (Baumstämme, Eisschollen u. s. w.) oder auch zu weit reichende Schiffstheile gegen das Eisenwerk, insbesondere gegen die untere Gurtung anstossen. Letztere ist daher möglichst widerstandsfähig im wagrechten Sinne anzuordnen (breite, kräftige Vollgurtung; feste Knoten). Amerikanische Bandgurtungen werden durch starke Stösse leicht verbogen und in einzelnen Theilen dauernd überanstrengt.

Selbstverständlich wird man durch möglichst hohe Lage der Bahntrace derartige Stosswirkungen zu verhüten suchen. Ist dies nicht vollkommen möglich, so ist es u. U. zweckmässig, die Hauptträger so weit als thunlich in die Höhe zu rücken, so dass nur die Querträger, und zwar der Länge nach, in unschädlicher Weise von den Stössen getroffen werden, während die empfindlicheren Hauptträger vor dem Angriff gesichert bleiben (Fig. 137).

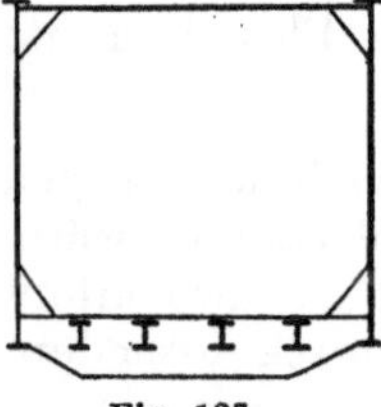

Fig. 137.

c) Zerstörungen und Senkungen von Pfeilern.

Es kann sich i. A. nicht darum handeln, Brücken derart solide auszuführen, dass sie auch nach Zerstörung einzelner Zwischenpfeiler wenigstens ihr Eigengewicht noch sicher zu tragen vermögen, was durch Verwendung kontinuirlicher Hauptträger geschehen könnte. Das naturgemässe Mittel zur Sicherung besteht vielmehr darin, die Pfeiler selbst entsprechend solide zu gründen und auszuführen, oder die Spannweiten so gross anzuordnen, dass keine Pfeiler in gefährdeter Lage erbaut werden müssen. Nur ausnahmsweise, bei Brücken für untergeordneten Verkehr (Fussstege), kann es vortheilhaft sein, schwach fundirte Zwischenjoche und kontinuirliche Hauptträger auszuführen, falls die hierdurch ersparten Neubaukosten wesentlich die in längeren Zeiträumen etwa erforderlich werdenden Erneuerungskosten der Pfeiler übersteigen.

Wichtiger sind die Fälle, wo einseitige Senkungen der Pfeiler, namentlich in Folge von Unterspülungen, eintreten, so dass die 4 Stützpunkte sich nicht mehr in einer Ebene befinden. Grundsysteme nach I Fig. 1 können sich zwanglos derartigen Bewegungen anschliessen. Die zugehörigen wirklichen Systeme erleiden jedoch hierbei entsprechende Nebenspannungen, die bei einer bestimmten Grösse der Bewegung zu bleibenden Deformationen oder zum Bruche führen. Systeme nach I Fig. 5, welche nur dreier Stützpunkte bedürfen, folgen der Senkung nur soweit, als ihrer Durchbiegung entspricht; darüber hinaus bleibt der vierte Lagerpunkt frei schwebend. Uebersteigen hierbei die Beanspruchungen durch das Eigengewicht nicht den zulässigen Höchstwerth, bezw. entstehen keine schädlichen bleibenden Deformationen, so kann die Brücke nach erfolgter Wiederherstellung der Pfeiler unbedenklich wieder dem Betriebe übergeben werden.

Die Berechnung der Grundkräfte eines nur auf 3 Punkten (A_1 A_2 B_1) gelagerten Systems erfolgt in der Weise, dass man zunächst die Kräfte $\mathfrak{S}$ ermittelt, welche der gewöhnlichen Lagerung auf 4 Punkten (A_1 A_2 B_1 B_2) entsprechen und dann hierzu die Kräfte $B_2 . \mathfrak{s}$ zählt, welche durch den nach unten gerichteten Lagerdruck B_2 in den einzelnen Stäben hervorgerufen werden. Die Kräfte $\mathfrak{s}$ entsprechen dem Lagerdruck $B_2 = 1$ und sind nach dem auf S. 41 des 1. Theils angegebenen Verfahren zu bestimmen.

IV. Schlussbetrachtungen.

Aus den angestellten Untersuchungen geht zur Genüge hervor, dass eine auch nur annähernde Vollständigkeit in der Bestimmung der Spannungen mit sehr grossen Weitläufigkeiten verbunden wäre, ohne dass jedoch andrerseits eine vollkommene Genauigkeit wegen der verschiedenen Vernachlässigungen und der z. Th. nur schätzungsweise angenommenen Voraussetzungen erreicht würde. Es kommt hinzu, dass die einzelnen Spannungen i. A. bei verschiedenen Belastungszuständen ihre Höchstwerthe erreichen, und dass daher vor Allem der für die Gesammtspannung ungünstigste Belastungszustand ermittelt werden müsste. Hierbei ist zu berücksichtigen, dass gewisse Belastungskombinationen sehr selten, andere ständig im gewöhnlichen Betriebe auftreten, dass die Wirkungsweise von Eigengewicht, Verkehrslast, Wind- und Temperatureinflüssen ganz verschiedenartig ist, dass gewisse Arten von Zusatzkräften und Nebenspannungen ausserhalb der Elasticitätsgrenze abnehmen und daher bezüglich der Bruchsicherheit von geringerer Bedeutung sind, u. s. w. — Verhältnisse, die sich schwer in Zahlen genau ausdrücken lassen, so dass die für die einzelnen Stäbe ungünstigsten Belastungszustände sowie der Grad ihrer Einwirkung nur schätzungsweise festgestellt werden können.

In der Anwendung wird man sich daher, abgesehen von besonderen Fällen (insbesondere bei der Nachrechnung alter, stark beanspruchter Brücken), nicht die möglichst genaue Ermittlung sämmtlicher Spannungen zum Ziele setzen; man wird vielmehr, namentlich bei Neubauten, ausser den Hauptkräften nur diejenigen Zusatzkräfte und Nebenspannungen, welche im gegebenen Falle besondere Grösse erreichen, ausdrücklich in Rechnung stellen, während die übrigen Spannungen nur summarisch durch die entsprechend niedrig gehaltenen Spannungszahlen berücksichtigt werden.

In den gewöhnlichen Fällen wird es genügen, nur folgende Zusatzkräfte und Nebenspannungen rechnungsmässig zu ermitteln bezw. abzuschätzen und im Verein mit den Hauptkräften in die Dimensionirungsformeln einzuführen.

1. Zusatzkräfte, hervorgerufen durch
   a) die Bremskräfte in den Stäben der Endfelder (I A 1, S. 8); hierbei wird man sich meist mit Schätzungen begnügen dürfen,
   b) den Winddruck bei grösseren Spannweiten (I A 2a, S. 18),
   c) die Centrifugalkräfte (I A 2c, S. 27).

Statisch unbestimmte Grundsysteme werden meistens für die Berechnung in mehrere statisch bestimmte Theilsysteme (siehe I S. 39) zerlegt. Mit Rücksicht auf die Willkürlichkeit derartiger Zerlegungen und auf die Vernachlässigung der Temperatureinflüsse müssen jedoch nachträglich schätzungsweise entweder die berechneten Spannungen erhöht, oder die Spannungszahlen erniedrigt werden.

2. Nebenspannungen, hervorgerufen durch
   a) feste Verbindung der Querträger mit den Ständern (II 1, S. 52); meist genügt Näherungsformel oder Schätzung,
   b) unmittelbare Belastung der Stäbe durch die Verkehrslast (II 3, S. 76),
   c) gekrümmte Stabachsen (II 5, S. 83),
   d) das Fehlen nothwendiger Stäbe des Grundsystems (II 6, S. 85),
   e) Knickkräfte (II, S. 105 bis 157).

Ausserdem wird man die Stäbe der Endfelder mit Rücksicht auf die Auflagermomente (II 4, S. 80), auf die Wirkung der überzähligen wagrechten Reaktion (I B, S. 45) u. s. w. schätzungsweise stärker halten.

Die Nebenspannungen in Folge steifer Knoten (Zwängungsspannungen II 1, S. 21) werden abgesehen von dem unter (a) erwähnten Falle, nur in aussergewöhnlichen Fällen (sehr breite Stäbe, sehr grosse Winkeländerungen) schätzungsweise zu berücksichtigen sein; desgleichen Nebenspannungen in Folge excentrischer Stabbefestigung (II 2, S. 67 bezw. II 7, S. 100), sofern es sich um besonders grosse Excentricitäten handelt.

Im Uebrigen wird man durch geeignete Anordnungen darnach trachten, die Zusatzkräfte und Nebenspannungen möglichst klein zu erhalten. In dieser Beziehung sind folgende Regeln zu beachten:

Ausführung eines Längsverbands möglichst nahe der Fahrbahnebene. Herstellung kräftiger Endquerverbände.

Anordnung der Stabachsen in den Belastungsebenen.

Vermeidung excentrischer Stabanschlüsse.

Ausführung hoher Querträger oder bewegliche Lagerung derselben.

Anordnung starker kontinuirlicher Längsträger bei offenen Brücken, oder Trennung von Querträger und Querverbindung (Fig. 44).

Zur Uebertragung der Bremskräfte sind nicht die Querträger zu benutzen, sondern besondere Konstruktionen anzuordnen.

Bei grösseren Spannweiten ist es vortheilhaft, die Fahrbahnkonstruktion möglichst unabhängig von der Hauptkonstruktion zu machen.

Besondere Sorgfalt ist einer zweckmässigen Ausbildung der Knotenpunkte zuzuwenden, um die Knotenspannungen möglichst herabzumindern.

Die Ausführung heller Anstriche erscheint zweckmässig, um die Temperaturspannungen nieder zu halten.

Die Stabbreiten sind i. A. nicht grösser, als es die Rücksicht auf gute Befestigung und auf Knicksicherheit verlangt, anzuordnen; in besonderen Fällen kann die Rücksicht auf aussergewöhnliche Einwirkungen grössere Breiten zweckmässig erscheinen lassen. In der Regel sind diejenigen Querschnittsformen am geeignetsten, bei denen das Material am weitesten nach aussen gelegt ist, weil hier das erforderliche Trägheits- und Widerstandsmoment bei kleinster Breite erreicht wird. Der kreuzförmige Querschnitt, der dieser Bedingung am wenigsten entspricht, kann jedoch in solchen Fällen am zweckmässigsten sein, wo die Stabbreite durch andere Bedingungen (z. B. Befestigung) vorgeschrieben ist; er hat dann den Vortheil, dass die in den zwei Hauptebenen auftretenden grössten Nebenspannungen sich nicht addiren.

Für die Streben der Längsverbände ist die Anwendung steifer Stäbe angezeigt; desgl. sind alle jene Zugstäbe steif auszuführen, die bei aussergewöhnlichen Einwirkungen Druckkräfte erhalten können.

Bolzengelenke können bei geeigneter Konstruktion (Gerber)

die Zwängungsspannungen in der zugehörigen Trägerebene mindern, namentlich bezüglich der Wandstäbe. Andrerseits wird jedoch die Sicherheit gegen Knicken und gegen aussergewöhnliche Einwirkungen verringert. Ferner liegt die Gefahr der Abnützung durch die bei wirksamen Gelenken auftretenden Drehbewegungen vor; die bei Bolzenspielräumen ermöglichten Stösse durch die Verkehrslast wiegen den geringen Gewinn an verminderter Zwängungsspannung zum mindesten wieder auf. Nach Ueberschreiten der Elasticitätsgrenze dürften die Gelenke in vielen Fällen kaum noch von Wirkung sein.

Die amerikanischen Bolzenverbindungen sind wegen der grossen Bolzendurchmesser nicht einmal innerhalb Elasticitätsgrenze geeignet, die Zwängungsspannungen namhaft zu verringern; auch behalten sie den Nachtheil bei, gegen Knicken und gegen aussergewöhnliche Einwirkungen geringere Sicherheit zu bieten. Dagegen können die Knotenspannungen auf einfache Weise mit geringem Materialaufwand unschädlich gemacht werden. Gegenüber den Kräftewirkungen der Quer- und Längsverbände zeigen sie eine wenig zweckmässige Anordnung. Die exakte und solide Herstellung ist z. Th. schwieriger, die Folgen etwaiger Mängel sind gefährlicher als bei den in Europa üblichen genieteten Konstruktionen. Letztere dürften hiernach, was die Güte und Sicherheit des fertigen Bauwerks anbelangt, den Vorzug vor den amerikanischen Bolzenkonstruktionen verdienen. Hinsichtlich der Raschheit und Bequemlichkeit der Aufstellung stehen sie denselben allerdings nach, doch kommt dies für unsere gewöhnlichen Verhältnisse weniger in Betracht. Ausgenommen sind Kriegsbrücken, Montirungsbrücken, Nothbrücken, wo es in erster Linie auf die Raschheit der Aufstellung ankommt. Uebrigens können in diesen Fällen auch steife Verbindungen mittels Knotenblechen und konischen Schrauben ausgeführt werden. Die Kosten beider Bauweisen dürften unter normalen Verhältnissen annähernd einander gleich sein.

Statisch unbestimmte Systeme haben gegenüber statisch bestimmten den Nachtheil einer umständlicheren und ungenaueren Berechnung; ferner fallen die Grundkräfte z. Th. grösser aus, namentlich in Folge von Temperatureinflüssen. Dagegen sind die Deformationen und Nebenspannungen geringer, die Anordnung der Verbindungen vielfach bequemer, so dass in zahlreichen Fällen ihre Verwendung zweckmässig erscheint. (Ueberzählige Querverbände, Kreuzstrebensysteme mit Hülfsständern u. s. w.)

Der Anschluss der Fahrbahnkonstruktion an die Hauptkonstruktion kann entweder, wie üblich, vollkommen steif, oder beweglich (drehbar bezw. verschieblich) ausgeführt werden. Im letzteren Falle werden Nebenspannungen fast vollständig vermieden, dagegen treten grössere Bewegungen auf, und Ausführung und Unterhaltung sind meist weniger einfach. Bei kleinen Brücken dürfte in der Regel der steife Anschluss, bei grösseren der bewegliche Anschluss den Vorzug verdienen. Doch kann im letzteren Falle auch der steife Anschluss (ganz oder theilweise) ohne allzu grossen Nachtheil zur Anwendung gelangen, falls durch geeignete Anordnungen (hohe Querträger, kräftige Hülfsständer, Lage der Fahrbahn ausserhalb der Gurtungsebene u. s. w.) die Nebenspannungen klein gehalten und Lockerungen der Nietverbindungen verhütet werden.

Zur Zeit wird im Brückenbau vorwiegend zähes Material (Schweisseisen, weiches Flusseisen) verwendet. Dasselbe hat, neben grosser Zuverlässigkeit, gegenüber hartem Material noch den Vortheil, gegen dynamische Einwirkungen widerstandsfähiger zu sein, Zwängungsspannungen bei Ueberlastungen verhältnissmässig leichter aushalten zu können und gefährliche Spannungen bezw. Deformationen besser erkennen zu lassen. Hartes Material (Stahl) bietet dagegen grössere Widerstandsfähigkeit gegen Ausknicken und gestattet bei ruhender Belastung höhere Beanspruchungen.

Es liegt daher nahe, bei grösseren Spannweiten, wo der Einfluss der Verkehrslast gegenüber dem des Eigengewichts zurücktritt, zu härterem Materiale, namentlich für die Druckstäbe, überzugehen. Als selbstverständlich muss dabei vorausgesetzt werden, dass eine vollkommen zuverlässige Ausführung erzielt werden kann, und dass der durch die Gewichtsverminderung erreichte Gewinn in Folge erhöhter Herstellungskosten nicht wieder aufgezehrt wird.

Spannungszahlen.

Wenn es thunlich wäre, die ungünstigsten Belastungen und die zugehörigen grössten Spannungen jeweils genau zu bestimmen, so könnte man mit der Beanspruchung des Materials bis zur Arbeitsfestigkeit bezw. bis zu derjenigen Spannung gehen, bei welcher noch keine den Zweck des Bauwerks beeinträchtigenden Deformationen entstehen. Ein Sicherheitsbeiwerth wäre nur insofern erforderlich, als man mit Rücksicht auf die Abnutzung und auf die Ungleichmässigkeit des Materials um ein gewisses, der Erfahrung entnommenes Maass unter den Mittelwerthen der Festigkeit bleiben müsste. In Wirklichkeit ist man jedoch gezwungen, sich mit einer mehr oder minder zutreffenden Berechnung der Spannungen, namentlich hinsichtlich der Verkehrslast, zu begnügen, und muss daher mit der zulässigen Spannung (Spannungszahl) entsprechend weit unter der oben angegebenen Grenze bleiben. Da man ferner wohl selten die denkbar ungünstigsten Belastungen der Rechnung zu Grunde legt, sondern bestimmte Normalbelastungen einführt, da ausserdem auch eine ausreichende Sicherheit gegen aussergewöhnliche Einwirkungen vorhanden sein sollte, so ist aus diesen Gründen noch eine weitere Herabminderung der Spannungszahlen geboten. Es geht aus Vorstehendem hervor, dass die Werthe der Spannungszahlen nur relative Grössen sind und nur im Zusammenhange mit den zugehörigen Rechnungsverfahren und Belastungen eine bestimmte Bedeutung besitzen. Eine theoretische Begründung derselben ist kaum möglich; sie sind in der Hauptsache empirische Grössen, bei deren Anwendung der betriebssichere Bestand des Bauwerks erfahrungsgemäss gewährleistet bezw. von dem Konstrukteur erwartet wird.

Wendet man das auf S. 184 angegebene einfache Rechnungsverfahren an und führt die grössten Lasten des normalen Betriebs ein, so kann man bei Fachwerkbrücken aus Schweisseisen ($K = 3500$ klg/qcm) die normale Spannungszahl für ruhende Belastung setzen $k_1 = 1000$ klg/qcm. Verkehrslast und Winddruck werden nach S. 173 durch Multiplikation mit den Beiwerthen ψ und φ in gleichwerthige ruhende Belastungen verwandelt. Bei aussergewöhnlich hoher Belastung darf die Spannungszahl bis auf $k_2 = 1500$ klg erhöht werden. Als Zwischenstufe kann u. U. Normalbelastung mit grösstem Winddruck kombinirt und hierfür $k_3 = 1200$ klg gesetzt werden. Der grösste der hiernach erhaltenen Querschnitte ist für die Ausführung maassgebend.

Für Flussmetall liegen zur Zeit noch wenig Erfahrungen vor. Bei ruhender Belastung und bei Zugbeanspruchung dürfte es angemessen sein, den Sicherheitsgrad n für sehr weiches Material ($K = 3500$ klg/qcm, Bruchdehnung δ mindestens $= 25\,\%$) wegen dessen grösserer Zähigkeit etwas geringer anzunehmen als bei gewöhnlichem Schweisseisen gleicher Festigkeit, und dementsprechend die normale Spannungszahl $k_1 = 1100$ klg zu setzen. Mit steigender Festigkeit wird man, um dem bei spröderem Materiale ungünstigeren Einfluss der Nebenspannungen ν Rechnung zu tragen, den Sicherheitsgrad erhöhen, wobei die Spannungszahl k_1 in geringerem Maasse zunimmt als die Festigkeit K.

Dem entspricht der Ausdruck $k_1 = 400 + 0{,}2\,K$ klg/qcm.

Für $K = 4000$ folgt hieraus $k_1 = 1200$, und für $K = 6000$, $k_1 = 1600$ klg/qcm. Hierbei ist gute Qualität und sorgfältige Ausführung vorausgesetzt.

Die zulässige Knickspannung $k_0 = \frac{\pi^2 T J}{n l^2}$ steigt bei langen Stäben, wo $T = E$, nur unwesentlich mit K. Bei kurzen Stäben ist für sehr weiches Flusseisen k_0 kleiner als bei Schweisseisen; mit wachsender Härte nimmt k_0 verhältnissmässig rasch zu, da hierbei die für T maassgebenden Grössen G (Grenzwerth) und Q (Spannung an der Quetschgrenze) rascher steigen als die Festigkeit K, und bei sehr hartem Stahl den Werth von K nahezu erreichen. Der Sicherheitsgrad n kann für alle K gleich gross und zwar gleich dem für Schweisseisen gültigen Werthe unter sonst gleichen Verhältnissen angenommen werden.

Gegen dynamische Wirkungen ist härteres bezw. festeres Material wegen seiner geringeren Zähigkeit und seiner grösseren Empfindlichkeit bei äusseren Verletzungen weniger widerstandsfähig als weiches Flusseisen. Man kann diesem Umstand dadurch Rechnung tragen, dass man die Beiwerthe der Verkehrslast (ψ), und in geringerem Maasse auch die des Winddrucks (φ), mit wachsender Festigkeit K steigen lässt. In welchem Maasse dies zu geschehen hat, ist bei dem Mangel ausreichender Erfahrungen zur Zeit noch grösstentheils Sache der Schätzung.

Wir setzen vorläufig, bei sorgfältiger Ausführung,

$$\psi = \psi_0 \left[\frac{K+2}{5{,}5} + \frac{(K+2)(K-3{,}5)^2}{75}\right]$$

und

$$\varphi = \varphi_0 \left[1 + \frac{(K-3{,}5)^2}{30}\right],$$

wo ψ_0 und φ_0 die früher für Schweisseisen angegebenen Beiwerthe, K die Festigkeit in Tonnen für d. qcm bezeichnen.

Bei Gebrauch dieser Beiwerthe ergeben sich i. A. mit wachsender Spannweite steigende Werthe von K für das Minimum der Konstruktionsgewichte; desgl. für das Minimum der Baukosten, wenn auch in geringerem Maasse, da hier auch noch die mit K steigenden Herstellungskosten von Einfluss sind. Es zeigt sich, dass die härteren bezw. festeren Sorten von Flussmetall ($K > 4{,}4$ t) erst bei grossen Spannweiten ($L > 100$ m) für die Ausführung in Betracht kommen können, und dass i. A. für die Druckstäbe ein härteres Material zweckmässig erscheint als für die Zugstäbe unter sonst gleichen Verhältnissen.

Bei der 518 m weit gespannten Forthbrücke wurde gewählt $K = 5{,}4 - 5{,}8$ t (Druckstäbe) und $K = 4{,}7 - 5{,}2$ t (Zugstäbe).

Für das in den gewöhnlichen Fällen zur Anwendung gelangende weiche Material (eigentliches Flusseisen) kann im Mittel angenommen werden, $k_1 = 1200$ klg/cm und ψ und φ wie bei Schweisseisen.

Berichtigungen.

Auf Seite 7, 18. Zeile von oben lies:

$N = \mathfrak{N} - Xn' - Yn''$ statt $N = \mathfrak{N} + Xn' + Yn''$.

Auf Seite 24, 2. Zeile von unten lies:

Fig. 25 statt Fig. 27.

Auf Seite 76, 16. Zeile von oben lies:

Seite 45 statt Seite 44.